高等数学同步练习

主　编　刘二根　　左黎明　　周凤麒
副主编　曾　毅　　廖维川　　宋庆华
　　　　王广超　　胡新根　　丁素云
　　　　杨忠选　　刘梦可　　王睿媛

西南交通大学出版社
·成　都·

内容提要

本书按照教育部有关高等数学课程教学的基本要求，结合全国硕士研究生入学考试的数学考试大纲要求编写而成. 其内容包括极限与连续、一元函数微积分、常微分方程、向量代数与空间解析几何、多元函数微积分、无穷级数等. 每章都按照高等数学的教学过程进行分节，每一节又都分为两部分: 主要知识与方法、同步练习. 另外，还特意精选了近年来的期末考试、硕士研究生入学考试及全国大学生数学竞赛等试题，通过同步练习，有助于提高学生的数学解题能力.

图书在版编目（C I P）数据

高等数学同步练习／刘二根，左黎明，周凤麒主编
. 一成都：西南交通大学出版社，2021.7（2024.7 重印）
普通高等教育"十四五"精品教材
ISBN 978-7-5643-8126-4

Ⅰ. ①高… Ⅱ. ①刘… ②左… ③周… Ⅲ. ①高等数
学 – 高等学校 – 习题集 Ⅳ. ①O13-44

中国版本图书馆 CIP 数据核字（2021）第 136499 号

Gaodeng Shuxue Tongbu Lianxi
高等数学同步练习

主编　刘二根　左黎明　周凤麒

责任编辑　张宝华
封面设计　GT 工作室

印张　23.5　　字数　422千
成品尺寸　170 mm × 230 mm
版次　2021年7月第1版

印次　2024年7月第5次
印刷　四川煤田地质制图印务有限责任公司
书号　ISBN 978-7-5643-8126-4

出版发行　西南交通大学出版社
网址　http://www.xnjdcbs.com
地址　四川省成都市金牛区二环路北一段111号
　　　西南交通大学创新大厦21楼
邮政编码　610031
营销部电话　028-87600564　028-87600533

定价　58.00元

前　言

　　"高等数学"是普通高等学校理工科专业的重要基础课之一，是硕士研究生入学考试必考科目，是学习其他数学课程及专业课的必备数学基础，也是培养学生抽象思维能力、逻辑推理与判断能力、几何直观和空间想象能力、熟练的运算能力、初步的数学建模能力以及综合运用所学知识分析问题和解决实际问题能力的强有力的数学工具.

　　本书按照教育部有关高等数学课程教学的基本要求，结合全国硕士研究生入学考试的数学考试大纲要求编写而成. 其内容包括极限与连续、一元函数微积分、常微分方程、向量代数与空间解析几何、多元函数微积分、无穷级数等. 每章都按照高等数学的教学过程进行分节，每一节又都分为两部分：第一部分为主要知识与方法，着重介绍本节的重要知识内容及相关解题方法；第二部分为同步练习，这是我们精心挑选的一些典型例题以供学生练习，其中相当一部分例题选自高等数学期末考试及硕士研究生入学考试的数学试题. 通过本书的同步练习，帮助学生巩固所学的高等数学知识要点、提高解题能力，为后续课程学习和硕士研究生入学考试打下扎实的数学基础. 另外，大学生在平时的学习过程中不会进行任何考试，为了让学生了解高等数学课程的期末考试试题的难易程度以及硕士研究生入学考试数学一、数学二的题型、考点及难易程度，我们特意挑选了近年来的高等数学期末考试试题、全国硕士研究生入学考试数学试题、全国大学生数学竞赛试题，方便学生备考及训练之用. 书末附有参考答案与提示.

参加本书编写工作的有华东交通大学刘二根、左黎明、周凤麒、曾毅、廖维川、宋庆华、王广超、胡新根、丁素云、杨忠选、刘梦可、王睿媛，由刘二根对全书进行审稿和统稿.

本书可作为高等学校理工科有关专业高等数学课程的课后练习，也可作为大学生数学竞赛、研究生入学考试的训练资料，并可供高等院校数学教师、自学人员及其他相关人员参考使用.

由于编者水平有限，加上时间仓促，书中不妥之处在所难免，恳请读者批评指正.

编　者

2021 年 5 月

目　录

第1章　函数、极限与连续

1.1　函　数

◇　主要知识与方法

1. 邻域

（1）邻域：数集 $\{x\big|\,|x-x_0|<\delta\}$ 称为点 x_0 的 δ 邻域，记为 $U(x_0,\delta)$ 或 $U(x_0)$.

（2）去心邻域：数集 $\{x\big|0<|x-x_0|<\delta\}$ 称为点 x_0 的去心 δ 邻域，记为 $\mathring{U}(x_0,\delta)$ 或 $\mathring{U}(x_0)$.

2. 函数

（1）定义：设 x 和 y 是两个变量，D 是一个非空数集，如果对任意 $x\in D$，按照对应法则 f，存在 $y\in\mathbf{R}$ 与 x 对应，则称 f 为定义在 D 上的函数，记为 $y=f(x)$，其中数集 D 称为函数的定义域，记为 $D(f)$.

而集合 $Z(f)=\{y\big|y=f(x),x\in D\}$ 称为函数的值域.

当 y 取唯一值时，称 $y=f(x)$ 为单值函数. 本书所讨论的函数没有特别说明外都是单值函数.

（2）图形：平面点集 $\{(x,y)\big|y=f(x),x\in D(f)\}$ 称为函数 $y=f(x)$ 的图形.

函数 $y=f(x)$ 的图形通常为一条曲线.

（3）定义域的求法：先根据表达式有意义列出不等式（组），再解不等式（组）得定义域.

3. 函数的特性

（1）奇偶性.

设函数 $f(x)$ 的定义域 D 关于原点对称，若对任意 $x\in D$，有 $f(-x)=-f(x)$，则称函数 $f(x)$ 为奇函数.

设函数 $f(x)$ 的定义域 D 关于原点对称，若对任意 $x\in D$，有 $f(-x)=f(x)$，则称函数 $f(x)$ 为偶函数.

注：上述定义也给出了判断函数奇偶性的方法.

（2）有界性.

设函数 $f(x)$ 的定义域为 D，若存在 $M>0$，对任意 $x \in I \subset D$，有 $|f(x)| \le M$，则称函数 $f(x)$ 在区间 I 上有界.

当 $I=D$ 时，称 $f(x)$ 为有界函数.

当 $f(x) \le M_1$ 时称 $f(x)$ 为有上界，当 $f(x) \ge M_2$ 时称 $f(x)$ 为有下界.

注：$f(x)$ 在区间 I 上有界 $\Leftrightarrow f(x)$ 在区间 I 上既有上界又有下界.

设函数 $f(x)$ 的定义域为 D，若对任意 $M>0$，存在 $x_0 \in I \subset D$，有

$$|f(x_0)| > M,$$

则称函数 $f(x)$ 在区间 I 上无界.

（3）单调性.

设函数 $f(x)$ 在区间 I 上有定义，若对任意 $x_1, x_2 \in I$，且 $x_1 < x_2$，有

$$f(x_1) < f(x_2),$$

则称 $f(x)$ 在区间 I 上单调增加，而区间 I 称为单调增加区间.

设函数 $f(x)$ 在区间 I 上有定义，若对任意 $x_1, x_2 \in I$，且 $x_1 < x_2$，有

$$f(x_1) > f(x_2),$$

则称 $f(x)$ 在区间 I 上单调减少，而区间 I 称为单调减少区间.

（4）周期性.

设函数 $f(x)$ 的定义域为 D，若存在正常数 T，对任意 $x \in D$，有 $x+T \in D$，且 $f(x+T) = f(x)$，则称 $f(x)$ 为周期函数，且称 T 为函数 $f(x)$ 的一个周期.

显然，当 T 为函数 $f(x)$ 的一个周期时，$nT(n \in \mathbf{Z}^+)$ 也是 $f(x)$ 的周期.

通常我们所说的周期是指 $f(x)$ 的最小正周期.

例如，$\sin x, \cos x$ 的周期为 2π，$\tan x, \cot x$ 的周期为 π.

函数 $y = A\sin(\omega x + \varphi)$ 的周期为 $T = \dfrac{2\pi}{\omega}$，$y = A\cos(\omega x + \varphi)$ 的周期为 $T = \dfrac{2\pi}{\omega}$.

4. 两个特殊函数

（1）符号函数：函数 $y = \operatorname{sgn} x = \begin{cases} -1, & x < 0 \\ 0, & x = 0 \\ 1, & x > 0 \end{cases}$ 称为符号函数.

显然，$|x| = x \cdot \operatorname{sgn} x$.

（2）取整函数：函数 $y = [x]$ 称为取整函数.

其中 $[x]$ 表示 x 的整数部分，即不超过 x 的最大整数.

例如，$[2.6] = 2$，$[-2.6] = -3$.

5. 反函数

（1）定义：设函数 $y = f(x)$ 的定义域为 $D(f)$，值域为 $Z(f)$，若对任意 $y \in Z(f)$，存在唯一的 $x \in D(f)$，使 $f(x) = y$，则在 $Z(f)$ 上定义了一个函数，称为函数 $y = f(x)$ 的反函数，记为 $x = f^{-1}(y)$.

通常 $y = f(x)$ 的反函数记为 $y = f^{-1}(x)$.

（2）反函数求法：先从方程 $y = f(x)$ 中解出 x，再交换 x 与 y 可得反函数.

6. 复合函数

设函数 $y = f(u)$ 的定义域为 $D(f)$，函数 $u = \varphi(x)$ 的值域为 $Z(\varphi)$，若 $D(f) \bigcap Z(\varphi) \neq \varnothing$，则称函数 $y = f[\varphi(x)]$ 为 x 的复合函数.

注：不是任意两个函数都能构成复合函数.

例如，$y = \arcsin u$，$u = x^2 + 2$ 不能构成复合函数.

7. 基本初等函数

幂函数、指数函数、对数函数、三角函数、反三角函数统称为基本初等函数.

（1）指数函数 $y = a^x (a > 0, a \neq 1)$ 的图形.

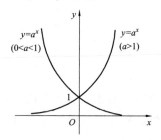

（2）对数函数 $y = \log_a x (a > 0, a \neq 1)$ 的图形.

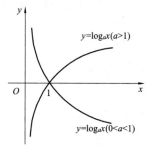

（3）反正切函数 $y = \arctan x$ 的图形.

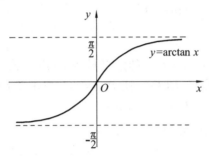

（4）反余切函数 $y = \operatorname{arccot} x$ 的图形.

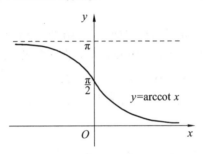

8. 初等函数

由常数和基本初等函数经有限次四则运算或复合构成并可用一个式子表示的函数称为初等函数.

例如，函数 $y = \dfrac{\sin x^2}{e^x + 2}$ ， $y = \ln(x + \sqrt{x^2 + 1})$ 均为初等函数.

9. 分段函数

在自变量的不同变化范围，函数的表达式也不同的函数称为分段函数.

例如，前面提到的符号函数与取整函数均为分段函数.

函数 $f(x) = \begin{cases} 2^x, & -1 \leqslant x \leqslant 0 \\ x+1, & 0 < x < 1 \\ x-2, & 1 \leqslant x \leqslant 3 \end{cases}$ 为分段函数，$x = 0,1$ 称为分界点.

◆ **同步练习**

一、填空题

1. 函数 $y = \sin\sqrt{x-1}$ 的定义域为_____.

2. 设 $f(x) = \dfrac{1-x}{x}(x \neq 0)$，则 $f[f(2)] =$ _____.

3. 设 $3f(x) - f\left(\dfrac{1}{x}\right) = \dfrac{1}{x}$，则 $f(x) =$ _____.

4. 函数 $f(x) = \dfrac{1}{1+\mathrm{e}^x}$ 在 $(-\infty, +\infty)$ 内_____（填有界或无界）.

5. 函数 $y = \sin x \cos x$ 的周期 $T =$ _____.

二、解答题

1. 设 $f(x) = \begin{cases} 2^x, & -1 \leqslant x \leqslant 0 \\ x+1, & 0 < x < 1 \\ x-2, & 1 \leqslant x \leqslant 3 \end{cases}$，求 $f\left[f\left(\dfrac{3}{2}\right)\right]$ 及 $f\left[f\left(\dfrac{1}{3}\right)\right]$.

2. 设 $f(x) = \dfrac{x}{1+x}$，求 $f\{f[f(x)]\}$.

3. 求函数 $f(x) = \arcsin(x-1) + \lg(x^2 - 4x + 3)$ 的定义域.

4. 判断函数 $f(x) = \ln(x + \sqrt{x^2 + 1})$ 的奇偶性.

5. 求函数 $y = \dfrac{e^x - e^{-x}}{2}$ 的反函数.

三、证明题

1. 设 $f(x) = \ln(x+1)$，证明：$f(x^2-2) - f(x-2) = f(x)$.

2. 证明：函数 $f(x) = \dfrac{2^x - 1}{2^x + 1}$ 为奇函数.

3. 证明：函数 $f(x) = \dfrac{1}{x}$ 在区间 $(0,1)$ 上无界.

1.2 极限的概念与运算法则

◇ 主要知识与方法

1. 数列极限的概念

对任意 $\varepsilon>0$，存在 $N>0$，当 $n>N$ 时，有 $|x_n-a|<\varepsilon$，则称 a 为数列 $\{x_n\}$ 当 $n\to\infty$ 时的极限，记为：

$$\lim_{n\to\infty}x_n=a \quad \text{或} \quad x_n\to a(n\to\infty).$$

这时也称数列 $\{x_n\}$ 收敛.

上述定义用" $\varepsilon\text{-}N$ 语言"简化为：

$$\lim_{n\to\infty}x_n=a \Leftrightarrow \forall\varepsilon>0,\ \exists N>0,\ \text{当}\ n>N\ \text{时，有}\ |x_n-a|<\varepsilon.$$

2. 函数极限的概念

（1） $\lim\limits_{x\to\infty}f(x)=A \Leftrightarrow \forall\varepsilon>0,\ \exists X>0,\ \text{当}\ |x|>X\ \text{时，有}\ |f(x)-A|<\varepsilon.$

（2） $\lim\limits_{x\to x_0}f(x)=A \Leftrightarrow \forall\varepsilon>0,\ \exists\delta>0,\ \text{当}\ 0<|x-x_0|<\delta\ \text{时，有}\ |f(x)-A|<\varepsilon.$

3. 数列极限的性质

（1）唯一性：若数列 $\{x_n\}$ 收敛，则其极限唯一.

（2）有界性：若数列 $\{x_n\}$ 收敛，则数列 $\{x_n\}$ 有界，即存在 $M>0$，有 $|x_n|\le M$.

注：上述结论反过来不成立，即由数列 $\{x_n\}$ 有界不能推出数列 $\{x_n\}$ 收敛.

（3）保号性：若 $\lim\limits_{n\to\infty}x_n=a$，且 $a>(<)0$，则存在 $N>0$，当 $n>N$ 时，有

$$x_n>(<)0.$$

由保号性得，若 $\lim\limits_{n\to\infty}x_n=a$，且存在 $N>0$，当 $n>N$ 时，有 $x_n\ge(\le)0$，则 $a\ge0(\le0)$.

说明：关于函数极限，也有类似的上述三个性质.

4. 左右极限与极限的关系

$$\lim_{x\to x_0}f(x)=A \Leftrightarrow \lim_{x\to x_0^-}f(x)=\lim_{x\to x_0^+}f(x)=A.$$

注：若 $\lim\limits_{x\to x_0^-}f(x)=A$，$\lim\limits_{x\to x_0^+}f(x)=B$，且 $A\ne B$，则 $\lim\limits_{x\to x_0}f(x)$ 不存在.

类似地，有 $\lim\limits_{n\to\infty} x_n = a \Leftrightarrow \lim\limits_{k\to\infty} x_{2k-1} = \lim\limits_{k\to\infty} x_{2k} = a$.

$$\lim\limits_{x\to\infty} f(x) = A \Leftrightarrow \lim\limits_{x\to-\infty} f(x) = \lim\limits_{x\to+\infty} f(x) = A.$$

5．极限运算法则

设 $\lim f(x) = A$，$\lim g(x) = B$，则：

（1）$\lim[f(x) + g(x)] = A + B = \lim f(x) + \lim g(x)$.

（2）$\lim[f(x) - g(x)] = A - B = \lim f(x) - \lim g(x)$.

（3）$\lim[f(x)g(x)] = AB = \lim f(x)\lim g(x)$.

特别地，$\lim[Cf(x)] = CA = C\lim f(x)$，

$$\lim[f(x)]^m = A^m = [\lim f(x)]^m.$$

（4）$\lim\dfrac{f(x)}{g(x)} = \dfrac{\lim f(x)}{\lim g(x)}$（其中 $\lim g(x) = B \neq 0$）.

6．一个重要结论

$$\lim_{x\to\infty}\frac{a_0 x^n + a_1 x^{n-1} + \cdots + a_{n-1}x + a_n}{b_0 x^m + b_1 x^{m-1} + \cdots + b_{m-1}x + b_m} = \begin{cases} \dfrac{a_0}{b_0}, & \text{当 } n = m \text{ 时,} \\ 0, & \text{当 } n < m \text{ 时,} \\ \infty, & \text{当 } n > m \text{ 时.} \end{cases}$$

◆ 同步练习

一、填空题

1. 设 $x_n = \begin{cases} \dfrac{n}{n+1}, & n \text{ 为奇数} \\ \dfrac{n+1}{n}, & n \text{ 为偶数} \end{cases}$，则极限 $\lim\limits_{n \to \infty} x_n = $ _____.

2. 极限 $\lim\limits_{n \to \infty} \dfrac{1+2+\cdots+n}{n^2} = $ _____.

3. 极限 $\lim\limits_{x \to \infty} \dfrac{(3x+1)^3 (x+3)^2}{(2x+5)^5} = $ _____.

4. 极限 $\lim\limits_{x \to +\infty} (\sqrt{4x^2+3x} - 2x) = $ _____.

5. 极限 $\lim\limits_{x \to 1} \dfrac{x-1}{x^2-3x+2} = $ _____.

二、解答题

1. 求极限 $\lim\limits_{x \to 3} \left(\dfrac{1}{x-3} - \dfrac{6}{x^2-9} \right)$.

2. 求极限 $\lim\limits_{x \to 0^+} \dfrac{1 - e^{\frac{1}{x}}}{1 + e^{\frac{1}{x}}}$.

3. 求极限 $\lim\limits_{n \to \infty}\left[\dfrac{1}{1 \times 3} + \dfrac{1}{3 \times 5} + \cdots + \dfrac{1}{(2n-1) \times (2n+1)}\right]$.

4. 求极限 $\lim\limits_{n \to \infty}\left[\left(1 - \dfrac{1}{2^2}\right)\left(1 - \dfrac{1}{3^2}\right) \cdots \left(1 - \dfrac{1}{n^2}\right)\right]$.

5. 求极限 $\lim\limits_{x \to -\infty}(\sqrt{x^2 + x - 1} - \sqrt{x^2 - 2x + 3})$.

6. 求极限 $\lim\limits_{n\to\infty}\dfrac{3^n+4^n}{3^{n+1}+4^{n+1}}$.

7. 求极限 $\lim\limits_{n\to\infty}[(1+a)(1+a^2)(1+a^4)\cdots(1+a^{2^n})]$ (其中 $|a|<1$).

8. 已知 $\lim\limits_{x\to\infty}\left(\dfrac{2x^2+3x-1}{x+1}-ax-b\right)=2$ ，求 a,b 的值.

9. 设 $f(x) = \begin{cases} \dfrac{x^2 + ax + b}{x-1}, & x > 1 \\ 2x+1, & x \leqslant 1 \end{cases}$ ，且 $\lim\limits_{x \to 1} f(x)$ 存在，求 a, b 的值.

10. 求极限 $\lim\limits_{n \to \infty}[\sqrt{1+2+\cdots+n} - \sqrt{1+2+\cdots+(n-1)}]$.

11. 求极限 $\lim\limits_{n \to \infty}\left[\dfrac{1}{2!} + \dfrac{2}{3!} + \cdots + \dfrac{n}{(n+1)!}\right]$.

三、证明题

1. 设 $\lim\limits_{x \to \infty} f(x)$ 存在，证明：存在 $X > 0$, $M > 0$，当 $|x| > X$ 时，有 $|f(x)| \leqslant M$.

2. 设 $\lim\limits_{x \to x_0} f(x), \lim\limits_{x \to x_0} g(x)$ 存在，证明：$\lim\limits_{x \to x_0}[f(x) + g(x)] = \lim\limits_{x \to x_0} f(x) + \lim\limits_{x \to x_0} g(x)$.

3. 设 $f(x) = \dfrac{|x|}{x}$，证明：极限 $\lim\limits_{x \to 0} f(x)$ 不存在.

1.3　极限存在准则与两个重要极限

◇　主要知识与方法

1.　存在准则

（1）准则 I：设 $y_n \leqslant x_n \leqslant z_n$，且 $\lim\limits_{n \to \infty} y_n = \lim\limits_{n \to \infty} z_n = a$，则 $\lim\limits_{n \to \infty} x_n = a$．

类似地，设存在 $\delta > 0$，当 $x \in \mathring{U}(x_0, \delta)$ 时，有 $h(x) \leqslant f(x) \leqslant g(x)$，且 $\lim\limits_{x \to x_0} h(x) = \lim\limits_{x \to x_0} g(x) = A$，则 $\lim\limits_{x \to x_0} f(x) = A$．

设存在 $X > 0$，当 $|x| > X$ 时，有 $h(x) \leqslant f(x) \leqslant g(x)$，且 $\lim\limits_{x \to \infty} h(x) = \lim\limits_{x \to \infty} g(x) = A$，则 $\lim\limits_{x \to \infty} f(x) = A$．

（2）准则 II：单调有界数列存在极限．

注：单调增加有上界数列存在极限或单调减少有下界数列存在极限．

2.　重要极限

（1）$\lim\limits_{x \to 0} \dfrac{\sin x}{x} = 1$．

一般地，有 $\lim\limits_{x \to 0} \dfrac{\sin ax}{x} = a \, (a \neq 0)$．

（2）$\lim\limits_{n \to \infty} \left(1 + \dfrac{1}{n}\right)^n = \mathrm{e}$ 或 $\lim\limits_{x \to \infty} \left(1 + \dfrac{1}{x}\right)^x = \mathrm{e}$，$\lim\limits_{x \to 0}(1 + x)^{\frac{1}{x}} = \mathrm{e}$．

一般地，有 $\lim\limits_{n \to \infty} \left(1 + \dfrac{a}{n}\right)^{bn} = \mathrm{e}^{ab}$ 或 $\lim\limits_{x \to \infty} \left(1 + \dfrac{a}{x}\right)^{bx} = \mathrm{e}^{ab}$，$\lim\limits_{x \to 0}(1 + ax)^{\frac{b}{x}} = \mathrm{e}^{ab}$．

◆ 同步练习

一、填空题

1. 极限 $\lim\limits_{x \to 0} \dfrac{\sin 3x}{x} = $ _____.

2. 极限 $\lim\limits_{x \to 1} \dfrac{\cos \dfrac{\pi x}{2}}{x-1} = $ _____.

3. 极限 $\lim\limits_{x \to 0} \dfrac{1-\cos 2x}{x^2} = $ _____.

4. 极限 $\lim\limits_{x \to 0} (1-3x)^{\frac{1}{x}} = $ _____.

二、解答题

1. 求极限 $\lim\limits_{n \to \infty} \left(\dfrac{1}{\sqrt{n^2 + \pi}} + \dfrac{1}{\sqrt{n^2 + 2\pi}} + \cdots + \dfrac{1}{\sqrt{n^2 + n\pi}} \right)$.

2. 求极限 $\lim\limits_{n \to \infty} \left(\dfrac{1}{n^2 + 1} + \dfrac{2}{n^2 + 2} + \cdots + \dfrac{n}{n^2 + n} \right)$.

3. 求极限 $\lim\limits_{n\to\infty}(1+3^n+5^n)^{\frac{1}{n}}$.

4. 求极限 $\lim\limits_{x\to 1}\dfrac{\sin\pi x}{x-1}$.

5. 求极限 $\lim\limits_{x\to 0}\dfrac{x-\sin 2x}{x+\sin 2x}$.

6. 求极限 $\lim\limits_{n\to\infty}\left(\cos\dfrac{x}{2}\cos\dfrac{x}{4}\cdots\cos\dfrac{x}{2^n}\right)(x\neq 0)$.

7. 求极限 $\lim\limits_{n\to\infty} n[\ln(n+2)-\ln n]$.

8. 求极限 $\lim\limits_{x\to\infty}\left(\dfrac{x+2}{x-1}\right)^{3x+2}$.

9. 设极限 $\lim\limits_{x\to\infty}\left(\dfrac{x+2a}{x-a}\right)^x = 8$，求 a 的值.

10. 求极限 $\lim\limits_{x\to0}(1-3x)^{\frac{2}{x}}$.

11. 求极限 $\lim\limits_{x\to0}\dfrac{e^x-1}{x}$.

三、证明题

1. 证明 $\lim\limits_{x \to 0^+} x \left[\dfrac{1}{x} \right] = 1$.

2. 设 $x_1 = 10$，$x_{n+1} = \sqrt{6 + x_n}$ $(n \geqslant 1)$，证明数列 $\{x_n\}$ 收敛，并求其极限.

3. 设 $y_n \leqslant x_n \leqslant z_n$，且 $\lim\limits_{n \to \infty} y_n = \lim\limits_{n \to \infty} z_n = a$，证明：$\lim\limits_{n \to \infty} x_n = a$.

1.4　无穷小量与无穷大量

◇　主要知识与方法

1. 无穷小量

若 $\lim f(x)=0$，则称 $f(x)$ 为无穷小量.

2. 关于无穷小量的重要结论

（1）$\lim f(x)=A \Leftrightarrow f(x)=A+\alpha(x)$，其中 $\alpha(x)$ 为无穷小量.

（2）无穷小量乘有界函数仍为无穷小量.

即若 $\lim f(x)=0$，且 $|g(x)| \leqslant M$，则 $\lim[f(x)g(x)]=0$.

3. 无穷大量

（1）若对任意 $M>0$，存在 $X>0$，当 $|x|>X$ 时，有 $|f(x)|>M$，则称函数 $f(x)$ 为当 $x \to \infty$ 时的无穷大量，记为 $\lim\limits_{x\to\infty} f(x)=\infty$.

（2）若对任意 $M>0$，存在 $\delta>0$，当 $0<|x-x_0|<\delta$ 时，有 $|f(x)|>M$，则称函数 $f(x)$ 为当 $x \to x_0$ 时的无穷大量，记为 $\lim\limits_{x\to x_0} f(x)=\infty$.

4. 无穷小量与无穷大量的关系

（1）设 $\lim f(x)=0$，且 $f(x)\neq 0$，则 $\lim\dfrac{1}{f(x)}=\infty$.

（2）设 $\lim f(x)=\infty$，则 $\lim\dfrac{1}{f(x)}=0$.

5. 无穷小量的比较

设 $\lim \alpha(x)=0$，$\lim \beta(x)=0$.

（1）若 $\lim\dfrac{\alpha(x)}{\beta(x)}=0$，则称 $\alpha(x)$ 是比 $\beta(x)$ 高阶的无穷小量，记为 $\alpha(x)=o(\beta(x))$.

（2）若 $\lim\dfrac{\alpha(x)}{\beta(x)}=\infty$，则称 $\alpha(x)$ 是比 $\beta(x)$ 低阶的无穷小量.

（3）若 $\lim\dfrac{\alpha(x)}{\beta(x)}=C\ (C\neq 0)$，则称 $\alpha(x)$ 与 $\beta(x)$ 为同阶无穷小量.

（4）若 $\lim\dfrac{\alpha(x)}{\beta(x)}=1$，则称 $\alpha(x)$ 与 $\beta(x)$ 为等价无穷小量，记为 $\alpha(x)\sim\beta(x)$.

6. 等价无穷小量的性质

设 $\alpha(x) \sim \alpha'(x)$，$\beta(x) \sim \beta'(x)$，且 $\lim \dfrac{\alpha'(x)}{\beta'(x)}$ 存在，则

$$\lim \frac{\alpha(x)}{\beta(x)} = \lim \frac{\alpha'(x)}{\beta'(x)}.$$

注：在求两个无穷小量之比的极限时，可将分子、分母（或它们的无穷小量因子）换成其等价无穷小量. 但作等价无穷小量替代时，不能对分子或分母的某个加项作代换.

7. 常见的等价无穷小量

当 $x \to 0$ 时，有：

（1）$\sin x \sim x$ ；   （2）$\tan x \sim x$ ；   （3）$e^x - 1 \sim x$ ；

（4）$\ln(1+x) \sim x$ ；   （5）$1 - \cos x \sim \dfrac{x^2}{2}$ ；   （6）$\sqrt[n]{1+x} - 1 \sim \dfrac{x}{n}$ ；

（7）$\arcsin x \sim x$ ；   （8）$\arctan x \sim x$.

◆ 同步练习

一、填空题

1. 极限 $\lim\limits_{x\to\infty}\dfrac{\sin 2x}{x}=$ _____.

2. 极限 $\lim\limits_{x\to 0}\dfrac{x^2\sin\dfrac{1}{x}}{\tan x}=$ _____.

3. 极限 $\lim\limits_{x\to\infty}\left(\dfrac{x^2+1}{x^2-1}-\dfrac{\sin x}{x}\right)=$ _____.

4. 设当 $x\to 1$ 时，$\sqrt{x}-1$ 与 $k(x-1)$ 等价，则 $k=$ _____.

二、解答题

1. 求极限 $\lim\limits_{x\to\infty}\dfrac{x-\sin x}{x+\sin x}$.

2. 求极限 $\lim\limits_{n\to\infty}\dfrac{n\left(\sqrt{1+\sin^2\dfrac{1}{n}}-1\right)}{\arcsin\dfrac{2}{n}}$.

3. 利用等价无穷小量替代求极限.

（1）$\lim\limits_{x \to 0} \dfrac{1-\sqrt{\cos x}}{x(1-\cos\sqrt{x})}$.

（2）$\lim\limits_{x \to 0} \dfrac{\tan x - \sin x}{(\sqrt[3]{1+x^2}-1)(\sqrt{1+\sin x}-1)}$.

4. 求极限 $\lim\limits_{x \to \infty}\left(\dfrac{3x^2+1}{4x+3}\sin\dfrac{5}{x}\right)$.

5. 设当 $x \to \infty$ 时，函数 $f(x) = \dfrac{x^2 - 2x}{x+1} - ax + b$ 为无穷小量，求 a, b 的值.

三、证明题

1. 证明：当 $x \to 0$ 时，$\sec x - 1 \sim \dfrac{x^2}{2}$.

2. 设当 $x \to \infty$ 时 $f(x)$ 为无穷大量，极限 $\lim\limits_{x \to \infty} g(x)$ 存在，证明当 $x \to \infty$ 时 $f(x) + g(x)$ 为无穷大量.

1.5 连续与间断

◇ 主要知识与方法

1. 连续的定义

（1）若 $\lim\limits_{x \to x_0} f(x) = f(x_0)$，则称函数 $y = f(x)$ 在点 $x = x_0$ 处连续.

（2）若 $\lim\limits_{\Delta x \to 0} \Delta y = 0$，则称函数 $y = f(x)$ 在点 $x = x_0$ 处连续.

其中 $\Delta x = x - x_0$，$\Delta y = f(x_0 + \Delta x) - f(x_0)$ 分别称为自变量、函数的改变量或增量.

（3）若 $\lim\limits_{x \to x_0^-} f(x) = f(x_0)$，则称函数 $y = f(x)$ 在点 $x = x_0$ 处左连续.

（4）若 $\lim\limits_{x \to x_0^+} f(x) = f(x_0)$，则称函数 $y = f(x)$ 在点 $x = x_0$ 处右连续.

（5）若对任意 $x \in (a,b)$，函数 $y = f(x)$ 在点 x 处连续，则称函数 $y = f(x)$ 在开区间 (a,b) 内连续. 若函数 $y = f(x)$ 在区间 (a,b) 内连续，且在点 $x = a$ 处右连续，在点 $x = b$ 处左连续，则称函数 $y = f(x)$ 在闭区间 $[a,b]$ 上连续.

2. 连续函数的相关结论

（1）函数 $y = f(x)$ 在点 $x = x_0$ 处连续 $\Leftrightarrow$ 函数 $y = f(x)$ 在点 $x = x_0$ 处既左连续又右连续.

（2）连续函数的和、差、积、商（分母不为零）仍连续.

（3）连续函数的复合函数仍连续.

（4）基本初等函数在其定义域内连续.

（5）初等函数在其定义区间内连续.

（6）设函数 $f(u)$ 连续，$\lim \varphi(x)$ 存在，则 $\lim f[\varphi(x)] = f[\lim \varphi(x)]$.

（7）设函数 $f(x)$ 为初等函数，x_0 属于 $f(x)$ 的定义区间，则 $\lim\limits_{x \to x_0} f(x) = f(x_0)$.

3. 间断概念

若函数 $y = f(x)$ 在点 $x = x_0$ 处不连续，则称函数 $y = f(x)$ 在点 $x = x_0$ 处间断，而点 x_0 称为函数 $y = f(x)$ 的间断点.

注：当 $f(x)$ 在点 $x = x_0$ 处满足下列条件之一，则点 $x = x_0$ 为 $f(x)$ 的间断点.

（i）$f(x)$ 在点 x_0 处无定义.

（ii）$\lim\limits_{x \to x_0} f(x)$ 不存在.

（iii）$f(x)$ 在点 x_0 处有定义，且 $\lim\limits_{x \to x_0} f(x)$ 存在，但 $\lim\limits_{x \to x_0} f(x) \neq f(x_0)$.

4. 间断点分类

（1）第一类间断点：设 $f(x_0^-), f(x_0^+)$ 都存在，则称点 x_0 为 $f(x)$ 的第一类间断点.

一般地，有：

① 当 $f(x_0^-) \neq f(x_0^+)$ 时，称点 x_0 为 $f(x)$ 的跳跃间断点；

② 当 $f(x_0^-) = f(x_0^+)$ 时，称点 x_0 为 $f(x)$ 的可去间断点.

（2）第二类间断点：设 $f(x_0^-), f(x_0^+)$ 至少有一个不存在，则称点 x_0 为 $f(x)$ 的第二类间断点.

一般地，有：

① 当 $\lim\limits_{x \to x_0} f(x) = \infty$ 时，称点 x_0 为 $f(x)$ 的无穷间断点；

② 当 $x \to x_0$ 时，$f(x)$ 趋于无穷多值，称点 x_0 为 $f(x)$ 的振荡间断点.

5. 闭区间上连续函数的性质

（1）最值定理：设函数 $f(x)$ 在 $[a,b]$ 上连续，则 $f(x)$ 在 $[a,b]$ 上可取到最大值及最小值. 即存在 $x_1, x_2 \in [a,b]$，使得

$$f(x_1) = \max_{a \leqslant x \leqslant b} f(x), \quad f(x_2) = \min_{a \leqslant x \leqslant b} f(x).$$

（2）有界定理：设函数 $f(x)$ 在 $[a,b]$ 上连续，则 $f(x)$ 在 $[a,b]$ 上有界. 即存在 $M > 0$，使得 $\left| f(x) \right| \leqslant M$.

（3）零点定理：设函数 $f(x)$ 在 $[a,b]$ 上连续且 $f(a)f(b) < 0$，则至少存在一点 $\xi \in (a,b)$，使 $f(\xi) = 0$.

注：利用零点定理可以证明方程根的存在性或函数值相等.

（4）介值定理：设函数 $f(x)$ 在 $[a,b]$ 上连续，M, m 分别为 $f(x)$ 在 $[a,b]$ 上的最大值、最小值，则对任意的 $\mu \in (m, M)$，存在一点 $\xi \in (a,b)$，使 $f(\xi) = \mu$.

◆ 同步练习

一、填空题

1. 设函数 $f(x) = \begin{cases} x\sin\dfrac{1}{x}, & x < 0 \\ a, & x \geq 0 \end{cases}$ 在点 $x = 0$ 处连续，则 $a =$ _____.

2. 函数 $y = \dfrac{1}{\ln(x-1)}$ 的连续区间为 _____.

3. 极限 $\lim\limits_{x \to 0} \dfrac{\sqrt{1+x}-1}{x} =$ _____.

4. 函数 $f(x) = \dfrac{x^2 - 4x + 3}{x(x^2 - 1)}$ 的可去间断点为 $x =$ _____.

二、解答题

1. 设 $f(x)$ 在 $x = 2$ 处连续，且 $f(2) = 3$，求 $\lim\limits_{x \to 2} f(x)\left(\dfrac{1}{x-2} - \dfrac{4}{x^2 - 4} \right)$.

2. 求极限 $\lim\limits_{x \to 0}(1 + 2x)^{\frac{1}{\sin x}}$.

3. 求极限 $\lim\limits_{x \to +\infty} (\sin \sqrt{x+1} - \sin \sqrt{x})$.

4. 求极限 $\lim\limits_{x \to 0} \left(\dfrac{a^x + b^x}{2} \right)^{\frac{1}{x}}$ $(a > 0, b > 0)$.

5. 设函数 $f(x) = \lim\limits_{n \to \infty} \dfrac{x^{2n-1} + ax^2 + bx}{x^{2n} + 1}$ 在 $(-\infty, +\infty)$ 内连续，求 a, b 的值.

6. 设函数 $f(x) = \dfrac{\csc x - \cot x}{x}$ $(x \neq 0)$ 在 $x = 0$ 处连续，求 $f(0)$.

7. 讨论函数 $f(x) = \lim\limits_{t \to +\infty} \dfrac{x}{2 + x^2 + \mathrm{e}^{tx}}$ 的连续性.

8. 求函数 $f(x) = \dfrac{|x|(x-2)}{x(x^2 - 3x + 2)}$ 的间断点，并分类.

9. 讨论函数 $f(x) = \begin{cases} \dfrac{\sin x}{x}, & x < 0 \\ 1, & x = 0 \\ \dfrac{2(\sqrt{1+x}-1)}{x}, & x > 0 \end{cases}$ 的连续性.

10. 求函数 $f(x) = \lim\limits_{n \to \infty}\left(\dfrac{1-x^{2n}}{1+x^{2n}}x\right)$ 的间断点，并分类.

三、证明题

1. 证明方程 $\ln x = \dfrac{2}{x}$ 在 $(1,e)$ 内至少有一个实根.

2. 设函数 $f(x) = 1 + \sin x$ ，证明至少存在一点 $c \in (0, \pi)$ ，使 $f(c) = c$.

3. 设函数 $f(x)$ 在区间 $[0,2]$ 上连续，且 $f(0) = f(2)$ ，证明至少存在一点 $\xi \in [0,1]$ ，使 $f(\xi) = f(1+\xi)$.

4. 设函数 $f(x)$ 在 $(-\infty, +\infty)$ 上连续，且 $\lim\limits_{x \to \infty} f(x)$ 存在，证明：函数 $f(x)$ 在 $(-\infty, +\infty)$ 上有界.

第 2 章　一元函数微分学

2.1　导数的概念与计算

◇　主要知识与方法

1. 导数

$$f'(x_0) = \lim_{\Delta x \to 0} \frac{f(x_0 + \Delta x) - f(x_0)}{\Delta x}$$

或　　　　$$f'(x_0) = \lim_{x \to x_0} \frac{f(x) - f(x_0)}{x - x_0}.$$

也可记为 $y'|_{x=x_0}$ ，$\left.\dfrac{\mathrm{d}y}{\mathrm{d}x}\right|_{x=x_0}$ 及 $\left.\dfrac{\mathrm{d}f}{\mathrm{d}x}\right|_{x=x_0}$.

这时也称 $y = f(x)$ 在点 $x = x_0$ 处可导.

2. 左、右导数

（1）左导数：$f'_-(x_0) = \lim\limits_{\Delta x \to 0^-} \dfrac{f(x_0 + \Delta x) - f(x_0)}{\Delta x}$.

（2）右导数：$f'_+(x_0) = \lim\limits_{\Delta x \to 0^+} \dfrac{f(x_0 + \Delta x) - f(x_0)}{\Delta x}$

（3）左、右导数与导数的关系：

$f'(x_0)$ 存在的充分必要条件是 $f'_-(x_0), f'_+(x_0)$ 存在且相等.

3. 导函数

若函数 $y = f(x)$ 在区间 I 内的每一点处都可导，则称函数 $f(x)$ 在区间 I 内可导. 这时，在区间 I 内构成了一个函数，称之为函数 $y = f(x)$ 的导函数，简称导数，记为 $y', f'(x), \dfrac{\mathrm{d}y}{\mathrm{d}x}$ 或 $\dfrac{\mathrm{d}f(x)}{\mathrm{d}x}$.

即　　　　$$y' = \lim_{\Delta x \to 0} \frac{f(x + \Delta x) - f(x)}{\Delta x}.$$

4. 导数的几何意义

$f'(x_0)$ 表示曲线 $y=f(x)$ 在点 (x_0,y_0) 处的切线斜率.

这时，由直线的点斜式方程可知，曲线 $y=f(x)$ 在点 $M(x_0,y_0)$ 处的切线方程为

$$y-y_0=f'(x_0)(x-x_0).$$

过切点 $M(x_0,y_0)$ 且与切线垂直的直线称为曲线 $y=f(x)$ 在点 M 处的法线.

根据法线的定义，若 $f'(x_0)\neq 0$，则法线的斜率为 $k_{法}=-\dfrac{1}{f'(x_0)}$，从而法线方程为

$$y-y_0=-\frac{1}{f'(x_0)}(x-x_0).$$

5. 可导与连续的关系

设函数 $y=f(x)$ 在点 $x=x_0$ 处可导，则函数 $y=f(x)$ 在点 $x=x_0$ 处连续.

注：反过来不成立，即由连续推不出可导.

6. 导数的四则运算

设 $u=u(x)$，$v=v(x)$ 可导，则

（1）$[u(x)+v(x)]'=u'(x)+v'(x)$；

（2）$[u(x)-v(x)]'=u'(x)-v'(x)$；

（3）$[u(x)v(x)]'=u'(x)v(x)+u(x)v'(x)$，特别地，$[Cu(x)]'=Cu'(x)$；

（4）$\left[\dfrac{u(x)}{v(x)}\right]'=\dfrac{u'(x)v(x)-u(x)v'(x)}{v^2(x)}$ $(v(x)\neq 0)$.

7. 基本导数公式

（1）$C'=0$；　　　　　　　　（2）$(x^\mu)'=\mu x^{\mu-1}$；

（3）$(\sin x)'=\cos x$；　　　　　（4）$(\cos x)'=-\sin x$；

（5）$(\tan x)'=\sec^2 x$；　　　　（6）$(\cot x)'=-\csc^2 x$；

（7）$(\sec x)'=\sec x\tan x$；　　　（8）$(\csc x)'=-\csc x\cot x$；

（9）$(a^x)'=a^x\ln a$，特别地，$(\mathrm{e}^x)'=\mathrm{e}^x$；

（10）$(\log_a x)'=\dfrac{1}{x\ln a}$，特别地，$(\ln x)'=\dfrac{1}{x}$；

（11）$(\arcsin x)' = \dfrac{1}{\sqrt{1-x^2}}$ ； （12）$(\arccos x)' = -\dfrac{1}{\sqrt{1-x^2}}$ ；

（13）$(\arctan x)' = \dfrac{1}{1+x^2}$ ； （14）$(\operatorname{arc cot} x)' = -\dfrac{1}{1+x^2}$.

8. 反函数的求导法则

设函数 $x = \varphi(y)$ 在某区间 I_y 内单调、可导，且 $\varphi'(y) \neq 0$，则其反函数 $y = f(x)$ 的导数为

$$f'(x) = \frac{1}{\varphi'(y)} \quad \text{或} \quad \frac{\mathrm{d}y}{\mathrm{d}x} = \frac{1}{\dfrac{\mathrm{d}x}{\mathrm{d}y}}.$$

9. 复合函数的求导法则

设 $u = g(x)$ 在点 x 处可导，函数 $y = f(u)$ 在对应点 $u = g(x)$ 处可导，则复合函数 $y = f[g(x)]$ 点 x 处可导，且有

$$\frac{\mathrm{d}y}{\mathrm{d}x} = f'(u)g'(x) \quad \text{或} \quad \frac{\mathrm{d}y}{\mathrm{d}x} = \frac{\mathrm{d}y}{\mathrm{d}u} \cdot \frac{\mathrm{d}u}{\mathrm{d}x}.$$

注：待方法熟练后直接套公式，但应先套公式再乘.

◆ **同步练习**

一、填空题

1. 设 $f'(1) = 2$，则极限 $\lim\limits_{x \to 0} \dfrac{f(1+2x) - f(1-x)}{x} =$ _____.

2. 曲线 $xy = 6$ 在点 $(2,3)$ 处的切线方程为 _____.

3. 设 $y = x\mathrm{e}^{-x}$，则 $y' =$ _____.

4. 设 $y = \dfrac{1 - \ln x}{1 + \ln x}$，则 $y' =$ _____.

5. 设 $y = f(1 - x^2)$，则 $y' =$ _____.

二、解答题

1. 设 $f(x) = x\sin x + \cos x$，求 $f'(x)$ 及 $f'\left(\dfrac{\pi}{3}\right)$.

2. 设 $y = \operatorname{arccot}\dfrac{x-1}{x+1}$，求 y'.

3. 设 $y = \ln(x + \sqrt{x^2 + 4})$，求 y'.

4. 设 $y = \mathrm{e}^{\sin^2 \frac{1}{x}}$，求 y'.

5. 讨论函数 $f(x) = \begin{cases} \dfrac{\sin^2 x}{x}, & x \neq 0 \\ 0, & x = 0 \end{cases}$ 在点 $x = 0$ 处的连续性与可导性.

6. 设曲线 $f(x) = x^{2n}$ 在点 $(1,1)$ 处的切线交 x 轴于点 $(x_n, 0)$，求 $\lim\limits_{n\to\infty} f(x_n)$.

7. 求曲线 $y = \dfrac{x^4 + 6}{x}$ 上切线斜率为 -3 的点处的切线方程.

8. 设 $f(x) = \begin{cases} ax + b, & x < 0 \\ \ln(1+x), & x \geqslant 0 \end{cases}$ 在点 $x = 0$ 处可导，求 a, b 的值.

9. 讨论函数 $f(x) = \lim\limits_{t \to +\infty} \dfrac{x}{2 + x^2 + e^{tx}}$ 的可导性，并在可导点求其导数.

10. 设 $f(x) = x(x-1)(x-2)\cdots(x-100)$，求 $f'(0)$.

11. 设 $f(x)$ 可导，且 $g(x) = [f(x)]^3 e^{f(x)}$，求 $g'(x)$.

三、证明题

1. 设 $f(x)$ 为偶函数，且 $f'(0)$ 存在，证明 $f'(0)=0$.

2. 证明曲线 $xy=a^2$ 上任意一点处的切线与两坐标轴构成三角形的面积为常数.

3. 设 $u=u(x)$ ， $v=v(x)$ 可导，证明： $[u(x)v(x)]'=u'(x)v(x)+u(x)v'(x)$.

2.2　高阶导数

◇　主要知识与方法

1．二阶导数

导数 $y' = f'(x)$ 的导数称为二阶导数，记为

$$y'', f''(x), \frac{\mathrm{d}^2 y}{\mathrm{d}x^2}, \frac{\mathrm{d}^2 f}{\mathrm{d}x^2}.$$

2．n 阶导数

$(n-1)$ 阶导数的导数称为 n 阶导数，记为

$$y^{(n)}, f^{(n)}(x), \frac{\mathrm{d}^n y}{\mathrm{d}x^n}, \frac{\mathrm{d}^n f}{\mathrm{d}x^n}.$$

3．高阶导数求法

利用求导方法连续多次求导.

4．n 阶导数的运算法则

设 $u = u(x),\ v = v(x)$ 具有 n 阶导数，则

（1）$[u(x) \pm v(x)]^{(n)} = [u(x)]^{(n)} \pm [v(x)]^{(n)}$；

（2）$[Cu(x)]^{(n)} = C[u(x)]^{(n)}$；

（3）$[u(x)v(x)]^{(n)} = \sum_{k=0}^{n} C_n^k [u(x)]^{(k)} [v(x)]^{(n-k)}$，

其中 $[u(x)]^{(0)} = u(x),\ [v(x)]^{(0)} = v(x)$.

5．常见的 n 阶导数公式

（1）$(e^{ax})^{(n)} = a^n e^{ax}$；

（2）$(x^\mu)^{(n)} = \mu(\mu-1)\cdots(\mu-n+1)x^{\mu-n}$；

（3）$\left(\dfrac{1}{x+a}\right)^{(n)} = \dfrac{(-1)^n n!}{(x+a)^{n+1}}$；

（4）$[\ln(x+a)]^{(n)} = \dfrac{(-1)^{n-1}(n-1)!}{(x+a)^n}$；

（5）$(\sin x)^{(n)} = \sin\left(x + \dfrac{n\pi}{2}\right)$；

（6）$(\cos x)^{(n)} = \cos\left(x + \dfrac{n\pi}{2}\right)$.

◆ **同步练习**

一、填空题

1. 设 $y = \ln \sin x$ ，则 $y'' = \underline{\qquad}$.

2. 设 $y = x^{15} + 6x^{10} - 4x^5 + 2$ ，则 $y^{(16)} = \underline{\qquad}$.

3. 设 $y = \mathrm{e}^{-3x}$ ，则 $y^{(n)} = \underline{\qquad}$.

4. 设 $f(x) = \dfrac{1}{x+1}$ ，则 $f^{(n)}(0) = \underline{\qquad}$.

二、解答题

1. 设 $y = x \arcsin \dfrac{x}{2} + \sqrt{4 - x^2}$ ，求 y'' .

2. 设 $y = \mathrm{e}^x (\sin x + \cos x)$ ，求 y''' .

3. 设函数 $f(x)$ 在 $x=2$ 的某邻域内可导，且 $f'(x) = \mathrm{e}^{f(x)}$，$f(2)=1$，求 $f'''(2)$.

4. 设 $y = \ln(x + \sqrt{x^2+1})$，求 $y'''\big|_{x=\sqrt{3}}$.

5. 设 $y = \ln(x^2 + 5x + 6)$，求 $y^{(n)}$.

6. 设 $y = x^2 \sin x$，求 $y^{(50)}$.

7. 设 $f(x) = x^2 \ln(1+x)$，求 $f^{(n)}(0)$ $(n \geqslant 3)$.

三、证明题

试从 $\dfrac{\mathrm{d}x}{\mathrm{d}y} = \dfrac{1}{y'}$ 导出：（1）$\dfrac{\mathrm{d}^2 x}{\mathrm{d}y^2} = -\dfrac{y''}{(y')^3}$；（2）$\dfrac{\mathrm{d}^3 x}{\mathrm{d}y^3} = \dfrac{3(y'')^2 - y'y'''}{(y')^5}$.

2.3　隐函数与由参数方程确定的函数的导数

◇　主要知识与方法

1．隐函数求导方法

（1）一阶导数：先将方程两边同时对 x 求导，然后再解 y'.

（2）二阶导数：利用导数的运算法则对 y' 求导得到 y'' 的表达式，再将 y' 代入或将 y' 的方程两边同时对 x 求导，然后解 y''，再将 y' 代入.

2．对数求导法

将方程两边取对数化为隐函数求导.

注：当函数为幂指函数或多个因式的积、商及幂表示的函数时采用对数求导法.

3．由参数方程确定函数的求导公式

（1）一阶导数：设 $\begin{cases} x = \varphi(t) \\ y = \psi(t) \end{cases}$ 确定函数 $y = y(x)$，$\varphi(t)$、$\psi(t)$ 可导且 $\varphi'(t) \neq 0$，则

$$\frac{\mathrm{d}y}{\mathrm{d}x} = \frac{\psi'(t)}{\varphi'(t)}.$$

（2）二阶导数：$\dfrac{\mathrm{d}^2 y}{\mathrm{d}x^2} = \dfrac{\psi''(t)\varphi'(t) - \psi'(t)\varphi''(t)}{[\varphi'(t)]^3}.$

注：一般采用二阶导数定义求由参数方程确定的函数的二阶导数，即

$$\frac{\mathrm{d}^2 y}{\mathrm{d}x^2} = \frac{\mathrm{d}}{\mathrm{d}t}\left[\frac{\psi'(t)}{\varphi'(t)}\right] \cdot \frac{\mathrm{d}t}{\mathrm{d}x}.$$

◆ **同步练习**

一、填空题

1. 设函数 $y = y(x)$ 由方程 $x^3 + xy + y^3 = 4$ 确定，则 $y' = $ _____.

2. 设函数 $y = y(x)$ 由方程 $y = 1 + xe^y$ 确定，则 $y'(0) = $ _____.

3. 设 $y = x^x$，求 $y' = $ _____.

4. 曲线 $\begin{cases} x = \cos t + \cos^2 t \\ y = 1 + \sin t \end{cases}$ 上对应 $t = \dfrac{\pi}{4}$ 点处的法线斜率为 _____.

二、解答题

1. 设函数 $y = y(x)$ 由方程 $e^{xy} = x^3 - y^2 + 2$ 确定，求 y'.

2. 设函数 $y = y(x)$ 由方程 $\arctan \dfrac{y}{x} = \ln \sqrt{x^2 + y^2}$ 确定，求 y'.

3. 设函数 $y = y(x)$ 由方程 $\dfrac{1}{2}\sin y = y - x$ 确定，求 y' 及 y''.

4. 设函数 $y = y(x)$ 由方程 $\sin(xy) - \ln\dfrac{x+1}{y} = x$ 确定，求 $y'(0)$.

5. 求曲线 $\mathrm{e}^y + xy = \mathrm{e}$ 在横坐标 $x = 0$ 的点处的切线与法线方程.

6. 设 $y = \left(\dfrac{x}{1+x}\right)^x$，求 y'.

7. 设 $y = \dfrac{(x-1)^3\sqrt{x+1}}{\mathrm{e}^x(x+2)^2}$，求 y'.

8. 设函数 $y = y(x)$ 由方程 $\arccos\dfrac{1}{\sqrt{x+2}} + \mathrm{e}^y\sin x = \arctan y$ 确定，求 $y'(0)$.

9. 设方程 $\begin{cases} x = t + \arctan t \\ y = t^3 + 6t \end{cases}$ 确定函数 $y = y(x)$，求 $\dfrac{\mathrm{d}y}{\mathrm{d}x}, \dfrac{\mathrm{d}^2 y}{\mathrm{d}x^2}$.

10. 设函数 $y = y(x)$ 由方程 $x^y = x^2 y$ 确定，求 y'.

11. 设函数 $y = y(x)$ 由方程 $x\mathrm{e}^{f(y)} = \mathrm{e}^y$ 确定，其中 f 具有二阶导数，且 $f' \neq 1$，求 $\dfrac{\mathrm{d}^2 y}{\mathrm{d}x^2}$.

12. 设函数 $y = y(x)$ 由方程 $e^y + xy = e$ 确定，求 $y''(0)$.

13. 设函数 $y = y(x)$ 由方程 $y = f(x + y)$ 确定，其中 f 具有二阶导数，且 $f' \neq 1$ ，求 y'' .

14. 求曲线 $\begin{cases} x = e^t \sin 2t \\ y = e^t \cos t \end{cases}$ 在 $t = 0$ 对应点处的法线方程.

2.4　微分及其应用

◇　主要知识与方法

1. 微分

若 $\Delta y = f(x_0 + \Delta x) - f(x_0) = A\Delta x + o(\Delta x)$，则称函数 $y = f(x)$ 在点 $x = x_0$ 处可微，且 $A\Delta x$ 称为函数 $y = f(x)$ 在点 $x = x_0$ 处的微分，记为 $\mathrm{d}y = A\Delta x$．

2. 可微与可导的关系

函数 $y = f(x)$ 在点 $x = x_0$ 处可微的充分必要条件是函数 $y = f(x)$ 在点 $x = x_0$ 处可导．

3. 微分计算公式

$$\mathrm{d}y = y'\mathrm{d}x．$$

4. 微分运算法则

设 $u = u(x),\ v = v(x)$ 可微，则

（1）$\mathrm{d}(u+v) = \mathrm{d}u + \mathrm{d}v$；

（2）$\mathrm{d}(u-v) = \mathrm{d}u - \mathrm{d}v$；

（3）$\mathrm{d}(uv) = v\mathrm{d}u + u\mathrm{d}v$，特别地，$\mathrm{d}(Cu) = C\mathrm{d}u$；

（4）$\mathrm{d}\left(\dfrac{u}{v}\right) = \dfrac{v\mathrm{d}u - u\mathrm{d}v}{v^2}\ (v \neq 0)$．

5. 微分基本公式

（1）$\mathrm{d}C = 0$；　　　　　　　　　　（2）$\mathrm{d}x^{\mu} = \mu x^{\mu-1}\mathrm{d}x$；

（3）$\mathrm{d}\sin x = \cos x\mathrm{d}x$；　　　　　（4）$\mathrm{d}\cos x = -\sin x\mathrm{d}x$；

（5）$\mathrm{d}\tan x = \sec^2 x\mathrm{d}x$；　　　　（6）$\mathrm{d}\cot x = -\csc^2 x\mathrm{d}x$；

（7）$\mathrm{d}\sec x = \sec x\tan x\mathrm{d}x$；　　（8）$\mathrm{d}\csc x = -\csc x\cot x\mathrm{d}x$；

（9）$\mathrm{d}a^x = a^x \ln a\mathrm{d}x$，特别地，$\mathrm{d}\mathrm{e}^x = \mathrm{e}^x\mathrm{d}x$；

（10）$\mathrm{d}\log_a x = \dfrac{1}{x\ln a}\mathrm{d}x$，特别地，$\mathrm{d}\ln x = \dfrac{1}{x}\mathrm{d}x$；

（11）$\mathrm{d}\arcsin x = \dfrac{1}{\sqrt{1-x^2}}\mathrm{d}x$；　　　（12）$\mathrm{d}\arccos x = -\dfrac{1}{\sqrt{1-x^2}}\mathrm{d}x$；

（13）$\mathrm{d}\arctan x = \dfrac{1}{1+x^2}\mathrm{d}x$；　　　（14）$\mathrm{d}\operatorname{arccot}x = -\dfrac{1}{1+x^2}\mathrm{d}x$．

6. 微分形式不变性

不管 u 是自变量还是中间变量，都有 $\mathrm{d}y = f'(u)\mathrm{d}u$.

7. 近似计算公式

$$f(x_0 + \Delta x) \approx f(x_0) + f'(x_0)\Delta x .$$

注：上述近似计算公式要求 $f(x_0)$ 可求且 $|\Delta x|$ 相对较小.
特别地，有

$$f(x) \approx f(0) + f'(0)x .$$

8. 常见的近似公式

当 $|x|$ 较小时，有：

（1）$\sin x \approx x$ ；　　　　　（2）$\tan x \approx x$ ；

（3）$\arcsin x \approx x$ ；　　　　（4）$\arctan x \approx x$ ；

（5）$\ln(1+x) \approx x$ ；　　　　（6）$\mathrm{e}^x \approx 1+x$.

◆ 同步练习

一、填空题

1. 函数 $y = x^3$ 当 $x = 2$，$\Delta x = 0.01$ 时的微分为 _____.

2. 设 $y = x\sin x + \cos x$，则 $\mathrm{d}y =$ _____.

3. 设 $y = \dfrac{\ln x}{x}$，则 $\mathrm{d}y =$ _____.

4. 已知 $\mathrm{d}f(\sin 2x)|_{x=0} = \mathrm{d}x$，则 $f'(0) =$ _____.

二、解答题

1. 设 $y = \cos^2 \dfrac{1}{x}$，求 $\mathrm{d}y$.

2. 设 $y = \ln(e^x + \sqrt{1 + e^{2x}})$，求 $\mathrm{d}y$.

3. 设 $y = \arctan\dfrac{x^2-1}{x^2+1}$，求 $\mathrm{d}y$.

4. 设 $y = (1+\sin x)^x$，求 $\mathrm{d}y\big|_{x=\pi}$.

5. 设函数 $y = y(x)$ 由方程 $2^{xy} = x+y$ 确定，求 $\mathrm{d}y\big|_{x=0}$.

6. 设函数 $y = y(x)$ 由方程 $e^y + 4xy = 1 - x^2$ 确定，求 dy.

7. 设函数 $y = y(x)$ 由方程 $x = y^y$ 确定，求 dy.

8. 设 $y = f^2(x)e^{f(x)}$，且 f 可微，求 dy.

9. 计算 $\sqrt[3]{8.02}$ 的近似值.

三、证明题

1. 当 $|x|$ 较小时，证明：$\ln(1+x) \approx x$.

2. 设函数 $f(x) = \begin{cases} x^3 \sin\dfrac{1}{x}, & x \neq 0 \\ 0, & x = 0 \end{cases}$，证明：（1）$f(x)$ 在 $x = 0$ 处可微；（2）$f'(x)$

在 $x = 0$ 处不可微.

第3章 一元函数微分学应用

3.1 中值定理与泰勒公式

◇ 主要知识与方法

1. 罗尔定理

设函数 $f(x)$ 满足下列条件：

（1）在 $[a, b]$ 上连续；

（2）在 (a, b) 内可导；

（3）$f(a) = f(b)$，

则至少存在一点 $\xi \in (a, b)$，使 $f'(\xi) = 0$.

注：上述结论中有一个条件不满足时结论不一定成立，即上述条件为充分条件，而非必要条件.

2. 拉格朗日中值定理

设函数 $f(x)$ 满足下列条件：

（1）在 $[a, b]$ 上连续；

（2）在 (a, b) 内可导，

则至少存在一点 $\xi \in (a, b)$，使

$$f'(\xi) = \frac{f(b) - f(a)}{b - a},$$

或

$$f(b) - f(a) = f'(\xi)(b - a).$$

由拉格朗日中值定理可推出以下两个推论.

推论 1：若在区间 I 上，有 $f'(x) = 0$，则 $f(x) = C$.

推论 2：若在区间 I 上，有 $f'(x) = g'(x)$，则 $f(x) = g(x) + C$.

3. 柯西中值定理

设函数 $f(x), g(x)$ 满足下列条件：

（1）在 $[a, b]$ 上连续；

（2）在 (a, b) 内可导，且 $g'(x) \neq 0$，

则至少存在一点 $\xi \in (a, b)$，使 $\dfrac{f'(\xi)}{g'(\xi)} = \dfrac{f(b) - f(a)}{g(b) - g(a)}$.

4. 泰勒公式

设函数 $f(x)$ 在点 $x = x_0$ 的某邻域 $U(x_0)$ 内具有 $n+1$ 阶导数，则对任意 $x \in U(x_0)$，有

$$f(x) = f(x_0) + \frac{f'(x_0)}{1!}(x - x_0) + \cdots + \frac{f^{(n)}(x_0)}{n!}(x - x_0)^n + R_n(x),$$

其中 $R_n(x) = \dfrac{f^{(n+1)}(\xi)}{(n+1)!}(x - x_0)^{n+1}$，$\xi$ 介于 x_0 与 x 之间.

5. 麦克劳林公式

$$f(x) = f(0) + \frac{f'(0)}{1!}x + \cdots + \frac{f^{(n)}(0)}{n!}x^n + o(x^n).$$

6. 常见的麦克劳林展开式

（1）$e^x = 1 + x + \dfrac{1}{2!}x^2 + \cdots + \dfrac{1}{n!}x^n + o(x^n)$；

（2）$\sin x = x - \dfrac{x^3}{3!} + \dfrac{x^5}{5!} - \cdots + (-1)^n \dfrac{x^{2n+1}}{(2n+1)!} + o(x^{2n+1})$；

（3）$\cos x = 1 - \dfrac{x^2}{2!} + \dfrac{x^4}{4!} - \cdots + (-1)^n \dfrac{x^{2n}}{(2n)!} + o(x^{2n})$；

（4）$\ln(1 + x) = x - \dfrac{x^2}{2} + \dfrac{x^3}{3} - \dfrac{x^4}{4} + \cdots + (-1)^{n-1} \dfrac{x^n}{n} + o(x^n)$；

（5）$(1 + x)^m = 1 + mx + \dfrac{m(m-1)}{2!}x^2 + \cdots + \dfrac{m(m-1)\cdots(m-n+1)}{n!}x^n + o(x^n)$.

说明： 可以利用上述函数的展开式求极限.

7. 两类辅助函数的做法

（1）若证 $kf(\xi) + \xi f'(\xi) = 0$，则令 $F(x) = x^k f(x)$.

（2）若证 $kf(\xi) + f'(\xi) = 0$，则令 $F(x) = e^{kx} f(x)$.

◆ **同步练习**

一、填空题

1. 函数 $f(x) = x^3 - 9x + 2$ 在区间 $[0, 3]$ 上满足罗尔定理的 $\xi = $ _____.

2. 函数 $f(x) = x - \ln(1 + x)$ 在区间 $[0, 1]$ 上满足拉格朗日定理的 $\xi = $ _____.

3. 设 $f(x) = (x-1)(x-3)(x-5)(x-7)$ ，则方程 $f'(x) = 0$ 在区间 $(0, 7)$ 内根的个数为 _____.

4. 函数 $f(x) = \tan x$ 的 3 阶麦克劳林展开式为 _____.

二、解答题

利用麦克劳林展开式求下列极限.

1. 求极限 $\lim\limits_{x \to 0} \dfrac{1 + \dfrac{1}{2}x^2 - \sqrt{1 + x^2}}{x^2(\cos x - e^{x^2})}$.

2. 求极限 $\lim\limits_{x \to +\infty} (\sqrt[3]{x^3 + 3x^2} - \sqrt[4]{x^4 - 2x^3})$.

三、证明题

1. 设函数 $f(x)$ 在 $[0,1]$ 上连续，在 $(0,1)$ 内可导，且 $f(1)=0$，证明：至少存在一点 $\xi \in (0,1)$，使 $3f(\xi)+\xi f'(\xi)=0$.

2. 设函数 $f(x)$ 在 $[0,1]$ 上连续，在 $(0,1)$ 内可导，且 $f(0)=f(1)=0$，证明：至少存在一点 $\xi \in (0,1)$，使得 $f(\xi)=f'(\xi)$.

3. 证明方程 $x^5+x+1=0$ 在区间 $(-1,0)$ 内有且仅有一个实根.

4. 设 $F(x)=(x-1)^2 f(x)$，其中 $f(x)$ 在 $[1, 2]$ 上具有二阶导数且 $f(2)=0$，证明：至少存在一点 $\xi \in (1, 2)$，使 $F''(\xi)=0$.

5. 设函数 $f(x)$ 在 $[a, b]$ 上连续，在 (a, b) 内可导，且 $f(a)=f(b)=0$，证明：至少存在一点 $\xi \in (a, b)$，使 $2024f(\xi)+f'(\xi)=0$.

6. 设函数 $f(x)$ 在 $[a, b]$ 上连续，在 (a, b) 内可导，证明：至少存在一点 $\xi \in (a, b)$，使 $\dfrac{bf(b)-af(a)}{b-a}=f(\xi)+\xi f'(\xi)$.

7. 设 $b > a > 0$，证明：$\dfrac{b-a}{1+b^2} < \arctan b - \arctan a < \dfrac{b-a}{1+a^2}$.

8. 证明：当 $x \geqslant 1$ 时，$\arctan x - \dfrac{1}{2}\arccos\dfrac{2x}{1+x^2} = \dfrac{\pi}{4}$.

9. 设 $b > a > 0$，证明：至少存在一点 $\xi \in (a, b)$，使 $\dfrac{be^a - ae^b}{b-a} = e^\xi - \xi e^\xi$.

10. 设函数 $f(x)$ 在 $[a, b]$ 上连续，在 (a, b) 内可导，且 $f'(x) \neq 0$，证明：至少存在两点 $\xi, \eta \in (a, b)$，使 $\dfrac{f'(\xi)}{f'(\eta)} = \dfrac{e^b - e^a}{b-a} e^{-\eta}$.

11. 设函数 $f(x)$ 在 $[0, 3]$ 上连续，在 $(0, 3)$ 内可导，且 $f(0) + f(1) + f(2) = 3$，$f(3) = 1$，证明：至少存在一点 $\xi \in (0, 3)$，使 $f'(\xi) = 0$.

12. 设函数 $f(x)$ 在 $[0, 1]$ 上连续，在 $(0, 1)$ 内可导，且 $f(0) = 0, f(1) = 1$，证明：
（1）至少存在一点 $\xi \in (0, 1)$，使 $f(\xi) = 1 - \xi$；
（2）存在两个不同的点 $\eta_1, \eta_2 \in (0, 1)$，使 $f'(\eta_1) \cdot f'(\eta_2) = 1$.

3.2 洛必达法则

◇ 主要知识与方法

1. **洛必达法则 I（$\dfrac{0}{0}$ 型极限求法）**

设函数 $f(x)$ 与 $g(x)$ 满足：

（1）$\lim\limits_{x \to x_0} f(x) = \lim\limits_{x \to x_0} g(x) = 0$；

（2）在 x_0 的某个去心 δ 邻域 $\overset{\circ}{U}(x_0, \delta)$ 内，$f(x)$ 与 $g(x)$ 均可导且 $g'(x) \neq 0$；

（3）$\lim\limits_{x \to x_0} \dfrac{f'(x)}{g'(x)}$ 存在（或为无穷大），

则
$$\lim_{x \to x_0} \frac{f(x)}{g(x)} = \lim_{x \to x_0} \frac{f'(x)}{g'(x)}.$$

2. **洛必达法则 II（$\dfrac{\infty}{\infty}$ 型极限求法）**

设函数 $f(x)$ 与 $g(x)$ 满足：

（1）$\lim\limits_{x \to x_0} f(x) = \infty$，$\lim\limits_{x \to x_0} g(x) = \infty$；

（2）在 x_0 的某个去心 δ 邻域 $\overset{\circ}{U}(x_0, \delta)$ 内，$f(x)$ 与 $g(x)$ 均可导且 $g'(x) \neq 0$；

（3）$\lim\limits_{x \to x_0} \dfrac{f'(x)}{g'(x)}$ 存在（或为无穷大），

则
$$\lim_{x \to x_0} \frac{f(x)}{g(x)} = \lim_{x \to x_0} \frac{f'(x)}{g'(x)}.$$

注：（i）若 $\lim\limits_{x \to x_0} \dfrac{f'(x)}{g'(x)}$ 仍为 $\dfrac{0}{0}$ 或 $\dfrac{\infty}{\infty}$，则 $\lim\limits_{x \to x_0} \dfrac{f(x)}{g(x)} = \lim\limits_{x \to x_0} \dfrac{f'(x)}{g'(x)} = \lim\limits_{x \to x_0} \dfrac{f''(x)}{g''(x)}$.

（ii）$x \to x_0$ 可换成函数极限的其他趋向过程.

（iii）最好与其他方法一起使用，例如等价无穷小量替代.

3. **$0 \cdot \infty$ 型极限求法**

把较简单函数移到分母化为 $\dfrac{0}{0}, \dfrac{\infty}{\infty}$ 型.

4. **$\infty - \infty$ 型极限求法**

（1）通分化为 $\dfrac{0}{0}$ 型.

（2）提取因式化为 $0 \cdot \infty$ 型.

5. $1^{\infty}, 0^{0}, \infty^{0}$ 型极限求法

利用 $[f(x)]^{g(x)} = e^{g(x) \ln f(x)}$ 化为 $0 \cdot \infty$ 型，再化为 $\dfrac{0}{0}$、$\dfrac{\infty}{\infty}$ 型. 即

$$\lim f(x)^{g(x)} = e^{\lim g(x) \ln f(x)} = e^{\lim \frac{\ln f(x)}{\frac{1}{g(x)}}}.$$

说明：使用洛必达法则求极限时一定要注意洛必达法则的条件.

例如：对极限 $\lim\limits_{x \to \infty} \dfrac{x - \sin x}{x + \sin x}$，下面解法是错误的.

$$\lim_{x \to \infty} \frac{x - \sin x}{x + \sin x} = \lim_{x \to \infty} \frac{1 - \cos x}{1 + \cos x} = \lim_{x \to \infty} \frac{\sin x}{-\sin x} = -1.$$

正确解法如下：

$$\lim_{x \to \infty} \frac{x - \sin x}{x + \sin x} = \lim_{x \to \infty} \frac{1 - \dfrac{\sin x}{x}}{1 + \dfrac{\sin x}{x}} = \frac{1 - 0}{1 + 0} = 1.$$

注：对数列极限不能直接用洛必达法则求，而应先使用洛必达法则求其对应的函数极限，然后再根据函数极限与数列极限的关系得到数列极限. 即

若 $\lim\limits_{x \to +\infty} f(x) = A$，则 $\lim\limits_{n \to \infty} f(n) = A$.

◆ 同步练习

一、填空题

1. 极限 $\lim\limits_{x\to 0}\dfrac{x-\sin x}{x^3}=$ _____.

2. 极限 $\lim\limits_{x\to +\infty}\dfrac{\dfrac{\pi}{2}-\arctan x}{\dfrac{1}{x}}=$ _____.

3. 极限 $\lim\limits_{x\to 0^+}\dfrac{\ln\tan 5x}{\ln\tan 3x}=$ _____.

4. 极限 $\lim\limits_{x\to 0^+}\sin x\ln x=$ _____.

5. 极限 $\lim\limits_{x\to 0}(e^x+x)^{\frac{1}{x}}=$ _____.

二、解答题

1. 求极限 $\lim\limits_{x\to 0}\dfrac{e^x-e^{-x}-2x}{x\sin^2 x}$.

2. 求极限 $\lim\limits_{x\to 0}\dfrac{e^{x^2}-x^2-1}{x^2\sin^2 x}$.

3. 求极限 $\lim\limits_{x\to+\infty}\dfrac{\ln(a+be^x)}{\sqrt{a+bx^2}}$ $(a,\,b>0)$.

4. 求极限 $\lim\limits_{x\to1}(1-x^2)\tan\dfrac{\pi x}{2}$.

5. 求极限 $\lim\limits_{x\to1}\left(\dfrac{x}{x-1}-\dfrac{1}{\ln x}\right)$.

6. 求极限 $\lim\limits_{x \to 0} \left(\dfrac{1}{\sin^2 x} - \dfrac{1}{x^2} \right).$

7. 求极限 $\lim\limits_{x \to \infty} \left[x^2 \ln \left(1 + \dfrac{1}{x} \right) - x \right].$

8. 已知实数 a, b 满足 $\lim\limits_{x \to +\infty} [(ax + b)\mathrm{e}^{\frac{1}{x}} - x] = 2$，求 a, b 的值.

9. 求极限 $\lim\limits_{x \to 0}(2^x + x)^{\frac{2}{x}}$.

10. 求极限 $\lim\limits_{x \to +\infty}(x^2 + 2x)^{\frac{1}{x}}$.

11. 求极限 $\lim\limits_{x \to +\infty}\left(\dfrac{2}{\pi}\arctan x\right)^{x}$.

12. 求极限 $\lim\limits_{x \to 0^+} (\cot x)^{\frac{1}{\ln x}}$.

13. 试确定常数 a,b 的值，使函数 $f(x) = \begin{cases} b(1+\sin x) + a + 2, & x \geqslant 0 \\ e^{ax} - 1, & x < 0 \end{cases}$ 处处可导.

14. 求极限 $\lim\limits_{n \to \infty} \left(\dfrac{1 + 2^{\frac{1}{n}} + 3^{\frac{1}{n}}}{3} \right)^n$.

15. 求极限 $\lim\limits_{x \to 0} \dfrac{e^{x^2} - e^{2-2\cos x}}{x^4}$.

16. 当 $x \to 0$ 时，$1 - \cos x \cdot \cos 2x \cdot \cos 3x$ 与 ax^n 为等价无穷小，求 n 与 a 的值.

三、证明题

设 $f''(x)$ 存在，证明：$\lim\limits_{h \to 0} \dfrac{f(x+2h) - 2f(x+h) + f(x)}{h^2} = f''(x)$.

3.3 函数的单调性与极值

◇ 主要知识与方法

1. 单调性判别法

设函数 $f(x)$ 在 $[a, b]$ 上连续，在 (a, b) 内可导，

（1）若在 (a, b) 内 $f'(x) > 0$，则函数 $f(x)$ 在 $[a, b]$ 上单调增加；

（2）若在 (a, b) 内 $f'(x) < 0$，则函数 $f(x)$ 在 $[a, b]$ 上单调减少.

说明：（ i ）利用单调性可证明不等式.

（ii）若 $f(x)$ 在 $[a, b]$ 上是单调的，则方程 $f(x) = 0$ 在 (a, b) 内最多有一个实根.

2. 判断函数单调性或求单调区间的步骤

（1）求 $f'(x)$.

（2）求 $f'(x)$ 的零点与不存在点得分界点.

（3）用上述分界点把 $f(x)$ 的定义域分成若干小区间，并讨论 $f'(x)$ 在每个小区间的符号（可列表讨论）.

（4）确定函数 $f(x)$ 的单调性或单调区间.

3. 极值

设函数 $f(x)$ 在区间 (a, b) 内有定义，$x_0 \in (a, b)$. 若在 x_0 的某一去心邻域 $\mathring{U}(x_0)$ 内，有

$$f(x) < f(x_0) \text{（或 } f(x) > f(x_0) \text{），}$$

则称 $f(x_0)$ 为函数 $f(x)$ 的一个极大值（或极小值），x_0 称为函数 $f(x)$ 的一个极大值点（或极小值点）. 函数的极大值与极小值统称为函数的极值.

4. 取极值的必要条件

设函数 $f(x)$ 在点 $x = x_0$ 处取极值且可导，则 $f'(x_0) = 0$.

5. 驻点

$f'(x)$ 的零点称为函数 $f(x)$ 的驻点.

注：对可导函数 $f(x)$，极值点一定为驻点. 反过来不成立，即驻点不一定为极值点.

6. 取得极值的充分条件（判别法）

（1）第一判别法：设函数 $f(x)$ 在点 x_0 的一个邻域内连续，在点 x_0 的某个去心邻域 $\overset{\circ}{U}(x_0)$ 内可导，且

$$f'(x)\begin{cases} > (<)0, & x\in(x_0-\delta, x_0) \\ < (>)0, & x\in(x_0, x_0+\delta) \end{cases},$$

则 $f(x_0)$ 为极大（小）值.

（2）第二判别法：设函数 $f(x)$ 在点 $x=x_0$ 处具有二阶导数且 $f'(x_0)=0$，若

$$f''(x_0) < (>)0,$$

则 $f(x_0)$ 为极大（小）值.

注：当 $f'(x)$ 只有零点且 $f''(x)$ 容易求时可采用第二判别法.

7. 采用第一判别法求函数极值的步骤

（1）求 $f'(x)$.

（2）求 $f'(x)$ 的零点与不存在点得可能极值点.

（3）用可能极值点把 $f(x)$ 的定义域分成若干小区间，并讨论 $f'(x)$ 在每个小区间的符号确定极值点（可列表讨论）.

（4）求 $f(x)$ 在每个极值点的函数值得 $f(x)$ 的极值.

8. 求连续函数 $f(x)$ 在闭区间 $[a,b]$ 上最值的步骤

（1）求 $f'(x)$.

（2）求 $f'(x)$ 在 (a, b) 内的零点与不存在点，不妨设为 $x_1, x_2, \cdots, x_n$.

（3）求 $f(a), f(b), f(x_1), f(x_2), \cdots, f(x_n)$.

（4）比较上述函数值的大小，最大的为最大值，最小的为最小值，即

$$M = \max\{f(a), f(b), f(x_1), f(x_2), \cdots, f(x_n)\},$$

$$m = \min\{f(a), f(b), f(x_1), f(x_2), \cdots, f(x_n)\}.$$

注：当 $f(x)$ 在区间 (a,b) 内只有一个驻点，且在该驻点上取得极大值（极小值），则该极大值（极小值）就是最大值（最小值）.

9. 最值应用

先列函数关系式，再讨论其最值.

◆ **同步练习**

一、填空题

1. 函数 $f(x) = x + \sqrt{1-x}$ 的单调减区间为_____.

2. 方程 $\ln x = \dfrac{x}{2e}$ 在区间 $(0, +\infty)$ 内的实根个数为_____.

3. 设函数 $f(x) = a\sin x + \dfrac{1}{3}\sin 3x$ 在 $x = \dfrac{\pi}{3}$ 处取极值，则 $a =$ _____.

4. 函数 $f(x) = x + 2\cos x$ 在 $\left[0, \dfrac{\pi}{2}\right]$ 上的最大值_____.

二、解答题

1. 判断函数 $y = x^2 \ln x$ 的单调性.

2. 求函数 $y = x^3 - 3x + 5$ 的单调区间.

3. 求函数 $f(x) = x^{\frac{1}{3}}(1-x)^{\frac{2}{3}}$ 的极值.

4. 求函数 $f(x) = (x-2)^2(x+1)^{\frac{2}{3}}$ 在 $[-2, 2]$ 上的最大值与最小值.

5. 求函数 $f(x) = x^3 - 3x^2 - 9x - 7$ 的单调区间与极值.

6. 设函数 $f(x) = a\ln x + bx^2 - 3x$ 在 $x=1$, $x=2$ 处取极值，求 a, b 的值及 $f(x)$ 的极值.

7. 求函数 $f(x) = \lim\limits_{t \to \infty} x\left(\dfrac{t-x}{t+x}\right)^t$ 的极值.

8. 在半径为 R 的球内作内接正圆锥，试求圆锥体积最大时的高及最大体积.

9. 设函数 $y = f(x)$ 由方程 $y^3 + xy^2 + x^2y + 6 = 0$ 确定，求 $y = f(x)$ 的极值.

10. 讨论方程 $\ln x = ax$（其中 $a > 0$）在区间 $(0, +\infty)$ 内实根的个数.

三、证明题

1. 证明：当 $x > 1$ 时，$e^x > ex$.

2. 证明：当 $x > 0$ 时，$\arctan x + \dfrac{1}{x} > \dfrac{\pi}{2}$.

3. 证明：$x \ln \dfrac{1+x}{1-x} + \cos x \geqslant 1 + \dfrac{x^2}{2}$ $(-1 < x < 1)$.

4. 设函数 $f(x)$ 在 $[a, +\infty)$ 上连续，在 $(a, +\infty)$ 内 $f''(x) > 0$，证明：$F(x) = \dfrac{f(x) - f(a)}{x - a}$ 在 $(a, +\infty)$ 内单调增加.

3.4   曲线的凹凸性与拐点

◇   主要知识与方法

1. 凹弧与凸弧

设函数 $f(x)$ 在区间 I 上有定义，若任取 $x_1, x_2 \in I$ 且 $x_1 \neq x_2$ ，有

$$f\left(\frac{x_1 + x_2}{2}\right) < \frac{f(x_1) + f(x_2)}{2} ,$$

则称曲线 $y = f(x)$ 在区间 I 上是凹弧，区间 I 称为函数 $f(x)$ 的凹区间.

设函数 $f(x)$ 在区间 I 上有定义，若任取 $x_1, x_2 \in I$ 且 $x_1 \neq x_2$ ，有

$$f\left(\frac{x_1 + x_2}{2}\right) > \frac{f(x_1) + f(x_2)}{2} ,$$

则称曲线 $y = f(x)$ 在区间 I 上是凸弧，区间 I 称为函数 $f(x)$ 的凸区间.

2. 凹凸判别法

设函数 $f(x)$ 在 $[a, b]$ 上连续，在 (a, b) 内具有二阶导数.

（1）若在 (a, b) 内 $f''(x) > 0$ ，则曲线 $y = f(x)$ 在 $[a, b]$ 上是凹弧；

（2）若在 (a, b) 内 $f''(x) < 0$ ，则曲线 $y = f(x)$ 在 $[a, b]$ 上是凸弧.

3. 拐点

曲线 $y = f(x)$ 上凹弧与凸弧的分界点称为曲线的拐点.

4. 拐点判别法

设函数 $f(x)$ 在点 x_0 的一个邻域内连续，在点 x_0 的某个去心邻域 $\overset{\circ}{U}(x_0)$ 内具有二阶导数，且

$$f''(x) \begin{cases} > (<)0, \; x \in (x_0 - \delta, x_0) \\ < (>)0, \; x \in (x_0, x_0 + \delta) \end{cases} ,$$

则 $(x_0, f(x_0))$ 为拐点.

5. 判断曲线的凹凸性（或求凹凸区间）与拐点的步骤

（1）求 $f'(x)$.

（2）求 $f''(x)$.

（3）求 $f''(x)$ 的零点与不存在点得分界点.

（4）用上述分界点把 $f(x)$ 的定义域分成若干小区间，并讨论 $f''(x)$ 在每个小区间的符号（可列表讨论）.

（5）确定曲线的凹凸性（或凹凸区间）与拐点.

◆ **同步练习**

一、填空题

1. 曲线 $y = (1-x)^3$ 的凹区间为_____.

2. 曲线 $y = \dfrac{1}{x+1}$ 的凸区间为_____.

3. 曲线 $y = (x-1)^2(x-3)^2$ 的拐点个数为_____.

4. 曲线 $y = xe^{-x}$ 的拐点为_____.

二、解答题

1. 判断曲线 $y = x^4 - 2x^3 - 12x^2 + 3$ 的凹凸性.

2. 求曲线 $y = \sqrt[3]{x-1}$ 的拐点.

3. 求函数 $y = \dfrac{1}{4} - x^2 - \ln\sqrt{x}$ 的凹凸区间与该曲线的拐点.

4. 已知 $(2, 4)$ 是曲线 $y = x^3 + ax^2 + bx + c$ 的拐点，且对应的函数在点 $x = 3$ 处取得极值，求 a, b, c 的值.

三、证明题

当 $x > y > 0$ 时，证明：$\ln\sqrt{xy} < \ln\dfrac{x+y}{2}$.

3.5　函数作图与曲率

◇　**主要知识与方法**

1．水平渐近线

若 $\lim\limits_{x \to \infty} f(x) = b$，则称直线 $y = b$ 为曲线 $y = f(x)$ 的水平渐近线.

说明： $x \to \infty$ 可换成 $x \to +\infty$ 或 $x \to -\infty$.

2．垂直渐近线

若 $\lim\limits_{x \to x_0} f(x) = \infty$，则称直线 $x = x_0$ 为曲线 $y = f(x)$ 的垂直渐近线.

说明： $x \to x_0$ 可换成 $x \to x_0^-$ 或 $x \to x_0^+$.

3．斜渐近线

若 $a = \lim\limits_{x \to \infty} \dfrac{f(x)}{x}$，$b = \lim\limits_{x \to \infty}[f(x) - ax]$，则称直线 $y = ax + b$ 为曲线 $y = f(x)$ 的斜渐近线.

说明： $x \to \infty$ 可换成 $x \to +\infty$ 或 $x \to -\infty$.

以上渐近线的定义也给出了求各种渐近线的方法.

4．函数作图的步骤

（1）确定函数 $f(x)$ 的定义域、奇偶性、周期性等.

（2）求 $f'(x), f''(x)$ 及 $f'(x), f''(x)$ 的零点与不存在点.

（3）用上述所求的点把 $f(x)$ 的定义域分成若干小区间，并讨论 $f'(x), f''(x)$ 在每个小区间的符号，确定单调性与极值、凹凸性与拐点（一般列表讨论）.

（4）确定曲线 $y = f(x)$ 的渐近线.

（5）求一些辅助点（如与坐标轴的交点）.

（6）作图：先画渐近线，再描特殊点（包括极值点、拐点、辅助点），最后按（3）中的表作图.

5．曲率

设曲线 $y = f(x)$ 为光滑曲线，若极限 $\lim\limits_{\Delta s \to 0}\left|\dfrac{\Delta \alpha}{\Delta s}\right|$ 存在，则称该极限为曲线 $y = f(x)$ 在点 $M(x, f(x))$ 的曲率，记为 K，即 $K = \lim\limits_{\Delta s \to 0}\left|\dfrac{\Delta \alpha}{\Delta s}\right|$.

当 $\dfrac{\mathrm{d}\alpha}{\mathrm{d}s}$ 存在时，曲率存在，且有下面的计算公式.

6. 曲率计算公式

（1）设曲线的方程为 $y = f(x)$，则 $K = \dfrac{\left|y''\right|}{(1+y'^2)^{\frac{3}{2}}}$.

（2）设曲线的方程为 $\begin{cases} x = \varphi(t) \\ y = \psi(t) \end{cases}$，则 $K = \dfrac{\left|\varphi'(t)\psi''(t) - \varphi''(t)\psi'(t)\right|}{[\varphi'^2(t) + \psi'^2(t)]^{\frac{3}{2}}}$.

7. 曲率半径计算公式

$$\rho = \dfrac{1}{K}.$$

◆ **同步练习**

一、填空题

1. 曲线 $y = \dfrac{x + 3\sin x}{4x - 5\cos x}$ 的水平渐近线为_____.

2. 曲线 $y = \dfrac{x^2 - 3x + 2}{x^2 - 1}$ 的垂直渐近线为_____.

3. 曲线 $xy = 4$ 在点 $(2, 2)$ 处的曲率 $K = $ _____.

4. 曲线 $y = \sin x$ 在点 $\left(\dfrac{\pi}{4}, \dfrac{\sqrt{2}}{2} \right)$ 处的曲率半径 $\rho = $ _____.

二、解答题

1. 求曲线 $y = x\ln\left(e + \dfrac{1}{x} \right)$ 的斜渐近线.

2. 描绘函数 $y = \dfrac{x^3}{(x-1)^2}$ 的图形.

3. 求曲线 $\begin{cases} x = \ln(1+t^2) \\ y = t - \arctan t \end{cases}$ 在对应点 $t = 1$ 处的曲率.

4. 曲线 $y = x^2 - 2x$ 上哪点的曲率最大？并求最大曲率.

5. 求曲线 $x^2 + xy + y^2 = 3$ 在点 $(1, 1)$ 处的曲率及曲率半径.

第4章 一元函数积分学

4.1 定积分概念与微积分基本公式

◇ 主要知识与方法

1. 定积分

$$\int_a^b f(x)\mathrm{d}x = \lim_{\lambda \to 0} \sum_{i=1}^n f(\xi_i)\Delta x_i .$$

注：（ⅰ）$\int_a^b f(x)\mathrm{d}x$ 与积分变量的记法无关，即

$$\int_a^b f(x)\mathrm{d}x = \int_a^b f(t)\mathrm{d}t = \int_a^b f(u)\mathrm{d}u .$$

（ⅱ）$\int_a^a f(x)\mathrm{d}x = 0$；

$$\int_a^b f(x)\mathrm{d}x = -\int_b^a f(x)\mathrm{d}x .$$

2. 可积的条件

（1）若函数 $f(x)$ 在区间 $[a, b]$ 上可积，则 $f(x)$ 在区间 $[a, b]$ 上有界．

（2）若函数 $f(x)$ 在区间 $[a, b]$ 上连续，则 $f(x)$ 在区间 $[a, b]$ 上可积．

（3）若函数 $f(x)$ 在区间 $[a, b]$ 上有界且只有有限个间断点，则 $f(x)$ 在区间 $[a, b]$ 上可积．

3. 定积分的几何意义

定积分 $\int_a^b f(x)\mathrm{d}x$ 表示由曲线 $y = f(x) \geqslant 0$，直线 $x = a$，$x = b$ 及 x 轴所围成的平面图形的面积．

4. 定积分的基本性质

（1）$\int_a^b [f(x) \pm g(x)]\mathrm{d}x = \int_a^b f(x)\mathrm{d}x \pm \int_a^b g(x)\mathrm{d}x .$

（2）$\int_a^b kf(x)\mathrm{d}x = k\int_a^b f(x)\mathrm{d}x$.

（3）$\int_a^b f(x)\mathrm{d}x = \int_a^c f(x)\mathrm{d}x + \int_c^b f(x)\mathrm{d}x$.

性质（3）称为定积分的可加性.

（4）$\int_a^b \mathrm{d}x = b-a$.

（5）若函数 $f(x)$ 与 $g(x)$ 在区间 $[a,b]$ 上，有 $f(x) \leqslant g(x)$，则

$$\int_a^b f(x)\mathrm{d}x \leqslant \int_a^b g(x)\mathrm{d}x.$$

特别地，有：

① 设在区间 $[a,b]$ 上，有 $f(x) \geqslant 0$，则 $\int_a^b f(x)\mathrm{d}x \geqslant 0$.

② $\left|\int_a^b f(x)\mathrm{d}x\right| \leqslant \int_a^b |f(x)|\mathrm{d}x \ (a \leqslant b)$.

（6）设 M,m 分别是函数 $f(x)$ 在区间 $[a,b]$ 上的最大值和最小值，则

$$m(b-a) \leqslant \int_a^b f(x)\mathrm{d}x \leqslant M(b-a). \quad （估值不等式）$$

（7）若函数 $f(x)$ 在区间 $[a,b]$ 上连续，则至少存在一点 $\xi \in [a,b]$，使得

$$\int_a^b f(x)\mathrm{d}x = f(\xi)(b-a). \quad （积分中值定理）$$

注：$\dfrac{1}{b-a}\int_a^b f(x)\mathrm{d}x$ 称为函数 $f(x)$ 在区间 $[a,b]$ 上的平均值.

5. 原函数

若在区间 I 上有 $F'(x)=f(x)$，则称函数 $F(x)$ 为 $f(x)$ 在区间 I 上的原函数.

注：（i）若函数 $f(x)$ 在区间 I 上连续，则 $f(x)$ 在区间 I 上存在原函数.

（ii）设函数 $F(x)$ 为 $f(x)$ 在区间 I 上的一个原函数，则函数 $f(x)$ 在区间 I 上的所有原函数为 $F(x)+C$（其中 C 为任意常数）.

6. 积分上限函数

设 $f(x)$ 在 $[a,b]$ 上连续，则函数 $\Phi(x)=\int_a^x f(t)\mathrm{d}t$ 称为积分上限函数.

7. 积分上限函数的导数

若函数 $f(x)$ 在 $[a,b]$ 上连续，则积分上限函数 $\Phi(x)=\int_a^x f(t)\mathrm{d}t$ 在 $[a,b]$ 上可导，且

$$\varPhi'(x) = \left(\int_a^x f(t)\mathrm{d}t \right)' = f(x).$$

注:（ⅰ）被积函数 $f(t)$ 不含自变量 x.

（ⅱ）设函数 $f(u)$ 连续，函数 $u(x)$ 可导，则 $\left(\int_a^{u(x)} f(t)\mathrm{d}t \right)' = f[u(x)]u'(x)$.

（ⅲ）积分上限函数 $\int_a^x f(t)\mathrm{d}t$ 为 $f(x)$ 的一个原函数.

8. 牛顿-莱布尼兹公式

设函数 $f(x)$ 在区间 $[a, b]$ 上连续，且 $F'(x) = f(x)$，则

$$\int_a^b f(x)\mathrm{d}x = F(x)\Big|_a^b = F(b) - F(a).$$

◆ 同步练习

一、填空题

1. 设 $f(x) = \int_0^{x^2} \cos \sqrt{t}\,\mathrm{d}t$ ，则 $f'(x) = $ _____．

2. 极限 $\lim\limits_{x \to 0} \dfrac{\int_0^x \dfrac{\sin 2t}{t}\,\mathrm{d}t}{x} = $ _____．

3. 定积分 $\int_0^{\frac{\pi}{4}} \tan^2 x\,\mathrm{d}x = $ _____．

4. 曲线 $y = \int_x^1 t\mathrm{e}^{-t}\,\mathrm{d}t$ 的拐点为 _____．

二、解答题

1. 设 $F(x) = \int_0^x (x^2 - t^2) f(t)\,\mathrm{d}t$ ，求 $F''(x)$ ．

2. 设 $\int_0^x f(t^2)\,\mathrm{d}t = 2x^3$ ，求 $\int_0^1 f(x)\,\mathrm{d}x$ ．

3. 求极限 $\lim\limits_{x\to 0}\dfrac{\int_0^x(1-e^{-t^2})\mathrm{d}t}{x\sin^2 x}$.

4. 设函数 $f(x)=\begin{cases}\dfrac{\int_0^x\ln(\cos t)\mathrm{d}t}{x^3}, & x\neq 0 \\ A, & x=0\end{cases}$ 在点 $x=0$ 处连续，求常数 A 的值.

5. 设 $f(x)=\begin{cases}x, & x<1 \\ x^2, & x\geqslant 1\end{cases}$，求 $F(x)=\int_0^x f(t)\mathrm{d}t$ 的表达式.

6. 设 $f(x) = \dfrac{1}{1+x} + x\displaystyle\int_0^1 f(x)\mathrm{d}x$ ，求 $\displaystyle\int_0^1 f(x)\mathrm{d}x$.

7. 求定积分 $\displaystyle\int_0^\pi \sqrt{1-\sin x}\,\mathrm{d}x$.

8. 求定积分 $\displaystyle\int_0^{\ln 2} \mathrm{e}^x (1+\mathrm{e}^x)^3\,\mathrm{d}x$.

9. 求定积分 $\int_0^{\pi}(1-\sin^3 x)\mathrm{d}x$.

10. 求定积分 $\int_0^2 \max\{x, x^2\}\mathrm{d}x$.

11. 求定积分 $\int_1^3 (|x-2|+|\cos x|)\mathrm{d}x$.

12. 求函数 $f(x) = \int_0^x (t+1)\arctan t\, dt$ 的极小值.

13. 求定积分 $\int_0^\pi \sqrt{\sin x - \sin^3 x}\, dx$.

14. 设 $f(x) = \begin{cases} x+1, & x \leqslant 0 \\ \dfrac{1}{1+x}, & x > 0 \end{cases}$,求 $\int_{-1}^1 f(x)\,dx$.

三、证明题

1. 设 $f(x)$ 在 $[0, 1]$ 上可导，且满足条件 $f(1)=2\int_0^{\frac{1}{2}} xf(x)\mathrm{d}x$，证明：至少存在一点 $\xi\in(0, 1)$，使得 $f(\xi)+\xi f'(\xi)=0$.

2. 设 $f(x)$ 在 $[0, 1]$ 上可导且 $\int_0^1 xf(x)\mathrm{d}x=0$，证明：至少存在一点 $c\in(0, 1)$，使得 $c^2 f'(c)=f(1)$.

3. 设 $f(x)$ 在 $[0, 1]$ 上连续，且 $f(x)<1$，证明：方程 $2x-\int_0^x f(t)\mathrm{d}t=1$ 在 $(0, 1)$ 内只有一个实根.

4.2 不定积分的概念与性质

◇ 主要知识与方法

1. 不定积分

函数 $f(x)$ 的所有原函数 $F(x)+C$ 称为 $f(x)$ 的不定积分，记为

$$\int f(x)\mathrm{d}x = F(x)+C.$$

2. 不定积分的性质

（1）$\left(\int f(x)\mathrm{d}x\right)' = f(x)$ 或 $\mathrm{d}\int f(x)\mathrm{d}x = f(x)\mathrm{d}x$ ；

（2）$\int F'(x)\mathrm{d}x = F(x)+C$ 或 $\int \mathrm{d}F(x) = F(x)+C$ ；

（3）$\int [f(x) \pm g(x)]\mathrm{d}x = \int f(x)\mathrm{d}x \pm \int g(x)\mathrm{d}x$ ；

（4）$\int kf(x)\mathrm{d}x = k\int f(x)\mathrm{d}x$.

3. 不定积分基本公式

（1）$\int k\mathrm{d}x = kx+C$ ；
　　　　　　　　　（2）$\int x^{\mu}\mathrm{d}x = \dfrac{1}{\mu+1}x^{\mu+1}+C\ (\mu \neq -1)$ ；

（3）$\int \dfrac{1}{x}\mathrm{d}x = \ln|x|+C$ ；
　　　　　　　　　（4）$\int \dfrac{1}{1+x^2}\mathrm{d}x = \arctan x+C$ ；

（5）$\int a^x\mathrm{d}x = \dfrac{a^x}{\ln a}+C$，特别地，$\int \mathrm{e}^x\mathrm{d}x = \mathrm{e}^x+C$ ；

（6）$\int \cos x\mathrm{d}x = \sin x+C$ ；
　　　　　　　　　（7）$\int \sin x\mathrm{d}x = -\cos x+C$ ；

（8）$\int \sec^2 x\mathrm{d}x = \tan x+C$ ；
　　　　　　　　　（9）$\int \csc^2 x\mathrm{d}x = -\cot x+C$ ；

（10）$\int \sec x\tan x\mathrm{d}x = \sec x+C$ ；
　　　　　　　（11）$\int \csc x\cot x\mathrm{d}x = -\csc x+C$ ；

（12）$\int \dfrac{1}{\sqrt{1-x^2}}\mathrm{d}x = \arcsin x+C$ ；
　　　　　（13）$\int \tan x\mathrm{d}x = -\ln\left|\cos x\right|+C$ ；

（14）$\int \cot x\mathrm{d}x = \ln\left|\sin x\right|+C$ ；
　　　　　　（15）$\int \sec x\mathrm{d}x = \ln\left|\sec x + \tan x\right|+C$ ；

（16）$\int \csc x\mathrm{d}x = \ln\left|\csc x - \cot x\right|+C$ ；
　　　（17）$\int \dfrac{1}{a^2+x^2}\mathrm{d}x = \dfrac{1}{a}\arctan \dfrac{x}{a}+C$ ；

（18） $\int \dfrac{1}{\sqrt{a^2-x^2}}\,\mathrm{d}x = \arcsin \dfrac{x}{a} + C$ ；

（19） $\int \dfrac{1}{\sqrt{x^2+a^2}}\,\mathrm{d}x = \ln \left| x + \sqrt{x^2+a^2} \right| + C$ ；

（20） $\int \dfrac{1}{\sqrt{x^2-a^2}}\,\mathrm{d}x = \ln \left| x + \sqrt{x^2-a^2} \right| + C$.

◆ 同步练习

一、填空题

1. 不定积分 $\int x^2 \sqrt{x}\,\mathrm{d}x = $ _____.

2. 不定积分 $\int \cot^2 x\,\mathrm{d}x = $ _____.

3. 不定积分 $\int e^x \left(1 - \dfrac{e^{-x}}{x}\right)\mathrm{d}x = $ _____.

4. 不定积分 $\int \dfrac{\cos 2x}{\cos x - \sin x}\,\mathrm{d}x = $ _____.

二、解答题

1. 求不定积分 $\int \dfrac{(x-1)^3}{x}\,\mathrm{d}x$.

2. 求不定积分 $\int \dfrac{2x^2+3}{x^2(1+x^2)}\,\mathrm{d}x$.

3. 求不定积分 $\int \sin^2 \dfrac{x}{2} \mathrm{d}x$.

4. 求不定积分 $\int \dfrac{3 \times 4^x - 5 \times 3^x}{4^x} \mathrm{d}x$.

5. 一曲线经过点 $(\mathrm{e}, 3)$ ，且在任意点处的切线斜率等于该点横坐标的倒数，求曲线方程.

4.3 换元积分法

◇ 主要知识与方法

1. 第一换元法（凑微分法）

设 $f(u)$ 为连续函数，$\varphi(x)$ 具有连续的导数，则

$$\int f[\varphi(x)]\varphi'(x)\mathrm{d}x = \int f[\varphi(x)]\mathrm{d}\varphi(x).$$

2. 常见凑微分公式

（1）$x\mathrm{d}x = \mathrm{d}\dfrac{x^2}{2}$；

（2）$x^\mu \mathrm{d}x = \dfrac{1}{\mu+1}\mathrm{d}x^{\mu+1}$ $(\mu \neq -1)$；

（3）$\dfrac{1}{x}\mathrm{d}x = \mathrm{d}\ln x$；

（4）$\mathrm{e}^x \mathrm{d}x = \mathrm{d}\mathrm{e}^x$；

（5）$\cos x\mathrm{d}x = \mathrm{d}\sin x$；

（6）$\sin x\mathrm{d}x = -\mathrm{d}\cos x$；

（7）$\sec^2 x\mathrm{d}x = \mathrm{d}\tan x$；

（8）$\csc^2 x\mathrm{d}x = -\mathrm{d}\cot x$；

（9）$\sec x\tan x\mathrm{d}x = \mathrm{d}\sec x$；

（10）$\csc x\cot x\mathrm{d}x = -\mathrm{d}\csc x$；

（11）$\dfrac{1}{\sqrt{1-x^2}}\mathrm{d}x = \mathrm{d}\arcsin x$；

（12）$\dfrac{1}{1+x^2}\mathrm{d}x = \mathrm{d}\arctan x$.

3. 三类特殊函数的积分方法

（1）对正弦或余弦函数的奇数次方的积分，可先将其分解为偶数次方与一次方的乘积再凑微分；对正弦或余弦函数的偶数次方的积分，可先将其降次化为余弦函数的一次方再凑微分.

（2）对正弦函数与正弦或余弦函数乘积及余弦函数与正弦或余弦函数乘积的积分，可先将积化为和差再凑微分.

（3）对正割或余割函数的偶数次方的积分，可先将其分解为偶数次方与平方的乘积再凑微分.

4. 第二换元法

设 $f(x)$ 为连续函数，$x = \varphi(t)$ 单调且具有连续的导数，则

$$\int f(x)\mathrm{d}x = \left[\int f[\varphi(t)]\varphi'(t)\mathrm{d}t\right]_{t=\varphi^{-1}(x)}.$$

注： 当被积函数含有根号且又不能用第一换元法求出其积分时，可采用第二换元法去根号. 去根号的方法有：

（1）被积函数含 $\sqrt{a^2-x^2}$，令 $x=a\sin t$；

（2）被积函数含 $\sqrt{a^2+x^2}$，令 $x=a\tan t$；

（3）被积函数含 $\sqrt{x^2-a^2}$，令 $x=a\sec t$；

（4）被积函数含 $\sqrt[n]{ax+b}$，令 $\sqrt[n]{ax+b}=t$；

（5）被积函数含 $\sqrt[n]{\dfrac{ax+b}{cx+d}}$，令 $\sqrt[n]{\dfrac{ax+b}{cx+d}}=t$．

5. 倒代换

令 $x=\dfrac{1}{t}$，则 $\displaystyle\int f(x)\mathrm{d}x=\left[\int f\left(\frac{1}{t}\right)\cdot\left(-\frac{1}{t^2}\right)\mathrm{d}t\right]_{t=\frac{1}{x}}$．

说明：当被积函数的分母为"$x^k\times$根号"时可考虑倒代换．

◆ 同步练习

一、填空题

1. 不定积分 $\int \dfrac{1}{\sqrt{3x+2}}\mathrm{d}x = $ _____.

2. 不定积分 $\int f'(2x)\mathrm{d}x = $ _____.

3. 不定积分 $\int \dfrac{1}{x\ln x}\mathrm{d}x = $ _____.

4. 不定积分 $\int \dfrac{x}{\sqrt{1-x^2}}\mathrm{d}x = $ _____.

5. 不定积分 $\int \sec^4 x\mathrm{d}x = $ _____.

二、解答题

1. 求不定积分 $\int \dfrac{1}{1+\mathrm{e}^x}\mathrm{d}x$.

2. 求不定积分 $\int (\cos x + \cos^5 x)\mathrm{d}x$.

3. 求不定积分 $\displaystyle\int \frac{1}{x^2(1-x^2)}\,\mathrm{d}x$.

4. 求不定积分 $\displaystyle\int \frac{1-x}{\sqrt{9-x^2}}\,\mathrm{d}x$.

5. 求不定积分 $\displaystyle\int \frac{\sin^2 x}{1+\sin^2 x}\,\mathrm{d}x$.

6. 求不定积分 $\displaystyle\int \frac{x^2}{\sqrt{1-x^2}}\,\mathrm{d}x$.

7. 求不定积分 $\displaystyle\int \frac{1}{x^2\sqrt{1+x^2}}\,\mathrm{d}x$.

8. 求不定积分 $\displaystyle\int \frac{\sqrt{x^2-4}}{x}\,\mathrm{d}x$.

9. 求不定积分 $\int \dfrac{1}{1+\sqrt[3]{1+x}}\mathrm{d}x$.

10. 求不定积分 $\int \dfrac{1}{x}\sqrt{\dfrac{1-x}{1+x}}\mathrm{d}x$.

11. 求不定积分 $\int \dfrac{x^3}{\sqrt{1+x^2}}\mathrm{d}x$.

12. 求不定积分 $\int \dfrac{1}{\sqrt{1+e^x}} dx$.

13. 求不定积分 $\int \dfrac{1}{(2x^2+1)\sqrt{1+x^2}} dx$.

14. 求不定积分 $\int \dfrac{1}{x+\sqrt{1-x^2}} dx$.

15. 求不定积分 $\int \sin^4 x \mathrm{d}x$.

16. 求不定积分 $\int \dfrac{\cos x}{\sin x + \cos x} \mathrm{d}x$.

17. 求不定积分 $\int \dfrac{1}{x\sqrt{1+x^4}} \mathrm{d}x$.

4.4 分部积分法

◇ 主要知识与方法

1. 分部积分公式

设函数 $u = u(x), v = v(x)$ 可导，则

$$\int uv' dx = uv - \int vu' dx,$$

或

$$\int u dv = uv - \int v du.$$

2. 选取 u, v' 的原则

（1）v 比较容易求出；

（2）$\int vu' dx$ 比 $\int uv' dx$ 更容易求出.

3. 利用分部积分公式会求下面五种类型的不定积分

（1）$x^k \times$ 指数函数或三角函数.

取 $u = x^k$，$v' =$ 指数函数或三角函数.

（2）$x^k \times$ 对数函数或反三角函数.

取 $u =$ 对数函数或反三角函数，$v' = x^k$.

（3）指数函数 $\times$ 三角函数.

取 $u =$ 指数函数，$v' =$ 三角函数，或取 $u =$ 三角函数，$v' =$ 指数函数.

（4）$x^k \times f'(x)$ 或 $f''(x)$.

取 $u = x^k$，$v' = f'(x)$ 或 $f''(x)$.

（5）$\sec^3 x$ 或 $\csc^3 x$.

取 $u = \sec x$ 或 $\csc x$，$v' = \sec^2$ 或 $\csc^2 x$.

◆ **同步练习**

一、填空题

1. 不定积分 $\int x \cos x \mathrm{d}x =$ _____.

2. 不定积分 $\int x e^x \mathrm{d}x =$ _____.

3. 不定积分 $\int \log_2 x \mathrm{d}x =$ _____.

4. 不定积分 $\int \arctan x \mathrm{d}x =$ _____.

二、解答题

1. 求不定积分 $\int x^2 e^{-2x} \mathrm{d}x$.

2. 求不定积分 $\int x \sin^2 x \mathrm{d}x$.

3. 求不定积分 $\int \dfrac{\ln^2 x}{x^2} \mathrm{d}x$.

4. 求不定积分 $\int x \operatorname{arccot} x \mathrm{d}x$.

5. 求不定积分 $\int \mathrm{e}^{2x} \sin 3x \mathrm{d}x$.

6. 求不定积分 $\int (\arcsin x)^2 \mathrm{d}x$.

7. 已知 $f'(\mathrm{e}^x) = x$ 且 $f(1) = 0$，求 $f(x)$.

8. 设 $f(x)$ 的一个原函数为 $\dfrac{\sin x}{x}$，求 $\int x f'(x) \mathrm{d}x$.

9. 求不定积分 $\int e^{\sqrt[3]{x}}\,\mathrm{d}x$.

10. 求不定积分 $\int \dfrac{x\mathrm{e}^x}{(1+\mathrm{e}^x)^2}\,\mathrm{d}x$.

11. 求不定积分 $\int \dfrac{\ln \sin x}{\sin^2 x}\,\mathrm{d}x$.

12. 求不定积分 $\int \cos(\ln x)\mathrm{d}x$.

13. 求不定积分 $\int \dfrac{\arctan x}{x^2(1+x^2)}\mathrm{d}x$.

14. 求不定积分 $\int \mathrm{e}^x\left(\dfrac{1}{x}+\ln x\right)\mathrm{d}x$.

15. 求不定积分 $\int \dfrac{\ln x + \arcsin \sqrt{x}}{\sqrt{x}}\, \mathrm{d}x$.

16. 求不定积分 $\int \mathrm{e}^{2x}\arctan\sqrt{\mathrm{e}^x - 1}\,\mathrm{d}x$.

17. 求不定积分 $\int \csc^3 x\,\mathrm{d}x$.

4.5　几类特殊函数的积分

◇　主要知识与方法

1. 有理函数积分

（1）有理函数：设 $F(x), G(x)$ 为多项式，则 $\dfrac{F(x)}{G(x)}$ 称为有理函数. 当 $F(x)$ 的次数低于 $G(x)$ 的次数时，称 $\dfrac{F(x)}{G(x)}$ 为有理真分式；当 $F(x)$ 的次数高于或等于 $G(x)$ 的次数时，称 $\dfrac{F(x)}{G(x)}$ 为有理假分式.

注：任何有理假分式都可表示为一个多项式与一个有理真分式之和.

（2）分项分式定理：设 $\dfrac{F(x)}{G(x)}$ 为有理真分式，且

$$G(x) = (x-a)^{\alpha} \cdots (x-b)^{\beta} (x^2 + px + q)^{\lambda} \cdots (x^2 + rx + s)^{\mu},$$

则 $\dfrac{F(x)}{G(x)} = \dfrac{A_1}{x-a} + \dfrac{A_2}{(x-a)^2} + \cdots + \dfrac{A_{\alpha}}{(x-a)^{\alpha}} + \cdots + \dfrac{B_1}{x-b} + \dfrac{B_2}{(x-b)^2} + \cdots + \dfrac{B_{\beta}}{(x-b)^{\beta}} +$

$\dfrac{C_1 x + D_1}{x^2 + px + q} + \cdots + \dfrac{C_{\lambda} x + D_{\lambda}}{(x^2 + px + q)^{\lambda}} + \cdots + \dfrac{E_1 x + F_1}{x^2 + rx + s} + \cdots + \dfrac{E_{\mu} x + F_{\mu}}{(x^2 + rx + s)^{\mu}},$

其中二次三项式无实根.

（3）有理函数积分方法：先将有理分式拆成一些分式之和，然后再积分.

说明：对有理函数积分，首先考虑能否用凑微分方法将其分成若干个可以积分的部分分式，在没有办法时才采用上述分项分式方法.

2. 简单无理函数积分

（1）对含 $\sqrt[n]{ax+b}$ 的简单无理函数的积分，作代换 $t = \sqrt[n]{ax+b}$ 将其化为有理函数积分.

（2）对含 $\sqrt[n]{\dfrac{ax+b}{cx+d}}$ 的简单无理函数的积分，作代换 $t = \sqrt[n]{\dfrac{ax+b}{cx+d}}$ 将其化为有理函数积分.

3. 三角函数有理式积分

对三角函数有理式积分，作万能代换 $t = \tan\dfrac{x}{2}$ 将其化为有理函数积分，这

时需要使用以下万能公式：

（1）$\sin x = \dfrac{2\tan\dfrac{x}{2}}{1+\tan^2\dfrac{x}{2}}$；

（2）$\cos x = \dfrac{1-\tan^2\dfrac{x}{2}}{1+\tan^2\dfrac{x}{2}}$；

（3）$\tan x = \dfrac{2\tan\dfrac{x}{2}}{1-\tan^2\dfrac{x}{2}}$；

（4）$\cot x = \dfrac{1-\tan^2\dfrac{x}{2}}{2\tan\dfrac{x}{2}}$.

说明：对三角函数有理式积分，首先尽量利用三角函数的恒等变形将其化为能够用凑微分方法积出的积分，在没有办法时才采用上述万能代换方法.

4. 分段函数积分

对分段函数积分，可先对每个表达式积分，然后根据原函数在分段点的连续性确定常数之间的关系.

◆ **同步练习**

一、填空题

1. 不定积分 $\displaystyle\int \frac{1}{x^2 - 2x - 3}\,dx = $ _____.

2. 不定积分 $\displaystyle\int \frac{1}{x^2 + 2x + 5}\,dx = $ _____.

3. 不定积分 $\displaystyle\int \frac{1}{1 + \sqrt{x}}\,dx = $ _____.

4. 不定积分 $\displaystyle\int \frac{1}{1 + \sin x}\,dx = $ _____.

二、解答题

1. 求不定积分 $\displaystyle\int \frac{x}{(x^2 + 1)(x - 2)}\,dx$.

2. 求不定积分 $\displaystyle\int \frac{1}{(x+1)^2 (x^2 + 1)}\,dx$.

3. 求不定积分 $\displaystyle\int \frac{1}{x(1+x^9)}\mathrm{d}x$.

4. 求不定积分 $\displaystyle\int \frac{1}{\sqrt{1-x}+\sqrt[3]{1-x}}\mathrm{d}x$.

5. 求不定积分 $\displaystyle\int \frac{1}{\sqrt[3]{(x+1)^2(x-1)^4}}\mathrm{d}x$.

6. 求不定积分 $\int \dfrac{1}{1+\sin x + \cos x}\mathrm{d}x$.

7. 求不定积分 $\int \dfrac{1}{3+\sin^2 x}\mathrm{d}x$.

8. 求不定积分 $\int \dfrac{\sin x}{\sin x + \cos x}\mathrm{d}x$.

9. 求不定积分 $\displaystyle\int \frac{3x+6}{(x-1)^2(x^2+x+1)}\mathrm{d}x$.

10. 设 $f(x)=\begin{cases} x, & 0\leqslant x\leqslant 1 \\ x^2, & x>1 \end{cases}$ ，求不定积分 $\displaystyle\int f(x)\mathrm{d}x$.

11. 设 $f(x)=\begin{cases} x-1, & x\leqslant 1 \\ \ln x, & x>1 \end{cases}$ ，求不定积分 $\displaystyle\int f(x)\mathrm{d}x$.

4.6　定积分的换元法

◇　主要知识与方法

1．换元积分公式

设函数 $f(x)$ 在 $[a, b]$ 上连续，函数 $x = \varphi(t)$ 满足条件：

（1）$\varphi(t)$ 在 $[\alpha, \beta]$ 或 $[\beta, \alpha]$ 上有连续导数 $\varphi'(t)$；

（2）当 t 从 α 变到 β 时，$\varphi(t)$ 从 $\varphi(\alpha) = a$ 单调地变到 $\varphi(\beta) = b$，

则

$$\int_a^b f(x)\mathrm{d}x = \int_\alpha^\beta f[\varphi(t)]\varphi'(t)\mathrm{d}t .$$

注：利用上述换元公式求定积分时一定要换限.

2．利用上述换元公式会求下面五种根号的定积分

（1）被积函数含 $\sqrt{a^2 - x^2}$，令 $x = a\sin t$；

（2）被积函数含 $\sqrt{a^2 + x^2}$，令 $x = a\tan t$；

（3）被积函数含 $\sqrt{x^2 - a^2}$，令 $x = a\sec t$；

（4）被积函数含 $\sqrt[n]{ax+b}$，令 $\sqrt[n]{ax+b} = t$；

（5）被积函数含 $\sqrt[n]{\dfrac{ax+b}{cx+d}}$，令 $\sqrt[n]{\dfrac{ax+b}{cx+d}} = t$．

3．利用换元公式证明积分相等的方法

（1）若证 $\int_0^a f(x)\mathrm{d}x = \int_0^a g(x)\mathrm{d}x$，作变换 $x = a - t$．

（2）若证 $\int_a^b f(x)\mathrm{d}x = \int_a^b g(x)\mathrm{d}x$，作变换 $x = a + b - t$．

（3）若证 $\int_1^a f(x)\mathrm{d}x = \int_1^{\frac{1}{a}} g(x)\mathrm{d}x$，作变换 $x = \dfrac{1}{t}$．

4．奇、偶函数在对称区间上的积分

设函数 $f(x)$ 在区间 $[-a, a]$ 上连续，则

（1）当 $f(x)$ 为奇函数时，有 $\int_{-a}^a f(x)\mathrm{d}x = 0$；

（2）当 $f(x)$ 为偶函数时，有 $\int_{-a}^a f(x)\mathrm{d}x = 2\int_0^a f(x)\mathrm{d}x$．

注：设函数 $f(x)$ 在区间 $[-a, a]$ 上连续，则 $\int_{-a}^a f(x)\mathrm{d}x = \int_0^a [f(x) + f(-x)]\mathrm{d}x$．

◆ 同步练习

一、填空题

1. 定积分 $\int_{-2}^{2} x^2 \sin^3 x \mathrm{d}x = $ _____.

2. 定积分 $\int_{-1}^{1} \mathrm{e}^{|x|} \mathrm{d}x = $ _____.

3. 设 $F(x) = \int_{0}^{x} \sin(x-t)^2 \mathrm{d}t$，则 $F'(x) = $ _____.

4. 定积分 $\int_{-1}^{1} (x^2 + \sin^3 x) \mathrm{d}x = $ _____.

二、解答题

1. 求定积分 $\int_{0}^{2} \sqrt{4-x^2} \mathrm{d}x$.

2. 求定积分 $\int_{1}^{\sqrt{3}} \dfrac{1}{x^2 \sqrt{x^2+1}} \mathrm{d}x$.

3. 求定积分 $\displaystyle\int_{\sqrt{2}}^{2}\frac{1}{x^{2}\sqrt{x^{2}-1}}\,\mathrm{d}x$.

4. 求定积分 $\displaystyle\int_{0}^{1}\frac{1}{1+\sqrt{1-x}}\,\mathrm{d}x$.

5. 求定积分 $\displaystyle\int_{0}^{\ln 2}\frac{1}{\sqrt{\mathrm{e}^{x}-1}}\,\mathrm{d}x$.

6. 设 $f(x)=\begin{cases} 2e^x, & x\leqslant 0 \\ 3x^2, & x>0 \end{cases}$ ，求 $\int_{-2}^{3} f(x-1)\mathrm{d}x$.

7. 求定积分 $\int_{0}^{\frac{\sqrt{2}}{2}} \dfrac{x^2}{\sqrt{1-x^2}}\mathrm{d}x$.

8. 设 $f(x)=\begin{cases} x\sin^2 x, & x<1 \\ \dfrac{\sqrt{x^2-1}}{x}, & x\geqslant 1 \end{cases}$ ，求 $\int_{-1}^{\sqrt{2}} f(x)\mathrm{d}x$.

9. 设 $F(x) = \int_0^x tf(x^2 - t^2)\mathrm{d}t$ ，求 $F'(x)$.

10. 求极限 $\lim\limits_{x \to 0} \dfrac{\int_0^x \sin(xt)^2 \mathrm{d}t}{x^5}$.

11. 求定积分 $\int_0^{\frac{\pi}{4}} \ln(1 + \tan x)\mathrm{d}x$.

12. 求定积分 $\int_0^\pi (e^{\cos x} - e^{-\cos x}) dx$.

13. 求定积分 $\int_{-\frac{\pi}{4}}^{\frac{\pi}{4}} \frac{\sin^2 x}{1 + e^{-x}} dx$.

14. 求定积分 $\int_0^1 \sqrt{2x - x^2} dx$.

15. 求定积分 $\int_{-2}^{2}\dfrac{x+|x|}{2+x^2}\mathrm{d}x$.

三、证明题

1. 设 $f(x)=\int_{1}^{x}\dfrac{\ln(1+t)}{t}\mathrm{d}t$，证明 $f(x)+f\left(\dfrac{1}{x}\right)=\dfrac{1}{2}\ln^2 x$.

2. 设 $f(x)$ 在 $[0,1]$ 上连续，

（1）证明 $\int_{0}^{\frac{\pi}{2}}f(\sin x)\mathrm{d}x=\int_{0}^{\frac{\pi}{2}}f(\cos x)\mathrm{d}x$ ；

（2）求 $\int_{0}^{\frac{\pi}{2}}\dfrac{\sin x}{\sin x+\cos x}\mathrm{d}x$.

4.7　定积分的分部积分法

◇　主要知识与方法

1. 分部积分公式

设 $u = u(x), v = v(x)$ 在 $[a, b]$ 上具有连续导数，则

$$\int_a^b uv'\mathrm{d}x = (uv)\Big|_a^b - \int_a^b vu'\mathrm{d}x \, ,$$

或

$$\int_a^b u\mathrm{d}v = (uv)\Big|_a^b - \int_a^b v\mathrm{d}u \, .$$

2. 利用上述公式会求下面五种类型的定积分

（1）$x^k \times$ 指数函数或三角函数.

取 $u = x^k$，$v' =$ 指数函数或三角函数.

（2）$x^k \times$ 对数函数或反三角函数.

取 $u =$ 对数函数或反三角函数，$v' = x^k$.

（3）指数函数 $\times$ 三角函数.

取 $u =$ 指数函数，$v' =$ 三角函数，或取 $u =$ 三角函数，$v' =$ 指数函数.

（4）$x^k \times f'(x)$ 或 $f''(x)$.

取 $u = x^k$，$v' = f'(x)$ 或 $f''(x)$.

（5）$x^k \times$ 积分限函数.

取 $u =$ 积分限函数，$v' = x^k$.

3. 一个重要积分

$$\int_0^{\frac{\pi}{2}} \sin^n x\mathrm{d}x = \int_0^{\frac{\pi}{2}} \cos^n x\mathrm{d}x = \begin{cases} \dfrac{n-1}{n} \cdot \dfrac{n-3}{n-2} \cdot \cdots \cdot \dfrac{1}{2} \cdot \dfrac{\pi}{2}, & \text{当} n \text{为偶数} \\ \dfrac{n-1}{n} \cdot \dfrac{n-3}{n-2} \cdot \cdots \cdot \dfrac{2}{3} \cdot 1, & \text{当} n \text{为奇数} \end{cases} .$$

4. 利用定积分求特殊和式极限的公式

$$\lim_{n \to \infty} \sum_{i=1}^n f\left(\frac{i}{n}\right) \cdot \frac{1}{n} = \int_0^1 f(x)\mathrm{d}x \, .$$

◆ 同步练习

一、填空题

1. 定积分 $\int_0^{\frac{\pi}{2}} x\sin x\,\mathrm{d}x = $ _____.

2. 定积分 $\int_0^{\ln 2} x\mathrm{e}^{-x}\,\mathrm{d}x = $ _____.

3. 定积分 $\int_1^{\mathrm{e}} \ln x\,\mathrm{d}x = $ _____.

4. 定积分 $\int_0^{\frac{1}{2}} \arccos x\,\mathrm{d}x = $ _____.

二、解答题

1. 求定积分 $\int_0^1 x^2\mathrm{e}^x\,\mathrm{d}x$.

2. 求定积分 $\int_0^{\frac{\pi}{4}} x\tan^2 x\,\mathrm{d}x$.

3. 求定积分 $\int_1^e x^2 \ln x dx$.

4. 求定积分 $\int_0^1 x \arctan x dx$.

5. 求定积分 $\int_0^1 e^{-x} \cos x dx$.

6. 求定积分 $\int_0^\pi x^2 \cos x \, dx$.

7. 求定积分 $\int_0^1 x \ln(1+x) \, dx$.

8. 设 $f(x)$ 有一个原函数 $\dfrac{\sin x}{x}$ ，求 $\int_{\frac{\pi}{2}}^\pi x f'(x) \, dx$.

9. 设 $f(x) = \int_x^{\frac{\pi}{2}} \dfrac{\sin t}{t} \mathrm{d}t$ ，求 $\int_0^{\frac{\pi}{2}} x f(x) \mathrm{d}x$.

10. 求定积分 $\int_0^1 \mathrm{e}^{-\sqrt{x}} \mathrm{d}x$.

11. 求定积分 $\int_0^{\frac{\pi}{2}} \dfrac{x + \sin x}{1 + \cos x} \mathrm{d}x$.

12. 求极限 $\lim\limits_{n\to\infty}\dfrac{1+\sqrt{2}+\cdots+\sqrt{n}}{n\sqrt{n}}$.

13. 求极限 $\lim\limits_{n\to\infty}\left(\dfrac{n}{n^2+1^2}+\dfrac{n}{n^2+2^2}+\cdots+\dfrac{n}{n^2+n^2}\right)$.

14. 已知 $f(x)=\displaystyle\int_0^{x^2}(2-t)\mathrm{e}^{-t}\mathrm{d}t$，求 $f(x)$ 在 $[0,\ 2]$ 上的最大值.

4.8　反常积分

◇　主要知识与方法

1. 无穷区间上的反常积分（无穷积分）

（1）$[a, +\infty)$ 上的反常积分：设函数 $f(x)$ 在 $[a, +\infty)$ 上连续，若极限

$$\lim_{b \to +\infty} \int_a^b f(x)\mathrm{d}x \; (b > a)$$

存在,则称该极限为 $f(x)$ 在无穷区间 $[a, +\infty)$ 上的反常积分,记为 $\int_a^{+\infty} f(x)\mathrm{d}x$. 即

$$\int_a^{+\infty} f(x)\mathrm{d}x = \lim_{b \to +\infty} \int_a^b f(x)\mathrm{d}x.$$

这时也称此反常积分存在或收敛. 若极限 $\lim\limits_{b \to +\infty} \int_a^b f(x)\mathrm{d}x$ 不存在，则称此反常积分不存在或发散.

类似地，可定义如下的反常积分.

（2）$(-\infty, b]$ 上的反常积分：

$$\int_{-\infty}^b f(x)\mathrm{d}x = \lim_{a \to -\infty} \int_a^b f(x)\mathrm{d}x.$$

（3）$(-\infty, +\infty)$ 上的反常积分：

$$\int_{-\infty}^{+\infty} f(x)\mathrm{d}x = \lim_{a \to -\infty} \int_a^c f(x)\mathrm{d}x + \lim_{b \to +\infty} \int_c^b f(x)\mathrm{d}x,$$

其中 c 为任意常数，通常取 $c = 0$.

注：当 $\int_{-\infty}^c f(x)\mathrm{d}x$ 与 $\int_c^{+\infty} f(x)\mathrm{d}x$ 都收敛时，反常积分 $\int_{-\infty}^{+\infty} f(x)\mathrm{d}x$ 才收敛.

2. 被积函数有无穷间断点的反常积分（瑕积分）

（1）左端点为无穷间断点的反常积分：设 $f(x)$ 在 $(a, b]$ 上连续，$\lim\limits_{x \to a^+} f(x) = \infty$，若极限

$$\lim_{\varepsilon \to 0^+} \int_{a+\varepsilon}^b f(x)\mathrm{d}x$$

存在，则称该极限为函数 $f(x)$ 在 $(a, b]$ 上的反常积分，记为 $\int_a^b f(x)\mathrm{d}x$. 即

$$\int_a^b f(x)\mathrm{d}x = \lim_{\varepsilon \to 0^+} \int_{a+\varepsilon}^b f(x)\mathrm{d}x.$$

这时我们也称反常积分存在或收敛. 若极限 $\lim\limits_{\varepsilon \to 0^+} \int_{a+\varepsilon}^{b} f(x)\mathrm{d}x$ 不存在, 则称 $\int_{a}^{b} f(x)\mathrm{d}x$ 发散.

类似地, 可定义如下的反常积分.

（2）右端点为无穷间断点的反常积分：

$$\int_{a}^{b} f(x)\mathrm{d}x = \lim\limits_{\varepsilon \to 0^+} \int_{a}^{b-\varepsilon} f(x)\mathrm{d}x \ (\lim\limits_{x \to b^-} f(x) = \infty).$$

（3）区间内有无穷间断点的反常积分：

$$\int_{a}^{b} f(x)\mathrm{d}x = \lim\limits_{\varepsilon_1 \to 0^+} \int_{a}^{c-\varepsilon_1} f(x)\mathrm{d}x + \lim\limits_{\varepsilon_2 \to 0^+} \int_{c+\varepsilon_2}^{b} f(x)\mathrm{d}x \ (\lim\limits_{x \to c} f(x) = \infty).$$

注：当 $\int_{a}^{c} f(x)\mathrm{d}x$ 与 $\int_{c}^{b} f(x)\mathrm{d}x$ 都收敛时, 反常积分 $\int_{a}^{b} f(x)\mathrm{d}x$ 才收敛.

说明：① 上述定义也给出了求反常积分的方法, 但在不与定积分混淆的情况下, 可用求定积分的解题过程求反常积分, 这时需将求函数值转化为求极限. ② 当反常积分收敛时可利用奇偶函数在对称区间上的定积分的结论化简反常积分.

例如, $\int_{0}^{+\infty} \mathrm{e}^{-x}\mathrm{d}x = -\int_{0}^{+\infty} \mathrm{e}^{-x}\mathrm{d}(-x) = -\mathrm{e}^{-x} \Big|_{0}^{+\infty} = 1$.

3. 两个反常积分的敛散性

（1）无穷积分 $\int_{1}^{+\infty} \dfrac{1}{x^p}\mathrm{d}x$ 当 $p > 1$ 时收敛, 当 $p \leqslant 1$ 时发散.

（2）瑕积分 $\int_{0}^{1} \dfrac{1}{x^p}\mathrm{d}x (p > 0)$ 当 $0 < p < 1$ 时收敛, 当 $p \geqslant 1$ 时发散.

◆ **同步练习**

一、填空题

1. 反常积分 $\int_{-\infty}^{0} e^{4x} dx =$ _____.

2. 当 p 满足_____时，反常积分 $\int_{1}^{+\infty} \dfrac{1}{x^p} dx$ 收敛.

3. 反常积分 $\int_{0}^{1} \dfrac{1}{\sqrt{1-x^2}} dx =$ _____.

4. 当 q 满足_____时，反常积分 $\int_{0}^{1} \dfrac{1}{x^q} dx$ 发散.

二、解答题

1. 求反常积分 $\int_{0}^{+\infty} xe^{-2x} dx$.

2. 求反常积分 $\int_{-\infty}^{0} \dfrac{x}{(1+x^2)^2} dx$.

3. 求反常积分 $\displaystyle\int_0^2 \frac{x}{\sqrt{4-x^2}}\,\mathrm{d}x$.

4. 求反常积分 $\displaystyle\int_1^2 \frac{x}{\sqrt{x-1}}\,\mathrm{d}x$.

5. 求反常积分 $\displaystyle\int_1^{+\infty} \frac{\arctan x}{x^2}\,\mathrm{d}x$.

6. 求反常积分 $\int_0^{+\infty} e^{-2x} \cos x\,dx$.

7. 求反常积分 $\int_0^{+\infty} \dfrac{1}{x^2 + 4x + 8}\,dx$.

8. 求反常积分 $\int_{11}^{+\infty} \dfrac{1}{(x+7)\sqrt{x-2}}\,dx$.

9. 已知 $\lim\limits_{x \to \infty}\left(\dfrac{x-a}{x+a}\right)^x = \displaystyle\int_a^{+\infty} 4x^2 \mathrm{e}^{-2x}\mathrm{d}x$，求常数 a 的值.

10. 判断下列反常积分的敛散性.

（1）$\displaystyle\int_1^{+\infty} \dfrac{1}{x(1+x^2)}\mathrm{d}x$.

（2）$\displaystyle\int_0^2 \dfrac{1}{(1-x)^2}\mathrm{d}x$.

第5章 一元函数积分学应用

5.1 定积分在几何上的应用

◇ 主要知识与方法

1. 用元素法写出所求量 U 的积分表达式的步骤

（1）选取一个变量如 x 为积分变量，确定积分区间 $[a,b]$.

（2）任取 $[x, x+\mathrm{d}x] \subset [a,b]$，求出所求量 U 在 $[x, x+\mathrm{d}x]$ 上的近似值

$$\Delta U \approx f(x)\mathrm{d}x,$$

记为 $\mathrm{d}U = f(x)\mathrm{d}x$，称为元素.

（3）作积分得所求量 $U = \int_a^b f(x)\mathrm{d}x$.

2. 平面图形的面积

（1）由曲线 $y=f(x), y=g(x)$（$f(x) \geqslant g(x)$）及直线 $x=a, x=b$（$a<b$）围成的平面图形的面积为

$$S = \int_a^b [f(x) - g(x)]\mathrm{d}x.$$

（2）由曲线 $x=\varphi(y), x=\psi(y)$（$\varphi(y) \geqslant \psi(y)$）及直线 $y=c, y=d$（$c<d$）围成的平面图形的面积为

$$S = \int_c^d [\varphi(y) - \psi(y)]\mathrm{d}y.$$

说明：作此类题时，应先画图再选择公式.

（3）由曲线 $r=r(\theta)$ 及射线 $\theta=\alpha, \theta=\beta$（$\alpha<\beta$）围成的平面图形的面积为

$$S = \frac{1}{2}\int_\alpha^\beta [r(\theta)]^2 \mathrm{d}\theta.$$

3．旋转体的体积

（1）由曲线 $y=f(x)$，直线 $x=a,\,x=b$（$a<b$）及 x 轴围成的平面图形绕 x 轴旋转一周所形成的旋转体的体积为

$$V=\pi\int_a^b[f(x)]^2\mathrm{d}x.$$

（2）由曲线 $x=\varphi(y)$，直线 $y=c,\,y=d$（$c<d$）及 y 轴围成的平面图形绕 y 轴旋转一周所形成的旋转体的体积为

$$V=\pi\int_c^d[\varphi(y)]^2\mathrm{d}y.$$

（3）由曲线 $y=f(x),\,y=g(x)$（$f(x)\geqslant g(x)$）及直线 $x=a,\,x=b$（$a<b$）围成的平面图形绕 x 轴旋转一周所形成的旋转体的体积为

$$V=\pi\int_a^b[f(x)]^2\mathrm{d}x-\pi\int_a^b[g(x)]^2\mathrm{d}x.$$

（4）由曲线 $x=\varphi(y),\,x=\psi(y)$（$\varphi(y)\geqslant\psi(y)$）及直线 $y=c,\,y=d$（$c<d$）围成的平面图形绕 y 轴旋转一周所形成的旋转体的体积为

$$V=\pi\int_c^d[\varphi(y)]^2\mathrm{d}y-\pi\int_c^d[\psi(y)]^2\mathrm{d}y.$$

说明： 求解此类题时，应先画图再套公式.

4．平行截面面积已知的立体体积

设一立体位于两个平面 $x=a,\,x=b$（$a<b$）之间，且过点 x 的平行截面面积为 $S(x)$，则该立体的体积为

$$V=\int_a^b S(x)\mathrm{d}x.$$

5．平面曲线的长度

（1）设曲线方程为 $y=f(x)$（$a\leqslant x\leqslant b$），则其长度为

$$s=\int_a^b\sqrt{1+y'^2}\,\mathrm{d}x.$$

（2）设曲线方程为 $\begin{cases}x=\varphi(t)\\y=\psi(t)\end{cases}$（$\alpha\leqslant t\leqslant\beta$），则其长度为

$$s=\int_\alpha^\beta\sqrt{\varphi'^2+\psi'^2}\,\mathrm{d}t.$$

（3）设曲线方程为 $r=r(\theta)$（$\alpha\leqslant\theta\leqslant\beta$），则其长度为

$$s=\int_\alpha^\beta\sqrt{r^2+r'^2}\,\mathrm{d}\theta.$$

◆ **同步练习**

一、填空题

1. 由曲线 $y = \sqrt{x}$ 与直线 $x = 1$，$y = 0$ 围成的平面图形的面积 $S = $ _____.

2. 由曲线 $y = x^2$ 与直线 $x = 1$，$y = 0$ 围成的平面图形绕 x 轴旋转一周所形成的旋转体的体积 $V = $ _____.

3. 曲线 $y = \dfrac{2}{3} x^{\frac{3}{2}}$ 在区间 $[0, 1]$ 上的长度 $s = $ _____.

4. 曲线 $\begin{cases} x = \int_1^t \dfrac{\cos u}{u} \mathrm{d}u \\ y = \int_1^t \dfrac{\sin u}{u} \mathrm{d}u \end{cases}$ 在区间 $[1, 2]$ 上的长度 $s = $ _____.

二、解答题

1. 求由曲线 $y^2 = x$ 与直线 $x - y = 2$ 围成的平面图形的面积.

2. 求由圆周 $r = \cos\theta$，$r = 2\cos\theta$ 围成的介于 $\theta = 0$ 与 $\theta = \dfrac{\pi}{4}$ 之间的平面图形的面积.

3. 求由曲线 $xy=3$ 及直线 $x+y=4$ 围成的平面图形分别绕 x 轴及 y 轴旋转一周所形成的旋转体的体积.

4. 一立体以抛物线 $y^2=2x$ 与直线 $x=2$ 围成的图形为底,而垂直于抛物线轴的截面都是等边三角形,求其体积.

5. 求曲线 $y=\dfrac{x^2}{4}-\dfrac{1}{2}\ln x$ 在 $[1, 2]$ 上的长度.

6. 如图所示，求曲线 $r = 2(1+\cos\theta)$ 的长度.

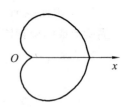

7. 求由曲线 $y = x^2$, $y = \dfrac{x^2+1}{2}$ 围成的平面图形的面积及该平面图形绕 y 轴旋转一周所形成的旋转体的体积.

8. 求由曲线 $y = x$, $y = \dfrac{1}{x}$, $x = 2$ 及 $y = 0$ 围成的平面图形的面积及该平面图形绕 x 轴旋转一周所形成的旋转体的体积.

9. 设 $y = x^2$ 定义在闭区间 $[0, 1]$ 上，t 是 $[0, 1]$ 上的任意一点，当 t 为何值时，图中阴影部分的面积和为最小？

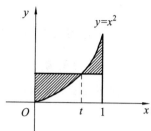

10. 经过坐标原点作曲线 $y = \ln x$ 的切线，该曲线与切线 $y = \ln x$ 及 x 轴围成的平面图形为 D．求：（1）D 的面积；（2）D 绕 y 轴旋转一周所形成的旋转体的体积．

11. 求由曲线 $x = 2\sqrt{y}$ 及直线 $x = 0, y = 1$ 围成的平面图形绕 $x = 2$ 旋转一周所形成的旋转体的体积．

5.2 定积分在物理上的应用

◇ 主要知识与方法

1. 变力沿直线所做的功

物体受变力 $F(x)$ 的作用作直线运动，从 a 移动到 b，则力 F 对物体所做的功为

$$W = \int_a^b F(x)\mathrm{d}x .$$

类似地，设有一容器（见右图），其顶部所在平面与铅直轴 Ox 相交于原点，水的表面与 Ox 轴相截于 $x = a$，底面与 Ox 轴相截于 $x = b$，若垂直于 Ox 轴的平面截容器所得的截面面积为 $S(x)$，则把容器中的水全部抽出所做的功为

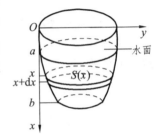

$$W = \int_a^b \rho g x S(x)\mathrm{d}x ,$$

其中 ρ 为水的密度，g 为重力加速度.

2. 液体的侧压力

如右图所示，一平板由曲线 $y = f(x)$ 与 Ox 轴及直线 $x = a$ 和 $x = b$ 所围成，铅直地放置于水中，则平板一侧所受的水压力为

$$F = \int_a^b \rho g x f(x)\mathrm{d}x ,$$

其中 ρ 为水的密度，g 为重力加速度.

3. 引力

用元素法可将引力分解到横向与纵向上的两个分力求得.

4. 平均值

连续函数 $y = f(x)$ 在区间 $[a, b]$ 上的平均值为

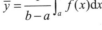

$$\bar{y} = \frac{1}{b-a}\int_a^b f(x)\mathrm{d}x .$$

◆ **同步练习**

一、填空题

1. 设半径为 R 的半球形水池盛满水，则将水全部吸完所做的功 $W = \underline{\qquad}$.

2. 设宽 a 米，高为 h 米的矩形闸门垂直地放入水中，上沿与水面相齐，则闸门一侧所受的压力 $F = \underline{\qquad}$.

3. 函数 $y = x^2 + 1$ 在区间 $[1, 3]$ 上的平均值为 $\underline{\qquad}$.

二、计算题

1. 一质点按规律 $s = t^3$ 作直线运动，其中 s 是位移，t 是时间. 已知质点运动的阻力与运动速度成正比，求质点从 $s = 0$ 运动到 $s = 8$ 克服阻力所做的功.

2. 一形如圆台形的桶盛满水，桶高 3 m，上、下底半径分别为 1 m 和 2 m，求将水吸完所做的功.

3. 设底边为 a，高为 h 的等腰三角形平板垂直地放入水中，且底边与水面平齐，求平板一侧所受的压力.

4. 设有一半径为 R，中心角为 φ 的圆弧形细棒，其线密度为常数 ρ，在圆心处有一质量为 m 的质点 M，求这细棒对质点 M 的引力.

5. 求函数 $y = x\sin x$ 在 $[0, \pi]$ 上的平均值.

第6章 常微分方程

6.1 微分方程的基本概念

◇ 主要知识与方法

1. 微分方程概念

含有自变量、未知函数及未知函数的导数或微分的方程称为微分方程.

2. 微分方程的阶

微分方程中未知函数的最高阶导数的阶数称为微分方程的阶.

说明：n 阶微分方程的一般形式为

$$F(x, y, y', y'', \cdots, y^{(n-1)}, y^{(n)}) = 0 ,$$

或

$$y^{(n)} = f(x, y, y', y'', \cdots, y^{(n-1)}) .$$

3. 微分方程的解

若将一个函数 $y = y(x)$ 代入微分方程后，方程两端相等，则称 $y = y(x)$ 为微分方程的解.

4. 通解

若微分方程的解中含有相互独立的任意常数，且任意常数的个数等于方程的阶数，则称该解为微分方程的通解.

5. 特解

通解中任意常数确定的解称为微分方程的特解.

6. 初始条件

用于确定通解中任意常数的条件称为微分方程的初始条件.

说明：n 阶微分方程的初始条件为

$$y\big|_{x=x_0} = y_0 , \quad y'\big|_{x=x_0} = y_0' , \quad y''\big|_{x=x_0} = y_0'' , \quad \cdots , \quad y^{(n-1)}\big|_{x=x_0} = y_0^{(n-1)} .$$

◆ **同步练习**

一、填空题

1. 微分方程 $x^3(y'')^4 - yy' = x$ 的阶数为_____.

2. 微分方程 $(y')^3 + y''' + xy^4 = x^2 - 1$ 的阶数为_____.

二、解答题

1. 设二阶微分方程的通解为 $y = C_1 e^{-x} + C_2 e^{2x}$，求其方程.

2. 求微分方程 $x^2 y'' + 6xy' + 4y = 0$ 的形如 $y = x^k$ 的解.

三、证明题

验证 $y = \sin(x + C)$ 是微分方程 $y'^2 + y^2 - 1 = 0$ 的通解.

6.2　一阶微分方程

◇　主要知识与方法

1. 可分离变量微分方程

（1）定义：形如

$$f(y)\mathrm{d}y = g(x)\mathrm{d}x$$

的一阶微分方程称为可分离变量微分方程.

（2）解法：两边取不定积分，即得通解.

说明：一定要先分离变量，然后再取不定积分.

2. 齐次微分方程

（1）定义：形如

$$\frac{\mathrm{d}y}{\mathrm{d}x} = \varphi\left(\frac{y}{x}\right)$$

的一阶微分方程称为齐次微分方程.

（2）解法：作代换 $u = \dfrac{y}{x}$，化为可分离变量微分方程：

$$\frac{1}{\varphi(u)-u}\mathrm{d}u = \frac{1}{x}\mathrm{d}x.$$

3. 一阶线性微分方程

（1）定义：形如

$$y' + P(x)y = Q(x)$$

的一阶微分方程称为一阶线性微分方程.

当 $Q(x) = 0$ 时，称之为一阶齐次线性方程；当 $Q(x) \neq 0$ 时，称之为一阶非齐次线性方程.

（2）通解：$y = \mathrm{e}^{-\int P(x)\mathrm{d}x}\left(\int Q(x)\mathrm{e}^{\int P(x)\mathrm{d}x}\mathrm{d}x + C\right)$.

4. 伯努利方程

（1）定义：形如

$$y' + P(x)y = Q(x)y^n \quad (n \neq 0,\, 1)$$

的一阶微分方程称为伯努利方程.

（2）解法：作代换 $z = y^{1-n}$，化为一阶线性微分方程

$$z' + (1-n)P(x)z = (1-n)Q(x).$$

说明：对一阶微分方程，一定要先确定它是哪种类型的方程，然后再用相应方法求解. 如果哪种类型也不是，则对微分方程进行变形或作变量代换化为上述类型的微分方程.

◆ 同步练习

一、填空题

1. 微分方程 $y' = e^{x-y}$ 的通解为_____.

2. 微分方程 $y' = \dfrac{y}{x} + \dfrac{x}{y}$ 的通解为_____.

3. 微分方程 $y' - y = e^x$ 的通解为_____.

4. 解微分方程 $xy' + x^2 y = e^x y^3$ 时，应作代换 $z = $ _____.

二、解答题

1. 求微分方程 $y\mathrm{d}x + (x^2 - 4x)\mathrm{d}y = 0$ 的通解.

2. 求微分方程 $(1 + x^2)y' = \arctan x$ 满足初始条件 $y\big|_{x=0} = 0$ 的特解.

3. 质量为 1 kg 的物体，受力的作用作直线运动，此力与时间成正比，与物体的速度成反比. 当 $t=1$ 时，速度为 8 m/s，力为 $\dfrac{1}{8}$ N，试问什么时候物体的速度为 12 m/s？

4. 求微分方程 $y' = \dfrac{y}{x} + \tan\dfrac{y}{x}$ 的通解.

5. 求微分方程 $y' = \dfrac{y}{x}\ln\dfrac{y}{x}$ 满足初始条件 $y|_{x=1} = \mathrm{e}^2$ 的特解.

6. 求微分方程 $y' + y \tan x = \sin 2x$ 的通解.

7. 求微分方程 $y' = \dfrac{y}{x + y^3}$ 的通解.

8. 设函数 $f(x)$ 连续，且满足 $\int_0^x f(x-t)\mathrm{d}t = \int_0^x (x-t)f(t)\mathrm{d}t + \mathrm{e}^{-x} - 1$，求 $f(x)$.

9. 求微分方程 $y' - y = xy^2$ 的通解.

10. 求微分方程 $x^2y' + xy = y^2$ 满足初始条件 $y\big|_{x=1} = 1$ 的特解.

11. 求微分方程 $y' = \dfrac{1}{x-y} + 1$ 的通解.

6.3　可降阶的高阶微分方程

◇　主要知识与方法

1. $y^{(n)} = f(x)$ 型

解法：接连逐次取不定积分.

2. $y'' = f(x, y')$ 型

解法：令 $y' = p(x)$，化为一阶微分方程：

$$p' = f(x, p).\tag{6.3.1}$$

说明：若微分方程（6.3.1）的通解为 $p = \varphi(x, C_1)$，则方程 $y'' = f(x, y')$ 的通解为

$$y = \int \varphi(x, C_1)\mathrm{d}x + C_2.$$

3. $y'' = f(y, y')$ 型

解法：令 $y' = p(y)$，化为一阶微分方程：

$$p\frac{\mathrm{d}p}{\mathrm{d}y} = f(y, p).\tag{6.3.2}$$

说明：若微分方程（6.3.2）的通解为 $p = \psi(y, C_1)$，则方程 $y'' = f(y, y')$ 的通解为

$$\int \frac{1}{\psi(y, C_1)}\mathrm{d}y = x + C_2.$$

◆ **同步练习**

一、填空题

1. 微分方程 $y'' = \sin x$ 的通解为_____.

2. 微分方程 $y''' = x$ 的通解为_____.

3. 微分方程 $xy'' + y' = 0$ 的通解为_____.

4. 微分方程 $yy'' + 2y'^2 = 0$ 的通解为_____.

二、解答题

1. 求微分方程 $y'' = \dfrac{1}{\sqrt{1-x^2}}$ 的通解.

2. 求微分方程 $y'' = y' + x$ 的通解.

3. 求微分方程 $y'' = (y')^3 + y'$ 的通解.

4. 试求 $y'' = x$ 的经过点 $M(0, 1)$ 且在此点与直线 $y = \dfrac{x}{2} + 1$ 相切的积分曲线.

5. 求微分方程 $y'' = e^{2y}$ 满足初始条件 $y|_{x=0} = y'|_{x=0} = 0$ 的特解.

6.4 二阶线性微分方程

◇ 主要知识与方法

1. 二阶齐次线性微分方程

（1）定义：形如

$$y'' + P(x)y' + Q(x)y = 0 \qquad (6.4.1)$$

的二阶微分方程称为二阶齐次线性微分方程.

（2）解的性质：

① 若 $y(x)$ 是方程（6.4.1）的解，C 为常数，则 $Cy(x)$ 也是方程（6.4.1）的解.

② 若 $y_1(x), y_2(x)$ 是方程（6.4.1）的解，则 $y_1(x) + y_2(x)$ 也是方程（6.4.1）的解.

由上述性质可得，若 $y_1(x), y_2(x)$ 是方程（6.4.1）的两个解，则 $C_1 y_1(x) + C_2 y_2(x)$ 也是方程（6.4.1）的解，其中 C_1, C_2 是两个任意常数，即解的组合仍为解.

（3）通解结构：设 $y_1(x), y_2(x)$ 是方程（6.4.1）的解，且 $\dfrac{y_1(x)}{y_2(x)} \neq C$，则 $C_1 y_1(x) + C_2 y_2(x)$ 为方程（6.4.1）的通解，其中 C_1, C_2 是两个任意常数.

2. 二阶常系数齐次线性微分方程

（1）定义：形如

$$y'' + py' + qy = 0 \qquad (6.4.2)$$

的二阶微分方程称为二阶常系数齐次线性微分方程.

（2）特征方程：方程

$$r^2 + pr + q = 0$$

称为方程（6.4.2）的特征方程.

（3）通解结构：

特征方程 $r^2 + pr + q = 0$ 的两个根 r_1, r_2	微分方程 $y'' + py' + qy = 0$ 的通解
两个不相等的实根 r_1, r_2	$y = C_1 e^{r_1 x} + C_2 e^{r_2 x}$
两个相等实根 $r_1 = r_2 = r$	$y = (C_1 + C_2 x) e^{rx}$
一对共轭虚根 $r_{1,2} = \alpha \pm \beta i$	$y = e^{\alpha x}(C_1 \cos \beta x + C_2 \sin \beta x)$

（4）求微分方程 $y'' + py' + qy = 0$ 的通解的步骤：

① 写出特征方程 $r^2 + pr + q = 0$.

② 求特征方程 $r^2 + pr + q = 0$ 的两个根 r_1, r_2 .

③ 根据特征方程 $r^2 + pr + q = 0$ 的根的不同情形，写出方程 $y'' + py' + qy = 0$ 的通解.

3. 二阶非齐次线性微分方程

（1）定义：形如

$$y'' + P(x)y' + Q(x)y = f(x) \tag{6.4.3}$$

的二阶微分方程称为二阶非齐次线性微分方程. 而方程

$$y'' + P(x)y' + Q(x)y = 0 \tag{6.4.4}$$

称为方程（6.4.3）对应的齐次线性微分方程.

（2）解的性质：

① 若 $y_1(x)$, $y_2(x)$ 是方程（6.4.3）的两个解，则 $y_1(x) - y_2(x)$ 是方程（6.4.4）的解.

② 若 $y(x)$ 是方程（6.4.3）的解，$Y(x)$ 是方程（6.4.4）的解，则 $y(x) + Y(x)$ 是方程（6.4.3）的解.

③ 设 y_1^* 与 y_2^* 分别是方程

$$y'' + P(x)y' + Q(x)y = f_1(x)$$

与

$$y'' + P(x)y' + Q(x)y = f_2(x)$$

的解，则 $y_1^* + y_2^*$ 是方程 $y'' + P(x)y' + Q(x)y = f_1(x) + f_2(x)$ 的解.

（3）通解结构：若 y^* 是方程（6.4.3）的特解，$C_1 y_1(x) + C_2 y_2(x)$ 是方程（6.4.4）的通解，则方程（6.4.3）的通解为

$$y = y^* + C_1 y_1(x) + C_2 y_2(x).$$

4. 二阶常系数非齐次线性微分方程

（1）形如

$$y'' + py' + qy = f(x) \tag{6.4.5}$$

的二阶微分方程称为二阶常系数非齐次线性微分方程.

（2）特解形式：

① 当 $f(x) = \mathrm{e}^{\lambda x} P_m(x)$ 时，其中 $P_m(x)$ 为 m 次多项式，则方程（6.4.5）的特解形式为

$$y^* = x^k Q_m(x) \mathrm{e}^{\lambda x}.$$

其中 $k = \begin{cases} 0, & \text{当} \lambda \text{不是特征方程} r^2 + pr + q = 0 \text{的根时} \\ 1, & \text{当} \lambda \text{是特征方程} r^2 + pr + q = 0 \text{的单根时} \\ 2, & \text{当} \lambda \text{是特征方程} r^2 + pr + q = 0 \text{的重根时} \end{cases}$，$Q_m(x)$ 为一个 m 次多项式.

② 当 $f(x) = \mathrm{e}^{\lambda x}[P_n(x)\cos \omega x + P_l(x)\sin \omega x]$ 时，其中 $P_n(x)$ 为 n 次多项式，$P_l(x)$ 为 l 次多项式，则方程（6.4.5）的特解形式为

$$y^* = x^k \mathrm{e}^{\lambda x}[R_m^{(1)}(x)\cos \omega x + R_m^{(2)}(x)\sin \omega x],$$

其中 $m = \max\{n, l\}$，

$$k = \begin{cases} 0, & \text{当} \lambda + \omega \mathrm{i} \text{不为特征方程} r^2 + pr + q = 0 \text{的根时} \\ 1, & \text{当} \lambda + \omega \mathrm{i} \text{为特征方程} r^2 + pr + q = 0 \text{的根时} \end{cases},$$

$R_m^{(1)}(x), R_m^{(2)}(x)$ 都为 m 次多项式.

（3）$Q_m(x)$，$R_m^{(1)}(x)$，$R_m^{(2)}(x)$ 的求法：将 y^* 代入方程（6.4.5），比较等式两边 x 同次幂的系数，确定 $Q_m(x)$，$R_m^{(1)}(x)$，$R_m^{(2)}(x)$ 的系数.

（4）求方程 $y'' + py' + qy = f(x)$ 通解的步骤：

① 求方程 $y'' + py' + qy = 0$ 的通解 $Y = C_1 y_1(x) + C_2 y_2(x)$.

② 求方程 $y'' + py' + qy = f(x)$ 的一个特解 y^*.

③ 写出方程 $y'' + py' + qy = f(x)$ 的通解 $y = y^* + C_1 y_1(x) + C_2 y_2(x)$.

◆ **同步练习**

一、填空题

1. 微分方程 $y'' + y = 0$ 的通解为＿＿＿＿＿＿＿.

2. 微分方程 $2y'' - 3y' - 2y = 0$ 的通解为＿＿＿＿＿＿＿.

3. 微分方程 $y'' + 6y' + 9y = 0$ 的通解为＿＿＿＿＿＿＿.

4. 微分方程 $y'' + 2y' + y = xe^{-x}$ 的特解形式为＿＿＿＿＿＿＿.

二、解答题

1. 求微分方程 $y'' + \dfrac{1}{k} y = 0 \ (k \neq 0)$ 的通解.

2. 求微分方程 $2y''(x) - 3y'(x) + y(x) = 0$ 满足 $y(1) = 3$, $y'(1) = 1$ 的特解.

3. 设某个二阶常系数齐次线性方程的特征方程有相同的实根 a，求此微分方程，并求其通解.

4. 求微分方程 $y'' - 4y' - 5y = x^2 + 3x - 2$ 的一个特解.

5. 求微分方程 $y'' - y = e^x \cos 2x$ 的一个特解.

6. 求微分方程 $y'' - 2y' + y = xe^x$ 的通解.

7. 求微分方程 $y'' - 2y' + 5y = e^x \sin 2x$ 的通解.

8. 求微分方程 $y'' - y = \sin^2 x$ 的一个特解.

9. 求微分方程 $y'' + y = e^x + \cos x$ 的通解.

10. 求微分方程 $y'' - 4y' = 5$ 满足初始条件 $y|_{x=0} = 1,\ y'|_{x=0} = 0$ 的特解.

11. 设函数 $\varphi(x)$ 连续，且满足 $\varphi(x) = e^x + \int_0^x t\varphi(t)\mathrm{d}t - x\int_0^x \varphi(t)\mathrm{d}t$，求 $\varphi(x)$.

12. 设函数 $y = y(x)$ 满足条件 $\begin{cases} y'' + 4y' + 4y = 0 \\ y(0) = 2, \ y'(0) = -4 \end{cases}$，求反常积分 $\int_0^{+\infty} y(x)\mathrm{d}x$.

13. 设函数 $y = y(x)$ 满足方程 $y'' + 2y' + ky = 0$，其中 $0 < k < 1$，（1）证明：反常积分 $\int_0^{+\infty} y(x)\mathrm{d}x$ 收敛；（2）若 $y(0) = 1$，$y'(0) = 1$，求 $\int_0^{+\infty} y(x)\mathrm{d}x$ 的值.

14. 已知 $y_1(x) = \mathrm{e}^x$，$y_2(x) = u(x)\mathrm{e}^x$ 是二阶微分方程 $(2x - 1)y'' - (2x + 1)y' + 2y = 0$ 的两个解，若 $u(-1) = \mathrm{e}, u(0) = -1$，求 $u(x)$，并写出该微分方程的通解.

第 7 章　向量代数与空间解析几何

7.1　向量及其运算

◇　主要知识与方法

1. 空间直角坐标系

过空间一点 O，作三条互相垂直的数轴，三条数轴按右手规则确定方向，这样确定的坐标系称为空间直角坐标系.

注：在空间直角坐标系中，空间一点可用三个坐标表示，即 $M(x, y, z)$.

2. 向量

既有大小又有方向的量称为向量.

3. 向量运算

（1）加法：在空间取一点 O，作 $\overrightarrow{OA} = a$，$\overrightarrow{OB} = b$，以 OA, OB 为边构成一个平行四边形 $OACB$，则称向量 $\overrightarrow{OC}$ 为向量 a 与 b 的和，记为 $\overrightarrow{OC} = a + b$.

（2）减法：在上述加法定义中，向量 $\overrightarrow{BA}$ 称为向量 a 与 b 的差，即 $\overrightarrow{BA} = a - b$.

（3）数乘：λa 定义为：

① $|\lambda a| = |\lambda||a|$，

② 当 $\lambda > 0$ 时，λa 的方向与 a 相同；当 $\lambda < 0$ 时，λa 的方向与 a 相反.

注：$a /\!/ b \Leftrightarrow b = \lambda a$.

（4）运算规律：

① $a + b = b + a$;

② $(a + b) + c = a + (b + c)$;

③ $a + 0 = a$;

④ $a + (-a) = 0$;

⑤ $1 \cdot a = a$;

⑥ $\lambda(\mu a) = (\lambda\mu)a$;

⑦ $(\lambda + \mu)a = \lambda a + \mu a$;

⑧ $\lambda(a + b) = \lambda a + \lambda b$.

4. 向量夹角

在空间取一点 O，作 $\overrightarrow{OA} = a$，$\overrightarrow{OB} = b$，则不超过 π 的 $\angle AOB$ 称为向量 a 与 b 的夹角.

5. 投影

（1）投影：数 $|a|\cos\varphi$ 称为向量 a 在有向轴 u 上的投影（其中 φ 为向量 a 与轴 u 的夹角），记为 $\mathrm{Prj}_u a$ ，即 $\mathrm{Prj}_u a = |a|\cos\varphi$.

（2）投影性质：

① $\mathrm{Prj}_u(a+b) = \mathrm{Prj}_u a + \mathrm{Prj}_u b$;

② $\mathrm{Prj}_u(\lambda a) = \lambda \mathrm{Prj}_u a$.

6. 向量坐标

设向量 a 在三个坐标轴上的投影分别为 a_x, a_y, a_z ，则向量 a 表示为 $a = a_x i + a_y j + a_z k$ ，投影 a_x, a_y, a_z 称为向量 a 的坐标，记为 $a = (a_x, a_y, a_z)$.

注：设空间两点 $A(x_1, y_1, z_1), B(x_2, y_2, z_2)$ ，则 $\overrightarrow{AB} = (x_2 - x_1, y_2 - y_1, z_2 - z_1)$.

7. 模的计算公式

设 $a = (a_x, a_y, a_z)$ ，则 $|a| = \sqrt{a_x^2 + a_y^2 + a_z^2}$.

注：空间两点距离 $d = \sqrt{(x_2 - x_1)^2 + (y_2 - y_1)^2 + (z_2 - z_1)^2}$.

8. 方向角余弦的计算公式

设 $a = (a_x, a_y, a_z)$ ，则

$$\cos\alpha = \frac{a_x}{\sqrt{a_x^2 + a_y^2 + a_z^2}} , \quad \cos\beta = \frac{a_y}{\sqrt{a_x^2 + a_y^2 + a_z^2}} , \quad \cos\gamma = \frac{a_z}{\sqrt{a_x^2 + a_y^2 + a_z^2}} .$$

9. 数量积

（1）数量积：数 $|a||b|\cos\theta$ 称为向量 a 与 b 的数量积（其中 θ 为向量 a 与 b 的夹角），记为 $a \cdot b$ ，即 $a \cdot b = |a||b|\cos\theta$.

（2）规律：

① $a \cdot b = b \cdot a$;

② $(\lambda a) \cdot b = a \cdot (\lambda b) = \lambda(a \cdot b)$;

③ $(a+b) \cdot c = a \cdot c + b \cdot c$.

（3）有关结论：

① $a \cdot a = |a|^2$;

② $a \cdot b = |a| \mathrm{Prj}_a b = |b| \mathrm{Prj}_b a$;

③ 设 $a \neq 0, b \neq 0$ ，则 $a \perp b \Leftrightarrow a \cdot b = 0$.

（4）计算公式：设 $\boldsymbol{a}=(a_x, a_y, a_z)$，$\boldsymbol{b}=(b_x, b_y, b_z)$，则

$$\boldsymbol{a}\cdot\boldsymbol{b}=a_xb_x+a_yb_y+a_zb_z.$$

（5）夹角余弦的计算公式：$\cos\theta=\dfrac{a_xb_x+a_yb_y+a_zb_z}{\sqrt{a_x^2+a_y^2+a_z^2}\sqrt{b_x^2+b_y^2+b_z^2}}.$

（6）投影计算公式：$\mathrm{Prj}_b\boldsymbol{a}=\dfrac{\boldsymbol{a}\cdot\boldsymbol{b}}{|\boldsymbol{b}|}.$

10. 向量积

（1）向量积：设向量 $\boldsymbol{c}$ 满足 $|\boldsymbol{c}|=|\boldsymbol{a}||\boldsymbol{b}|\sin\theta$（其中 θ 为向量 $\boldsymbol{a}$ 与 $\boldsymbol{b}$ 的夹角），且 $\boldsymbol{c}$ 垂直于 $\boldsymbol{a}$ 与 $\boldsymbol{b}$ 确定的平面，方向按右手规则从 $\boldsymbol{a}$ 转向 $\boldsymbol{b}$，则称向量 $\boldsymbol{c}$ 为 $\boldsymbol{a}$ 与 $\boldsymbol{b}$ 的向量积，记为 $\boldsymbol{c}=\boldsymbol{a}\times\boldsymbol{b}$.

（2）规律：

① $\boldsymbol{a}\times\boldsymbol{b}=-\boldsymbol{b}\times\boldsymbol{a}$；

② $(\lambda\boldsymbol{a})\times\boldsymbol{b}=\boldsymbol{a}\times(\lambda\boldsymbol{b})=\lambda(\boldsymbol{a}\times\boldsymbol{b})$；

③ $(\boldsymbol{a}+\boldsymbol{b})\times\boldsymbol{c}=\boldsymbol{a}\times\boldsymbol{c}+\boldsymbol{b}\times\boldsymbol{c}$.

（3）有关结论：

① $\boldsymbol{a}\times\boldsymbol{a}=\boldsymbol{0}$；

② 以向量 $\boldsymbol{a}, \boldsymbol{b}$ 为边的平行四边形的面积 $S=|\boldsymbol{a}\times\boldsymbol{b}|$；

③ 设 $\boldsymbol{a}\neq\boldsymbol{0}, \boldsymbol{b}\neq\boldsymbol{0}$，则 $\boldsymbol{a}//\boldsymbol{b}\Leftrightarrow\boldsymbol{a}\times\boldsymbol{b}=\boldsymbol{0}$.

（4）计算公式：设 $\boldsymbol{a}=(a_x, a_y, a_z)$，$\boldsymbol{b}=(b_x, b_y, b_z)$，则

$$\boldsymbol{a}\times\boldsymbol{b}=\begin{vmatrix} \boldsymbol{i} & \boldsymbol{j} & \boldsymbol{k} \\ a_x & a_y & a_z \\ b_x & b_y & b_z \end{vmatrix}=(a_yb_z-a_zb_y,\ a_zb_x-a_xb_z,\ a_xb_y-a_yb_x).$$

11. 混合积

（1）混合积：数 $(\boldsymbol{a}\times\boldsymbol{b})\cdot\boldsymbol{c}$ 称为向量 $\boldsymbol{a}, \boldsymbol{b}, \boldsymbol{c}$ 的混合积，记为 $[\boldsymbol{a}, \boldsymbol{b}, \boldsymbol{c}]$.

（2）规律：$[\boldsymbol{a}, \boldsymbol{b}, \boldsymbol{c}]=[\boldsymbol{b}, \boldsymbol{c}, \boldsymbol{a}]=[\boldsymbol{c}, \boldsymbol{a}, \boldsymbol{b}]$.

（3）计算公式：设 $\boldsymbol{a}=(a_x, a_y, a_z)$，$\boldsymbol{b}=(b_x, b_y, b_z)$，$\boldsymbol{c}=(c_x, c_y, c_z)$，则

$$[\boldsymbol{a}, \boldsymbol{b}, \boldsymbol{c}]=\begin{vmatrix} a_x & a_y & a_z \\ b_x & b_y & b_z \\ c_x & c_y & c_z \end{vmatrix}.$$

（4）三个向量共面的条件：

设 $\boldsymbol{a} = (a_x, a_y, a_z)$，　$\boldsymbol{b} = (b_x, b_y, b_z)$，　$\boldsymbol{c} = (c_x, c_y, c_z)$，　则

$$\boldsymbol{a}, \boldsymbol{b}, \boldsymbol{c} \text{ 共面} \Leftrightarrow \begin{vmatrix} a_x & a_y & a_z \\ b_x & b_y & b_z \\ c_x & c_y & c_z \end{vmatrix} = 0.$$

◆ **同步练习**

一、填空题

1. 设 $a = (1, -2, 3)$，$b = (-1, 1, 2)$，则 $3a - 2b = $ _____.

2. 已知向量 $a = (1, -1, 2)$ 与 $b = (2, 3, \lambda)$ 垂直，则 $\lambda = $ _____.

3. 向量 $a = (4, -3, 4)$，$b = (2, 2, 1)$，则 $\text{Prj}_b a = $ _____.

4. 设 $A(1, 2, 3)$，$B(-1, 1, 5)$，则与 $\overrightarrow{AB}$ 平行的单位向量为_____.

二、计算题

1. 求与向量 $a = 2i - j + 2k$ 共线且满足 $a \cdot x = -18$ 的向量 x.

2. 设 $a = (2, -3, 1)$，$b = (1, -1, 3)$，$c = (1, -2, 0)$，试求：（1）$-(b \cdot c)a + (a \cdot c)b$；（2）$(a \times b) \times c$.

3. 设 $a = i + j$，$b = -2j + k$，求以 a,b 为边的平行四边形的对角线的长度.

4. 指出非零向量 a,b 应分别满足什么条件才能使下列各式成立.
（1）$|a + b| = |a - b|$；（2）$|a + b| < |a - b|$；（3）$|a - b| = |a| + |b|$.

5. 已知向量 a 同时垂直于向量 $b = (3, 6, 8)$ 及 x 轴，且 $|a| = 2$，求向量 a.

6. 已知 $\overrightarrow{AB}$ 的终点坐标为 $(2,\,-1,\,4)$，且 $\overrightarrow{AB}$ 在 x 轴、y 轴、z 轴上的投影分别为 $-1,3,2$，求起点 A 的坐标.

7. 已知 $\overrightarrow{OA}=\boldsymbol{i}+3\boldsymbol{k}$，$\overrightarrow{OB}=\boldsymbol{j}+3\boldsymbol{k}$，求 $\triangle OAB$ 的面积.

8. 设 $\boldsymbol{a}+3\boldsymbol{b}$ 与 $7\boldsymbol{a}-5\boldsymbol{b}$ 垂直，$\boldsymbol{a}-4\boldsymbol{b}$ 与 $7\boldsymbol{a}-2\boldsymbol{b}$ 垂直，求向量 $\boldsymbol{a}$ 与 $\boldsymbol{b}$ 的夹角.

9. 设 $a = (1,-1,1), b = (3,-4,5), c = a + \lambda b$ ，问 λ 取何值时， $|c|$ 最小？并证明当 $|c|$ 最小时， $c \perp b$.

10. 已知 $|a| = 6, |b| = 3, |c| = 3$ ， a 与 b 的夹角为 $\dfrac{\pi}{6}$ ， $c \perp a, c \perp b$ ，求 $[a, b, c]$.

三、证明题

试证 $p = b - \dfrac{(a \cdot b)a}{|a|^2}$ 垂直于 a .

7.2　曲面与空间曲线

◇　主要知识与方法

1. 曲面方程

空间曲面的一般方程：$F(x, y, z) = 0$．

2. 球面方程

设球面的球心为 (x_0, y_0, z_0)，半径为 R，则球面方程为

$$(x - x_0)^2 + (y - y_0)^2 + (z - z_0)^2 = R^2 .$$

3. 旋转曲面方程

（1）yOz 平面上曲线 $f(y, z) = 0$ 绕 z 轴旋转一周所形成的曲面方程为

$$f(\pm\sqrt{x^2 + y^2},\ z) = 0 .$$

yOz 平面上曲线 $f(y, z) = 0$ 绕 y 轴旋转一周所形成的曲面方程为

$$f(y, \pm\sqrt{x^2 + z^2}) = 0 .$$

（2）zOx 平面上曲线 $f(z, x) = 0$ 绕 x 轴旋转一周所形成的曲面方程为

$$f(\pm\sqrt{y^2 + z^2}, x) = 0 .$$

zOx 平面上曲线 $f(z, x) = 0$ 绕 z 轴旋转一周所形成的曲面方程为

$$f(z, \pm\sqrt{x^2 + y^2}) = 0 .$$

（3）xOy 平面上曲线 $f(x, y) = 0$ 绕 y 轴旋转一周所形成的曲面方程为

$$f(\pm\sqrt{x^2 + z^2},\ y) = 0 .$$

xOy 平面上曲线 $f(x, y) = 0$ 绕 x 轴旋转一周所形成的曲面方程为

$$f(x, \pm\sqrt{y^2 + z^2}) = 0 .$$

特别地，有：

旋转抛物面方程：$z = x^2 + y^2$．

圆锥面方程：$z^2 = x^2 + y^2$.

4. 柱面方程

（1）准线为 xOy 平面上曲线 $f(x,y)=0$，母线平行于 z 轴的柱面方程为

$$f(x,y)=0.$$

（2）准线为 yOz 平面上曲线 $f(y,z)=0$，母线平行于 x 轴的柱面方程为

$$f(y,z)=0.$$

（3）准线为 zOx 平面上曲线 $f(z,x)=0$，母线平行于 y 轴的柱面方程为

$$f(z,x)=0.$$

特别地，圆柱面方程为：$x^2 + y^2 = R^2$.

5. 空间曲线方程

（1）空间曲线的一般方程：$\begin{cases} F(x,y,z)=0 \\ G(x,y,z)=0 \end{cases}$.

（2）空间曲线的参数方程：$\begin{cases} x=\varphi(t) \\ y=\psi(t) \\ z=\omega(t) \end{cases}$.

6. 投影曲线方程

（1）设空间曲线 L 的一般方程为 $\begin{cases} F(x,y,z)=0 \\ G(x,y,z)=0 \end{cases}$，且从方程组 $\begin{cases} F(x,y,z)=0 \\ G(x,y,z)=0 \end{cases}$ 中消去 z 得 $H(x,y)=0$，则曲线 L 在 xOy 平面上的投影曲线方程为

$$\begin{cases} H(x,y)=0 \\ z=0 \end{cases}.$$

（2）设空间曲线 L 的一般方程为 $\begin{cases} F(x,y,z)=0 \\ G(x,y,z)=0 \end{cases}$，且从方程组 $\begin{cases} F(x,y,z)=0 \\ G(x,y,z)=0 \end{cases}$ 中消去 x 得 $R(y,z)=0$，则曲线 L 在 yOz 平面上的投影曲线方程为

$$\begin{cases} R(y,z)=0 \\ x=0 \end{cases}.$$

（3）设空间曲线 L 的一般方程为 $\begin{cases} F(x, y, z) = 0 \\ G(x, y, z) = 0 \end{cases}$，且从方程组 $\begin{cases} F(x, y, z) = 0 \\ G(x, y, z) = 0 \end{cases}$

中消去 y 得 $T(z, x) = 0$，则曲线 L 在 zOx 平面上的投影曲线方程为

$$\begin{cases} T(z, x) = 0 \\ y = 0 \end{cases}.$$

◆ 同步练习

一、填空题

1. 球心为 $(2, 3, 1)$，半径为 3 的球面方程为_____.

2. 双曲线 $\begin{cases} \dfrac{x^2}{a^2} - \dfrac{z^2}{c^2} = 1 \\ y = 0 \end{cases}$ 绕 z 轴旋转一周所形成的曲面方程为_____.

3. 圆心在原点、半径为 2 的圆的方程为_____.

4. 曲线 $\begin{cases} x^2 + y^2 + z^2 = 9 \\ y + z = 1 \end{cases}$ 在 xOy 平面上的投影曲线方程为_____.

二、解答题

1. 求到点 $A(1, -1, 2)$ 和 $B(3, 1, 4)$ 距离相等的点的轨迹方程.

2. 求母线分别平行于 x 轴、y 轴且通过曲线 $\begin{cases} 2x^2 + y^2 + z^2 = 16 \\ x^2 - y^2 + z^2 = 0 \end{cases}$ 的柱面方程.

3. 说明旋转曲面 $\dfrac{x^2}{4}+\dfrac{y^2}{9}+\dfrac{z^2}{9}=1$ 是怎样形成的.

4. 求球面 $x^2+y^2+z^2=4$ 与平面 $x+z=1$ 的交线在 xOy 平面上的投影曲线方程.

5. 将曲线的一般方程 $\begin{cases} x^2+y^2+z^2=4 \\ y+z=0 \end{cases}$ 化为参数方程.

7.3　平面及其方程

◇　主要知识与方法

1．法向量

设非零向量 n 垂直于平面 Π ，则称向量 n 为平面 Π 的法向量.

注：（ⅰ）法向量 n 垂直于平面 Π 内的任何向量.

（ⅱ）设 a, b 为平面 Π 内两个相交向量，则法向量可取为 $n = a \times b$.

2．平面的点法式方程

设平面 Π 过点 $M(x_0, y_0, z_0)$ ，且法向量 $n = (A, B, C)$ ，则平面 Π 的方程为

$$A(x - x_0) + B(y - y_0) + C(z - z_0) = 0 .$$

上述方程称为平面的点法式方程.

3．平面的一般方程

方程 $Ax + By + Cz + D = 0$ 称为平面的一般方程.
这时，平面的法向量 $n = (A, B, C)$.

4．几种特殊平面

（1）当 $D = 0$ 时，平面过原点.

（2）当 $A = 0$ 时，平面平行于 x 轴.

（3）当 $A = D = 0$ 时，平面过 x 轴.

（4）当 $A = B = 0$ 时，平面平行于 xOy 平面.

类似可得其他情况.

5．平面的夹角

（1）定义：两个平面法向量的夹角中的锐角称为这两个平面的夹角.

（2）计算公式：设两个平面的法向量分别为 n_1, n_2 ，则夹角 θ 的余弦为

$$\cos\theta = \frac{|n_1 \cdot n_2|}{|n_1| |n_2|} .$$

特别地，有：

① 平面 $\Pi_1 \parallel$ 平面 $\Pi_2 \Leftrightarrow n_1 \parallel n_2$ ；

② 平面 $\Pi_1 \perp$ 平面 $\Pi_2 \Leftrightarrow n_1 \perp n_2$.

6. 距离

（1）平面外一点到平面的距离：

平面外一点 $P_0(x_0, y_0, z_0)$ 到平面 $Ax + By + Cz + D = 0$ 的距离为

$$d = \frac{|Ax_0 + By_0 + Cz_0 + D|}{\sqrt{A^2 + B^2 + C^2}}.$$

（2）两个平行平面的距离：

平行平面 $Ax + By + Cz + D_1 = 0$ 与 $Ax + By + Cz + D_2 = 0$ 的距离为

$$d = \frac{|D_2 - D_1|}{\sqrt{A^2 + B^2 + C^2}}.$$

◆ 同步练习

一、填空题

1. 点 $M(1,\ 2,\ 1)$ 到平面 $x+2y+2z-10=0$ 的距离为_____.

2. 设平面 $x-2y+z-1=0$ 与平面 $2x+\lambda y-4z+3=0$ 垂直，则 $\lambda=$_____.

3. 平面 $2x-y+z-7=0$ 与平面 $x+y+2z-11=0$ 的夹角是_____.

4. 过点 $(1,\ -1,\ 2)$ 且平行于平面 $x-y+3z-4=0$ 的平面方程为_____.

二、计算题

1. 求过点 $A(2,\ 1,\ -1)$, $B(3,\ 2,\ 1)$, $C(1,\ -2,\ 3)$ 的平面方程.

2. 设一平面与平面 $x-2y+2z=1$ 平行，且点 $(2,\ -1,\ 1)$ 到该平面的距离为 1，求该平面方程.

3. 已知平面过点 $M(3, -2, 5), N(2, 3, 1)$ ，且平行于 z 轴，求其方程.

4. 已知两点 $A(-7, 2, -1)$ 和 $B(3, 4, 10)$ ，一平面通过点 B 且垂直于 AB ，求其方程.

5. 连接两点 $M(3, 10, -5)$ 和 $N(0, 12, z)$ 的线段平行于平面 $7x + 4y + z - 1 = 0$ ，确定 N 点的未知坐标.

6. 自点 $P(2, 3, -5)$ 分别向各坐标面作垂线，求过三个垂足的平面方程.

7. 确定 k ，使点 $M(1, -2, 1)$ 到平面 $2x - y + 2z + k = 0$ 的距离为 3.

8. 一平面经过原点及点 $A(6, -3, 2)$ ，且与平面 $4x - y + 2z = 8$ 垂直，求其方程.

7.4 空间直线及其方程

◇ **主要知识与方法**

1. 方向向量

设非零向量 s 平行于直线 L，则称向量 s 为空间直线 L 的方向向量.

2. 直线的对称式方程

设直线 L 过点 $P(x_0, y_0, z_0)$，且方向向量 $s = (m, n, p)$，则直线 L 的方程为

$$\frac{x - x_0}{m} = \frac{y - y_0}{n} = \frac{z - z_0}{p} .$$

上述方程称为直线 L 的对称式方程或标准式方程.

由对称式方程可得，过点 $P_1(x_1, y_1, z_1), P_2(x_2, y_2, z_2)$ 的直线 L 的方程为

$$\frac{x - x_1}{x_2 - x_1} = \frac{y - y_1}{y_2 - y_1} = \frac{z - z_1}{z_2 - z_1} .$$

3. 直线的参数方程

方程 $\begin{cases} x = x_0 + mt \\ y = y_0 + nt \\ z = z_0 + pt \end{cases}$ 称为直线 L 的参数方程.

这时，直线的方向向量 $s = (m, n, p)$，且过点 $P(x_0, y_0, z_0)$.

4. 直线的一般方程

方程 $\begin{cases} A_1 x + B_1 y + C_1 z + D_1 = 0 \\ A_2 x + B_2 y + C_2 z + D_2 = 0 \end{cases}$ 称为直线 L 的一般方程.

这时，直线的方向向量 $s = n_1 \times n_2$，其中 $n_1 = (A_1, B_1, C_1)$，$n_2 = (A_2, B_2, C_2)$. 而直线上点的坐标为方程组的一个解.

5. 直线的夹角

（1）定义：两条直线方向向量的夹角中的锐角称为这两条直线的夹角.

（2）计算公式：设两条直线的方向向量分别为 s_1, s_2，则夹角 θ 的余弦为

$$\cos \theta = \frac{|s_1 \cdot s_2|}{|s_1| |s_2|} .$$

特别地，有：

① 直线 L_1 // 直线 $L_2 \Leftrightarrow s_1$ // s_2 ;

② 直线 $L_1 \perp L_2 \Leftrightarrow s_1 \perp s_2$.

6. 直线与平面的夹角

（1）定义：直线与它在平面内的投影的夹角称为直线与平面的夹角.

（2）计算公式：设直线 L 的方向向量为 s，平面 Π 的法向量为 n，则直线 L 与平面 Π 的夹角 φ 的正弦为

$$\sin\varphi = \frac{|s \cdot n|}{|s||n|}.$$

特别地，有：

① 直线 L // 平面 $\Pi \Leftrightarrow s \perp n$;

② 直线 $L \perp$ 平面 $\Pi \Leftrightarrow s$ // n.

7. 点到直线的距离

直线外一点 $P_0(x_0, y_0, z_0)$ 到直线 $L: \dfrac{x-x_1}{m} = \dfrac{y-y_1}{n} = \dfrac{z-z_1}{p}$ 的距离为

$$d = \frac{\left|\overrightarrow{P_1P_0} \times s\right|}{|s|}.$$

其中 $P_1(x_1, y_1, z_1)$ 为直线 L 上一点，$s = (m, n, p)$ 为直线 L 的方向向量.

8. 两条直线的距离

（1）两条平行直线的距离.

设有两条平行直线 $L_1: \dfrac{x-x_1}{m} = \dfrac{y-y_1}{n} = \dfrac{z-z_1}{p}$ 与 $L_2: \dfrac{x-x_2}{m} = \dfrac{y-y_2}{n} = \dfrac{z-z_2}{p}$，

则直线 L_1 与 L_2 的距离为

$$d = \frac{\left|\overrightarrow{P_1P_2} \times s\right|}{|s|}$$

其中 $P_1(x_1, y_1, z_1)$ 为直线 L_1 上一点，$P_2(x_2, y_2, z_2)$ 为直线 L_2 上一点，$s = (m, n, p)$ 为直线 L_1 或 L_2 的方向向量.

（2）两条异面直线的距离.

设有两条异面直线 L_1: $\dfrac{x-x_1}{m_1}=\dfrac{y-y_1}{n_1}=\dfrac{z-z_1}{p_1}$ 与 L_2: $\dfrac{x-x_2}{m_2}=\dfrac{y-y_2}{n_2}=\dfrac{z-z_2}{p_2}$，则直线 L_1 与 L_2 的距离为

$$d=\frac{\left|\overrightarrow{P_1P_2}\cdot(s_1\times s_2)\right|}{|s_1\times s_2|}$$

其中 $P_1(x_1,y_1,z_1)$ 为直线 L_1 上一点，$P_2(x_2,y_2,z_2)$ 为直线 L_2 上一点，$s_1=(m_1,n_1,p_1)$ 为直线 L_1 的方向向量，$s_2=(m_2,n_2,p_2)$ 为直线 L_2 的方向向量.

9. 平面束及其方程

（1）定义：过一直线的所有平面称为平面束.

（2）方程：过直线 $\begin{cases} A_1x+B_1y+C_1z+D_1=0 \\ A_2x+B_2y+C_2z+D_2=0 \end{cases}$ 的平面束方程为

$$A_1x+B_1y+C_1z+D_1+\lambda(A_2x+B_2y+C_2z+D_2)=0.$$

说明：（i）上述平面束方程不包含第二个平面.

（ii）当一平面过一直线求其方程时可采用平面束方程来解.

◆ 同步练习

一、填空题

1. 过点 $A(3, -2, 1)$, $B(-1, 0, 2)$ 的直线方程为_____.

2. 直线 $\begin{cases} 2x - y + z - 2 = 0 \\ 3x + y - 2z + 4 = 0 \end{cases}$ 的方向向量 $s = $_____.

3. 过点 $M(4, -1, 2)$ 且平行于直线 $\dfrac{x-3}{2} = y = \dfrac{z-1}{3}$ 的直线方程为_____.

4. 直线 $\dfrac{x-1}{2} = \dfrac{y-3}{-2} = \dfrac{z+1}{1}$ 与平面 $y - z + 4 = 0$ 的夹角为_____.

二、解答题

1. 一直线过点 $M(-1,1,2)$ 且方向向量 s 垂直于向量 $a = (2,1,3)$, $b = (1,-2,1)$，求其方程.

2. 一直线过点 $A(2, -1, 3)$ 且平行于直线 $\begin{cases} x - y + z - 2 = 0 \\ 2x + y - 2z + 1 = 0 \end{cases}$，求其对称式方程及参数方程.

3. 求空间直线 $\begin{cases} x = 2z + 5 \\ y = 6z - 7 \end{cases}$ 的对称式方程.

4. 求直线 L_1: $\begin{cases} x + y + z = 5 \\ x - y + z = 2 \end{cases}$ 与直线 L_2: $\begin{cases} y + 3z = 4 \\ 3y - 5z = 1 \end{cases}$ 的夹角.

5. 一平面过点 $M(3,\ 1,\ -2)$ 及直线 $\begin{cases} x + y - z - 1 = 0 \\ x - y + z + 1 = 0 \end{cases}$，求其方程.

6. 一平面过直线 $\begin{cases} x+4y+z=0 \\ x-z+4=0 \end{cases}$，且原点到该平面的距离为 2，求其方程.

7. 求点 $P_0(1,\ -1,\ 1)$ 到直线 L: $\begin{cases} x=0 \\ y-z+1=0 \end{cases}$ 的距离.

8. 求直线 $\begin{cases} x+y-z-1=0 \\ x-y+z+1=0 \end{cases}$ 在平面 $x+y+z=0$ 上的投影直线方程.

9. 求过点 $(2, 1, 3)$ 且与直线 $\dfrac{x+1}{3} = \dfrac{y-1}{2} = \dfrac{z}{-1}$ 垂直相交的直线方程.

10. 一直线过点 $P(1, 1, 1)$，且与直线 $L_1: \dfrac{x-1}{2} = \dfrac{y-2}{1} = \dfrac{z-3}{4}$ 垂直，与直线

$L_2: x = \dfrac{y}{2} = \dfrac{z}{3}$ 相交，求其方程.

11. 求两直线 $L_1: \begin{cases} x + 2y + 5 = 0 \\ 2y - z - 4 = 0 \end{cases}$ 及 $L_2: \begin{cases} y = 0 \\ x + 2z + 4 = 0 \end{cases}$ 的公垂线方程.

12. 设一直线过点 $P(2,1,3)$ 并与 z 轴相交，且垂直于直线 $\dfrac{z-1}{-3} = \dfrac{y}{2} = \dfrac{z+1}{1}$，求其参数方程.

13. 求直线 $L_1: \dfrac{x-1}{-2} = \dfrac{y-1}{-2} = \dfrac{z+2}{1}$ 与 $L_2: \dfrac{x-2}{-2} = \dfrac{y-3}{-2} = \dfrac{z+1}{1}$ 的距离.

14. 求直线 $L_1: \begin{cases} x-y=0 \\ z=0 \end{cases}$ 与直线 $L_2: \dfrac{x-2}{4} = \dfrac{y-1}{-2} = \dfrac{z-3}{-1}$ 的距离.

第 8 章　多元函数微分学

8.1　多元函数的极限与连续

◇ 主要知识与方法

1. 二元函数的概念

（1）定义：设 D 是一个非空平面点集，如果对任意 $P(x,y) \in D$，按照对应法则 f，存在唯一 $z \in \mathbf{R}$ 与 (x,y) 对应，则称 f 为定义在 D 上的函数，记为 $z = f(x,y)$ 或 $z = f(P)$，其中平面点集 D 称为函数的定义域，记为 $D(f)$．而集合 $Z(f) = \{z \mid z = f(x,y),\ (x,y) \in D\}$ 称为函数的值域．

（2）图形：空间点集 $\{(x,y,z) \mid z = f(x,y),\ (x,y) \in D(f)\}$ 称为函数 $z = f(x,y)$ 的图形．

函数 $z = f(x,y)$ 的图形通常为一个曲面．

（3）定义域的求法：先根据表达式有意义列出不等式（组），再解不等式（组）得定义域．

类似地可定义 $n(n \geqslant 3)$ 元函数概念．

2. 二元函数极限

设二元函数 $f(x,y)$ 的定义域为 D，$P_0(x_0,y_0)$ 是 D 的一个聚点，若对任意的 $\varepsilon > 0$，存在 $\delta > 0$，当 $(x,y) \in D \bigcap \mathring{U}(P_0, \delta)$，有

$$|f(x,y) - A| < \varepsilon$$

则称 A 为函数 $f(x,y)$ 当 $P(x,y) \to P_0(x_0,y_0)$ 时的极限，记为

$$\lim_{\substack{x \to x_0 \\ y \to y_0}} f(x,y) = A \quad 或 \quad \lim_{P \to P_0} f(x,y) = A.$$

说明：定义中 $P \to P_0$ 的方式是任意的，且二元函数极限具有与一元函数极限类似的性质与运算法则．

3．判断二元函数极限不存在的方法

（1）选取 $P \to P_0$ 的两种不同方式，通常取 P 沿两条过点 P_0 的直线或曲线无限趋于 P_0，使得按此两种方式函数 $z = f(x, y)$ 的极限不同．

（2）选取 $P \to P_0$ 的一种方式，通常取 P 沿某条过点 P_0 的直线或曲线无限趋于 P_0，使得按此方式函数 $z = f(x, y)$ 的极限不存在．

4．连续

设 $\lim\limits_{\substack{x \to x_0 \\ y \to y_0}} f(x, y) = f(x_0, y_0)$，则称函数 $f(x, y)$ 在点 $P_0(x_0, y_0)$ 处连续．否则称函数 $f(x, y)$ 在点 P_0 处不连续，而点 P_0 称为函数 $f(x, y)$ 的间断点．

注：（i）一切多元初等函数在其定义区域内连续．

（ii）二元函数的间断点有可能为一条曲线．

5．有界闭区域上多元连续函数的性质

（1）有界定理：设多元函数 $u = f(P)$ 在有界闭区域 D 上连续，则 $u = f(P)$ 在 D 上有界，即存在 $M > 0$，使得 $|f(P)| \leqslant M$．

（2）最大值最小值定理：设多元函数 $u = f(P)$ 在有界闭区域 D 上连续，则 $u = f(P)$ 在 D 上存在最大值与最小值，即存在 $P_1, P_2 \in D$，使得

$$f(P_1) = \max_{P \in D} f(P), \ f(P_2) = \min_{P \in D} f(P).$$

（3）介值定理：设多元函数 $u = f(P)$ 在有界闭区域 D 上连续，则 $u = f(P)$ 在 D 上必取得介于最小值 m 和最大值 M 之间的任何值，即对任意 $\mu \in (m, M)$，在 D 内至少存在一点 P_0，使得 $f(P_0) = \mu$．

6．求二元函数极限的常用方法

（1）极限运算法则．

（2）夹逼准则．

（3）两个重要极限．

（4）无穷小量乘有界函数为无穷小量．

（5）等价无穷小替代．

（6）初等函数的连续性．

◆ **同步练习**

一、填空题

1. 极限 $\lim\limits_{\substack{x \to a \\ y \to 0}} \dfrac{\arctan(xy)}{y} = $ _____.

2. 极限 $\lim\limits_{\substack{x \to \infty \\ y \to \infty}} \left(\dfrac{1}{x} \sin y + \dfrac{1}{y} \sin x \right) = $ _____.

3. 极限 $\lim\limits_{\substack{x \to 1 \\ y \to 0}} \dfrac{\cos(\pi x + y)}{\ln(x + \mathrm{e}^y)} = $ _____.

4. 函数 $z = \dfrac{y^2 + 2x}{y^2 - 2x}$ 的间断点为 _____.

二、解答题

1. 求极限 $\lim\limits_{\substack{x \to 0 \\ y \to 0}} \dfrac{\sqrt{xy + 4} - 2}{xy}$.

2. 求极限 $\lim\limits_{\substack{x \to 0 \\ y \to 0}} \dfrac{x^2 y}{x^2 + y^2}$.

3. 求极限 $\lim\limits_{\substack{x \to -\infty \\ y \to 0}} \left(1 + \dfrac{2}{x}\right)^{\frac{x^2}{x+y}}$.

4. 判断极限 $\lim\limits_{\substack{x \to 0 \\ y \to 0}} \dfrac{xy + y^2}{x^2 + y^2}$ 是否存在.

三、证明题

证明极限 $\lim\limits_{\substack{x \to 0 \\ y \to 0}} \dfrac{\sqrt{xy+1} - 1}{x + y}$ 不存在.

8.2 偏导数与全微分

◇ 主要知识与方法

1. 偏导数

$$f_x'(x_0, y_0) = \lim_{\Delta x \to 0} \frac{f(x_0 + \Delta x, y_0) - f(x_0, y_0)}{\Delta x}.$$

$$f_y'(x_0, y_0) = \lim_{\Delta y \to 0} \frac{f(x_0, y_0 + \Delta y) - f(x_0, y_0)}{\Delta y}.$$

也可记为 $z_x'\big|_{\substack{x=x_0\\y=y_0}}$，$z_y'\big|_{\substack{x=x_0\\y=y_0}}$ 或 $\dfrac{\partial f}{\partial x}\big|_{\substack{x=x_0\\y=y_0}}$，$\dfrac{\partial f}{\partial y}\big|_{\substack{x=x_0\\y=y_0}}$ 或 $\dfrac{\partial z}{\partial x}\big|_{\substack{x=x_0\\y=y_0}}$，$\dfrac{\partial z}{\partial y}\big|_{\substack{x=x_0\\y=y_0}}$.

2. 偏导数的几何意义

二元函数 $z = f(x, y)$ 在点 $P_0(x_0, y_0)$ 处的偏导数 $f_x'(x_0, y_0)$ 表示曲面 $z = f(x, y)$ 被平面 $y = y_0$ 所截得的空间曲线 $\begin{cases} z = f(x, y) \\ y = y_0 \end{cases}$ 在点 $M_0(x_0, y_0, f(x_0, y_0))$ 处的切线对 x 轴的斜率；$f_y'(x_0, y_0)$ 表示曲面 $z = f(x, y)$ 被平面 $x = x_0$ 所截得的空间曲线 $\begin{cases} z = f(x, y) \\ x = x_0 \end{cases}$ 在点 $M_0(x_0, y_0, f(x_0, y_0))$ 处的切线对 y 轴的斜率.

3. 偏导函数

如果函数 $z = f(x, y)$ 在区域 D 内任一点 $P(x, y)$ 处对 x, y 的偏导数都存在，分别称为函数 $z = f(x, y)$ 对 x, y 的偏导函数，并分别记为 $\dfrac{\partial z}{\partial x}, \dfrac{\partial z}{\partial y}$ 或 $\dfrac{\partial f}{\partial x}, \dfrac{\partial f}{\partial y}$ 或 z_x', z_y' 或 $f_x'(x, y), f_y'(x, y)$.

注：二元函数的偏导数可以推广到 $n(n > 2)$ 元函数的偏导数.

4. 偏导数求法

将其余自变量看成常数，利用一元函数的求导方法对该自变量求导.

5. 二阶偏导数

偏导数 $\dfrac{\partial z}{\partial x}, \dfrac{\partial z}{\partial y}$ 的偏导数 $\dfrac{\partial}{\partial x}\left(\dfrac{\partial z}{\partial x}\right)$，$\dfrac{\partial}{\partial y}\left(\dfrac{\partial z}{\partial x}\right)$，$\dfrac{\partial}{\partial x}\left(\dfrac{\partial z}{\partial y}\right)$，$\dfrac{\partial}{\partial y}\left(\dfrac{\partial z}{\partial y}\right)$ 称为二阶偏

导数，记为 $\dfrac{\partial^2 z}{\partial x^2}$，$\dfrac{\partial^2 z}{\partial x \partial y}$，$\dfrac{\partial^2 z}{\partial y \partial x}$，$\dfrac{\partial^2 z}{\partial y^2}$ 或 z''_{xx}，z''_{xy}，z''_{yx}，z''_{yy}．其中 z''_{xy}，z''_{yx} 称为混合偏导数．

注：混合偏导数求导顺序从左到右．

同理可定义其他高阶偏导数，例如：$\dfrac{\partial^3 z}{\partial x^2 \partial y} = \dfrac{\partial}{\partial y}\left(\dfrac{\partial^2 z}{\partial x^2}\right)$，$\dfrac{\partial^3 z}{\partial y^3} = \dfrac{\partial}{\partial y}\left(\dfrac{\partial^2 z}{\partial y^2}\right)$．

6. 混合偏导数的关系

如果函数 $z = f(x, y)$ 的二阶混合偏导数 $\dfrac{\partial^2 z}{\partial x \partial y}$ 及 $\dfrac{\partial^2 z}{\partial y \partial x}$ 在区域 D 内连续，则

$$\frac{\partial^2 z}{\partial x \partial y} = \frac{\partial^2 z}{\partial y \partial x}.$$

7. 全微分

设函数 $z = f(x, y)$ 在点 $P_0(x_0, y_0)$ 的某邻域内有定义，若

$$\Delta z = A\Delta x + B\Delta y + o(\rho)，$$

其中 A，B 为常数，$\rho = \sqrt{(\Delta x)^2 + (\Delta y)^2}$，则称 $z = f(x, y)$ 在点 $P_0(x_0, y_0)$ 处可微，且 $A\Delta x + B\Delta y$ 称为函数 $z = f(x, y)$ 在点 $P_0(x_0, y_0)$ 处的微分，记为 $\mathrm{d}z = A\Delta x + B\Delta y$．

同理可定义函数 $z = f(x, y)$ 在区域 D 内任意一点处的微分，即函数微分．

8. 可微的条件

（1）若 $z = f(x, y)$ 在点 $P(x_0, y_0)$ 处可微，则 $z = f(x, y)$ 在点 $P(x_0, y_0)$ 处连续．

（2）若 $z = f(x, y)$ 在点 $P(x_0, y_0)$ 处可微，则 $z = f(x, y)$ 在点 $P(x_0, y_0)$ 处的偏导数 $f'_x(x_0, y_0)$，$f'_y(x_0, y_0)$ 存在，且 $A = f'_x(x_0, y_0)$，$B = f'_y(x_0, y_0)$．

（3）若 $z = f(x, y)$ 的偏导数 $f'_x(x, y)$，$f'_y(x, y)$ 在点 $P(x_0, y_0)$ 处连续，则 $z = f(x, y)$ 在点 $P(x_0, y_0)$ 处可微．

9. 微分计算公式

（1）设 $z = f(x, y)$，则 $\mathrm{d}z = \dfrac{\partial z}{\partial x}\mathrm{d}x + \dfrac{\partial z}{\partial y}\mathrm{d}y$．

（2）设 $u = f(x, y, z)$，则 $\mathrm{d}u = \dfrac{\partial u}{\partial x}\mathrm{d}x + \dfrac{\partial u}{\partial y}\mathrm{d}y + \dfrac{\partial u}{\partial z}\mathrm{d}z$．

◆ 同步练习

一、填空题

1. 设 $z = e^{x^2 y}$，则 $\dfrac{\partial z}{\partial x} =$ _____.

2. 设 $f(x, y) = x\ln(xy)$，则 $f'_x(1, e) =$ _____.

3. 设 $z = \sin(xy)$，则 $dz =$ _____.

4. 设 $z = x^3 y - xy^3$，则 $\dfrac{\partial^2 z}{\partial x \partial y} =$ _____.

二、计算题

1. 求曲线 $\begin{cases} z = \dfrac{x^2 + y^2}{2} \\ y = 1 \end{cases}$ 在点 $(1,\ 1,\ 1)$ 处的切线对于 x 轴正向所成的倾角 α.

2. 设 $z = 2\cos^2\left(x - \dfrac{y}{2}\right)$，求 $\dfrac{\partial z}{\partial x}$，$\dfrac{\partial z}{\partial y}$.

3. 设 $z = x \ln(x + y)$ ，求其二阶偏导数.

4. 设 $z = x^3 \sin y - y \mathrm{e}^x$ ， 求 $\dfrac{\partial^3 z}{\partial x^2 \partial y}$.

5. 设 $z = \arctan \dfrac{y}{x}$ ， 求 $\mathrm{d}z$.

6. 设 $u = a^{x+yz} - \ln x^a \, (a > 0)$，求 $\mathrm{d}u$.

7. 设 $f(t)$ 为连续函数，$u = xyz + \displaystyle\int_{yz}^{xy} f(t)\mathrm{d}t$，求 $\mathrm{d}u$.

8. 设 $f(x, y, z) = \left(\dfrac{x}{y}\right)^z$，求 $\mathrm{d}f(1, 1, 1)$.

9. 讨论函数 $f(x, y) = \begin{cases} \dfrac{xy}{\sqrt{x^2 + y^2}}, & x^2 + y^2 \neq 0 \\ 0, & x^2 + y^2 = 0 \end{cases}$ 在点 $(0, 0)$ 处的可微性.

三、证明题

1. 设 $z = \dfrac{y}{f(x^2 - y^2)}$，其中 $f(u)$ 可导，证明：$\dfrac{1}{x}\dfrac{\partial z}{\partial x} + \dfrac{1}{y}\dfrac{\partial z}{\partial y} = \dfrac{z}{y^2}$.

2. 设 $r = \sqrt{x^2 + y^2 + z^2}$，证明：$\dfrac{\partial^2 r}{\partial x^2} + \dfrac{\partial^2 r}{\partial y^2} + \dfrac{\partial^2 r}{\partial z^2} = \dfrac{2}{r}$.

8.3 多元复合函数求导与隐函数求导

◇ 主要知识与方法

1. 多元复合函数的求导法则

（1）设 $u = \varphi(t)$，$v = \psi(t)$，$z = f(u, v)$，则

$$\frac{\mathrm{d}z}{\mathrm{d}t} = \frac{\partial z}{\partial u} \cdot \frac{\mathrm{d}u}{\mathrm{d}t} + \frac{\partial z}{\partial v} \cdot \frac{\mathrm{d}v}{\mathrm{d}t} .$$

上述导数称为全导数.

（2）设 $u = \varphi(x, y)$ 及 $v = \psi(x, y)$，$z = f(u, v)$，则

$$\frac{\partial z}{\partial x} = \frac{\partial z}{\partial u} \cdot \frac{\partial u}{\partial x} + \frac{\partial z}{\partial v} \cdot \frac{\partial v}{\partial x} , \quad \frac{\partial z}{\partial y} = \frac{\partial z}{\partial u} \cdot \frac{\partial u}{\partial y} + \frac{\partial z}{\partial v} \cdot \frac{\partial v}{\partial y} .$$

（3）设 $u = \varphi(x, y)$，$z = f(x, y, u)$，则

$$\frac{\partial z}{\partial x} = \frac{\partial f}{\partial x} + \frac{\partial f}{\partial u} \cdot \frac{\partial u}{\partial x} , \quad \frac{\partial z}{\partial y} = \frac{\partial f}{\partial y} + \frac{\partial f}{\partial u} \cdot \frac{\partial u}{\partial y} .$$

2. 全微分的形式不变性

设函数 $z = f(u, v)$ 可微，则 $\mathrm{d}z = \dfrac{\partial z}{\partial u} \mathrm{d}u + \dfrac{\partial z}{\partial v} \mathrm{d}v$.

3. 隐函数的求导法则

（1）设函数 $y = y(x)$ 由方程 $F(x, y) = 0$ 确定，则 $\dfrac{\mathrm{d}y}{\mathrm{d}x} = -\dfrac{F'_x}{F'_y}$.

（2）设函数 $z = z(x, y)$ 由方程 $F(x, y, z) = 0$ 确定，则 $\dfrac{\partial z}{\partial x} = -\dfrac{F'_x}{F'_z}$，$\dfrac{\partial z}{\partial y} = -\dfrac{F'_y}{F'_z}$.

（3）设函数 $y = y(x)$，$z = z(x)$ 由方程组 $\begin{cases} F(x, y, z) = 0 \\ G(x, y, z) = 0 \end{cases}$ 确定，则

$$\frac{\mathrm{d}y}{\mathrm{d}x} = -\frac{\begin{vmatrix} F'_x & F'_z \\ G'_x & G'_z \end{vmatrix}}{\begin{vmatrix} F'_y & F'_z \\ G'_y & G'_z \end{vmatrix}} , \quad \frac{\mathrm{d}z}{\mathrm{d}x} = -\frac{\begin{vmatrix} F'_y & F'_x \\ G'_y & G'_x \end{vmatrix}}{\begin{vmatrix} F'_y & F'_z \\ G'_y & G'_z \end{vmatrix}} .$$

（4）设函数 $u = u(x, y)$, $v = v(x, y)$ 由方程组 $\begin{cases} F(x, y, u, v) = 0 \\ G(x, y, u, v) = 0 \end{cases}$ 确定，则

$$\frac{\partial u}{\partial x} = -\frac{\begin{vmatrix} F'_x & F'_v \\ G'_x & G'_v \end{vmatrix}}{\begin{vmatrix} F'_u & F'_v \\ G'_u & G'_v \end{vmatrix}}, \quad \frac{\partial v}{\partial x} = -\frac{\begin{vmatrix} F'_u & F'_x \\ G'_u & G'_x \end{vmatrix}}{\begin{vmatrix} F'_u & F'_v \\ G'_u & G'_v \end{vmatrix}},$$

$$\frac{\partial u}{\partial y} = -\frac{\begin{vmatrix} F'_y & F'_v \\ G'_y & G'_v \end{vmatrix}}{\begin{vmatrix} F'_u & F'_v \\ G'_u & G'_v \end{vmatrix}}, \quad \frac{\partial v}{\partial y} = -\frac{\begin{vmatrix} F'_u & F'_y \\ G'_u & G'_y \end{vmatrix}}{\begin{vmatrix} F'_u & F'_v \\ G'_u & G'_v \end{vmatrix}}.$$

说明： 由于上述（3）与（4）中的隐函数求导或偏导公式，其本质是求解以导数或偏导数为未知量的线性方程组，所以先对每个方程求导或偏导再解方程组.

4．求隐函数二阶导数或偏导数的步骤

（1）求一阶导数或偏导数.

（2）利用导数的运算法则将一阶导数或偏导数求导或偏导得到二阶导数或偏导数的表达式.

（3）把一阶导数或偏导数代入二阶导数或偏导数的表达式.

5．抽象复合函数求二阶偏导数的步骤

（1）求一阶偏导数.

（2）利用导数的运算法则求二阶偏导数的表达式.

（3）求一阶偏导数 f'_1, f'_2 等对自变量的偏导数（类似于（1）.

（4）整理并合并混合偏导数.

◆ 同步练习

一、填空题

1. 设 $z = \dfrac{y}{x}$ ，而 $x = e^t,\ y = 1 - \cos t$ ，则 $\dfrac{\mathrm{d}z}{\mathrm{d}t} = $ _____ .

2. 设 $u = e^{x^2 + y^2 + z^2}$ ，而 $z = x^2 \sin y$ ，则 $\dfrac{\partial u}{\partial x} = $ _____ .

5. 设函数 $y = y(x)$ 由方程 $\sin y + e^x = xy^2$ 确定，则 $\dfrac{\mathrm{d}y}{\mathrm{d}x} = $ _____ .

4. 设函数 $z = z(x, y)$ 由方程 $\dfrac{x}{z} = \ln \dfrac{z}{y}$ 确定，则 $\dfrac{\partial z}{\partial x} = $ _____ .

二、解答题

1. 设 $z = \arctan(xy)$ ，且 $y = e^x$ ，求 $\dfrac{\mathrm{d}z}{\mathrm{d}x},\ \dfrac{\mathrm{d}z}{\mathrm{d}y}$.

2. 设 $z = u^2 \ln v$ ，且 $u = \dfrac{x}{y}$ ，$v = 4x - 3y$ ，求 $\dfrac{\partial z}{\partial x},\ \dfrac{\partial z}{\partial y}$.

3. 设 $z = f(x, u, v)$，且 $u = 2x + y, v = xy$，其中 f 具有一阶连续偏导数，求 $\mathrm{d}z$.

4. 设函数 $z = z(x, y)$ 由方程 $xz = \sin y + f(xy, z + y)$ 确定，其中 f 具有一阶连续偏导数，求 $\mathrm{d}z$.

5. 设函数 $z = z(x, y)$ 由方程 $z^5 - xz^4 + yz^3 = 1$ 确定，求 $\dfrac{\partial z}{\partial x}\bigg|_{\substack{x=0 \\ y=0}}, \dfrac{\partial z}{\partial y}\bigg|_{\substack{x=0 \\ y=0}}$.

6. 设 $u = f(x, y, z)$ 具有一阶连续偏导数，$y = y(x)$ 及 $z = z(x)$ 分别由方程 $e^{xy} - xy = 2$ 及 $e^x = \int_0^{x-z} \dfrac{\sin t}{t} \mathrm{d}t$ 确定，求 $\dfrac{\mathrm{d}u}{\mathrm{d}x}$.

7. 设 $z = x^3 f\left(xy, \dfrac{y}{x}\right)$，而 $f(u, v)$ 具有二阶连续偏导数，求 $\dfrac{\partial^2 z}{\partial y^2}, \dfrac{\partial^2 z}{\partial x \partial y}$.

8. 设函数 $y = y(x),\ z = z(x)$ 由方程组 $\begin{cases} z = xf(x+y) \\ F(x, y, z) = 0 \end{cases}$ 确定，求 $\dfrac{\mathrm{d}z}{\mathrm{d}x}$.

9. 设函数 $u = u(x, y), v = v(x, y)$ 由方程组 $\begin{cases} xu - yv = 0 \\ yu + xv = 1 \end{cases}$ 确定，求 $\dfrac{\partial u}{\partial x}, \dfrac{\partial v}{\partial x}$ 及 $\dfrac{\partial u}{\partial y}, \dfrac{\partial v}{\partial y}$.

三、证明题

1. 设函数 $z = f(x, y)$ 由方程 $F(x-y, y-z, z-x) = 0$ 确定，$F(u, v, \omega)$ 具有连续偏导数，且 $F'_v - F'_\omega \neq 0$，证明：$\dfrac{\partial z}{\partial x} + \dfrac{\partial z}{\partial y} = 1$.

2. 设函数 $z = f(x, y)$ 由方程 $\phi\left(x + \dfrac{z}{y}, y + \dfrac{z}{x}\right) = 0$ 确定，其中 $\phi(u, v)$ 具有连续偏导数，证明：$x\dfrac{\partial z}{\partial x} + y\dfrac{\partial z}{\partial y} = z - xy$.

第 9 章　多元函数微分学应用

9.1　多元函数微分学在几何上的应用

◇　主要知识与方法

1. 空间曲线的切线与法平面

（1）设空间曲线 C 的方程为 $\begin{cases} x = \varphi(t) \\ y = \psi(t) \\ z = \omega(t) \end{cases}$，则切向量为

$$\boldsymbol{T} = (\varphi'(t_0),\ \psi'(t_0),\ \omega'(t_0)).$$

曲线 C 在点 $M_0(x_0, y_0, z_0)$ 处的切线方程为

$$\frac{x - x_0}{\varphi'(t_0)} = \frac{y - y_0}{\psi'(t_0)} = \frac{z - z_0}{\omega'(t_0)}.$$

曲线 C 在点 $M_0(x_0, y_0, z_0)$ 处的法平面方程为

$$\varphi'(t_0)(x - x_0) + \psi'(t_0)(y - y_0) + \omega'(t_0)(z - z_0) = 0.$$

（2）设曲线 C 的方程为 $\begin{cases} y = \varphi(x) \\ z = \psi(x) \end{cases}$，则切向量为

$$\boldsymbol{T} = (1,\ \varphi'(x_0),\ \psi'(x_0)).$$

曲线 C 在点 $M_0(x_0, y_0, z_0)$ 处的切线方程为

$$\frac{x - x_0}{1} = \frac{y - y_0}{\varphi'(x_0)} = \frac{z - z_0}{\psi'(x_0)}.$$

曲线 C 在点 $M_0(x_0, y_0, z_0)$ 处的法平面方程为

$$(x - x_0) + \varphi'(x_0)(y - y_0) + \psi'(x_0)(z - z_0) = 0.$$

（3）设空间曲线 C 的方程为 $\begin{cases} F(x, y, z) = 0 \\ G(x, y, z) = 0 \end{cases}$，则利用隐函数的求导方法得到 $y'(x_0), z'(x_0)$，化为上述（2）的情况.

2. 曲面的切平面与法线

（1）设曲面 Σ 的方程为 $F(x, y, z) = 0$，则法向量为

$$\boldsymbol{n} = (F'_x(x_0, y_0, z_0), F'_y(x_0, y_0, z_0), F'_z(x_0, y_0, z_0)).$$

曲面 Σ 在点 $M_0(x_0, y_0, z_0)$ 处的切平面方程为

$$F'_x(x_0, y_0, z_0)(x - x_0) + F'_y(x_0, y_0, z_0)(y - y_0) + F'_z(x_0, y_0, z_0)(z - z_0) = 0.$$

曲面 Σ 在点 $M_0(x_0, y_0, z_0)$ 处的法线方程为

$$\frac{x - x_0}{F'_x(x_0, y_0, z_0)} = \frac{y - y_0}{F'_y(x_0, y_0, z_0)} = \frac{z - z_0}{F'_z(x_0, y_0, z_0)}.$$

（2）设曲面 Σ 的方程为 $z = f(x, y)$，则法向量为

$$\boldsymbol{n} = (f'_x(x_0, y_0), f'_y(x_0, y_0), -1).$$

曲面 Σ 在点 $M_0(x_0, y_0, z_0)$ 处的切平面方程为

$$f'_x(x_0, y_0)(x - x_0) + f'_y(x_0, y_0)(y - y_0) - (z - z_0) = 0.$$

曲面 Σ 在点 $M_0(x_0, y_0, z_0)$ 处的法线方程为

$$\frac{x - x_0}{f'_x(x_0, y_0)} = \frac{y - y_0}{f'_y(x_0, y_0)} = \frac{z - z_0}{-1}.$$

3. 方向导数

（1）定义：设函数 $z = f(x, y)$ 在点 $P(x, y)$ 的某一邻域内有定义，自点 P 引射线 l，当 P' 沿着射线 l 趋于 P 时，若极限 $\lim\limits_{\rho \to 0} \dfrac{f(x + \Delta x, y + \Delta y) - f(x, y)}{\rho}$ 存在，则称该极限为函数 $z = f(x, y)$ 在点 $P(x, y)$ 处沿方向 l 的方向导数，其中 $\rho = \sqrt{(\Delta x)^2 + (\Delta y)^2}$. 记为 $\left.\dfrac{\partial f}{\partial l}\right|_P$，即 $\left.\dfrac{\partial f}{\partial l}\right|_P = \lim\limits_{\rho \to 0} \dfrac{f(x + \Delta x, y + \Delta y) - f(x, y)}{\rho}$.

类似地，可定义 $\left.\dfrac{\partial f}{\partial l}\right|_P = \lim\limits_{\rho \to 0} \dfrac{f(x + \Delta x, y + \Delta y, z + \Delta z) - f(x, y, z)}{\rho}$.

（2）计算公式：设函数 $z = f(x, y)$ 在点 $P(x, y)$ 处可微，则

$$\frac{\partial f}{\partial l} = \frac{\partial f}{\partial x} \cos \alpha + \frac{\partial f}{\partial y} \cos \beta ,$$

其中 α, β 分别为方向 l 与 x 轴正向、y 轴正向的夹角.

类似地，设函数 $u = f(x, y, z)$ 在点 $P(x, y, z)$ 处可微，则

$$\frac{\partial f}{\partial l} = \frac{\partial f}{\partial x} \cos \alpha + \frac{\partial f}{\partial y} \cos \beta + \frac{\partial f}{\partial z} \cos \gamma ,$$

其中 α, β, γ 分别为方向 l 与 x 轴正向、y 轴正向、z 轴正向的夹角.

4. 梯度

向量 $\left(\dfrac{\partial f}{\partial x}, \dfrac{\partial f}{\partial y} \right)$ 称为函数 $f(x, y)$ 在点 (x, y) 处的梯度，记为 $\mathbf{grad} f$，即

$$\mathbf{grad} f = \left(\frac{\partial f}{\partial x}, \frac{\partial f}{\partial y} \right).$$

类似地，函数 $f(x, y, z)$ 在点 (x, y, z) 处的梯度为

$$\mathbf{grad} f = \left(\frac{\partial f}{\partial x}, \frac{\partial f}{\partial y}, \frac{\partial f}{\partial z} \right).$$

◆　**同步练习**

一、填空题

1. 曲线 $x = \cos t, y = \sin 2t, z = \cos 3t$ 在 $t = \dfrac{\pi}{4}$ 处的切线方程为＿＿＿＿＿　.

2. 曲面 $z = x^2 - y^2$ 在点 $(1, 2, -3)$ 处的切平面方程为＿＿＿＿＿.

3. 函数 $f(x, y) = xe^{2y}$ 在点 $(1, 0)$ 处沿方向 $l = (-3, 4)$ 的方向导数 $\dfrac{\partial f}{\partial l} = $＿＿＿＿.

4. 函数 $f(x, y) = \dfrac{x^2 + y^2}{2}$ 在点 $(1, 1)$ 处的梯度 **grad**$f = $＿＿＿＿＿.

二、解答题

1. 求曲线 $\begin{cases} y = 2x^2 \\ z = x^3 \end{cases}$ 在点 $(1, 2, 1)$ 处的切线与法平面方程.

2. 求曲线 $\begin{cases} x^2 + y^2 + z^2 = 4 \\ x^2 + y^2 = 2x \end{cases}$ 在点 $(1, 1, \sqrt{2})$ 处的切线与法平面方程.

3. 在曲线 $x = t, y = -t^2, z = t^3$ 上求一点，使得曲线在该点处的切线平行于平面 $x + 2y + z = 4$.

4. 求曲面 $e^z + xy = z + 3$ 在点 $(2, 1, 0)$ 处的切平面与法线方程.

5. 在曲面 $z = x^2 + \dfrac{y^2}{2}$ 上求一点，使得曲面在该点处的切平面平行于平面 $2x + 2y - z = 0$，并求切平面方程.

6. 设直线 $L:\begin{cases} x+y+b=0 \\ x+ay-z-3=0 \end{cases}$ 在平面 π 上，而平面 π 与曲面 $z=x^2+y^2$ 相切于点 $(1,\ -2,\ 5)$，求 a,b 的值.

7. 求曲面 $3x^2+y^2+z^2=16$ 上点 $(-1,\ -2,\ 3)$ 处的切平面与 xOy 面的夹角.

8. 求函数 $u=\ln(x+\sqrt{y^2+z^2})$ 在点 $A(1,0,1)$ 处沿点 A 指向点 $B(2,\ -2,\ 3)$ 的方向导数.

9. 求函数 $u = xy^2 + z^3 - xyz$ 在点 $P(1, 1, 1)$ 处沿曲面 $x^2 + 2y^2 + z^2 = 4$ 在点 P 处外法向量方向的方向导数.

10. 求函数 $u = xy^2z$ 在点 $P(1, -1, 2)$ 处的梯度.

三、证明题

证明曲面 $\sqrt{x} + \sqrt{y} + \sqrt{z} = \sqrt{a}$ $(x, y, z, a > 0)$ 上任一点的切平面在坐标轴上的截距之和为常数.

9.2　多元函数极值

◇　**主要知识与方法**

1. 二元函数极值的概念

（1）极大值：设函数 $f(x,y)$ 在点 $P_0(x_0,y_0)$ 的某个邻域 $U(P_0)$ 内有定义，若对任意 $(x,y)\in \mathring{U}(P_0)$ 内，有 $f(x,y)<f(x_0,y_0)$，则称 $f(x_0,y_0)$ 为函数 $f(x,y)$ 的极大值，(x_0,y_0) 称为函数 $f(x,y)$ 的极大值点.

（2）极小值：设函数 $f(x,y)$ 在点 $P_0(x_0,y_0)$ 的某个邻域 $U(P_0)$ 内有定义，若对任意 $(x,y)\in \mathring{U}(P_0)$ 内，有 $f(x,y)>f(x_0,y_0)$，则称 $f(x_0,y_0)$ 为函数 $f(x,y)$ 的极小值，(x_0,y_0) 称为函数 $f(x,y)$ 的极小值点.

函数的极大值与极小值统称为函数的极值.

2. 取得极值的必要条件

设函数 $z=f(x,y)$ 在点 (x_0,y_0) 处可微分，且在点 (x_0,y_0) 处取得极值，则

$$f'_x(x_0,y_0)=0,\ f'_y(x_0,y_0)=0.$$

3. 驻点

方程组 $\begin{cases} f'_x(x,y)=0 \\ f'_y(x,y)=0 \end{cases}$ 的解称为函数 $z=f(x,y)$ 的驻点.

注：对具有偏导数的函数 $f(x,y)$，极值点一定为驻点. 反过来不成立，即驻点不一定为极值点.

4. 取得极值的充分条件

设函数 $z=f(x,y)$ 在点 (x_0,y_0) 的某个邻域内连续且具有一阶和二阶连续偏导数，又 $f'_x(x_0,y_0)=0, f'_y(x_0,y_0)=0$. 令

$$A=f''_{xx}(x_0,y_0),\ B=f''_{xy}(x_0,y_0),\ C=f''_{yy}(x_0,y_0),$$

则（1）当 $\Delta=B^2-AC<0$ 时，函数 $z=f(x,y)$ 在点 (x_0,y_0) 处取得极值，且 $A<0$ 时 $f(x_0,y_0)$ 为极大值，$A>0$ 时 $f(x_0,y_0)$ 为极小值；

（2）当 $\Delta=B^2-AC>0$ 时，函数 $z=f(x,y)$ 在点 (x_0,y_0) 处不取极值；

（3）当 $B^2-AC=0$ 时，函数 $z=f(x,y)$ 在点 (x_0,y_0) 处可能取极值，也可能不取极值，需另做讨论.

5. 求具有二阶连续偏导数的函数 $f(x, y)$ 极值的步骤

（1）求 $f'_x(x, y)$，$f'_y(x, y)$．

（2）解方程组 $\begin{cases} f'_x(x, y) = 0 \\ f'_y(x, y) = 0 \end{cases}$，得驻点．

（3）求 $f''_{xx}(x, y)$，$f''_{xy}(x, y)$，$f''_{yy}(x, y)$．

（4）在每个驻点上判断 $\Delta = B^2 - AC$ 的符号，确定极值点，并确定是极大值点还是极小值点．

（5）求 $f(x, y)$ 在每个极值点的函数值，得 $f(x, y)$ 的极值．

6. 求连续函数 $f(x, y)$ 在有界闭区域 D 上最值的步骤

（1）求函数 $f(x, y)$ 在 D 内的所有驻点处的函数值．

（2）求函数 $f(x, y)$ 在 D 的边界上的最大值和最小值．

注：求连续函数 $f(x, y)$ 在有界闭区域 D 边界上的最值可转化为求一元函数在闭区间上的最大值与最小值或条件极值．

（3）将上述所得到的值进行比较，其中最大的就是最大值，最小的就是最小值．

特别地，在实际问题中，根据问题的性质，知道函数 $f(x, y)$ 的最大值（最小值）一定在区域 D 的内部取得，而函数 $f(x, y)$ 在 D 内只有一个驻点，那么可以肯定该驻点处的函数值就是函数 $f(x, y)$ 在 D 上的最大值（最小值）．

7. 条件极值（拉格朗日乘数法）

（1）求函数 $z = f(x, y)$ 在条件 $\varphi(x, y) = 0$ 下的条件极值方法：

① 构造函数 $F(x, y) = f(x, y) + \lambda\varphi(x, y)$．

② 求 $F'_x = f'_x(x, y) + \lambda\varphi'_x(x, y)$，$F'_y = f'_y(x, y) + \lambda\varphi'_y(x, y)$．

③ 解方程组 $\begin{cases} f'_x(x, y) + \lambda\varphi'_x(x, y) = 0 \\ f'_y(x, y) + \lambda\varphi'_y(x, y) = 0 \\ \varphi(x, y) = 0 \end{cases}$，得可能极值点．

④ 确定条件极值（类似于确定最值）．

（2）求函数 $u = f(x, y, z)$ 在条件 $\varphi(x, y, z) = 0$，$\psi(x, y, z) = 0$ 下的条件极值方法：

① 构造函数 $F(x, y, z) = f(x, y, z) + \lambda\varphi(x, y, z) + \mu\psi(x, y, z)$．

② 求 $F'_x = f'_x(x, y, z) + \lambda\varphi'_x(x, y, z) + \mu\psi'_x(x, y, z)$，

　　$F'_y = f'_y(x, y, z) + \lambda\varphi'_y(x, y, z) + \mu\psi'_y(x, y, z)$，

　　$F'_z = f'_z(x, y, z) + \lambda\varphi'_z(x, y, z) + \mu\psi'_z(x, y, z)$．

③ 解方程组
$$\begin{cases} f_x'(x,y,z)+\lambda\varphi_x'(x,y,z)+\mu\psi_x'(x,y,z)=0 \\ f_y'(x,y,z)+\lambda\varphi_y'(x,y,z)+\mu\psi_y'(x,y,z)=0 \\ f_z'(x,y,z)+\lambda\varphi_z'(x,y,z)+\mu\psi_z'(x,y,z)=0 \\ \varphi(x,y,z)=0 \\ \psi(x,y,z)=0 \end{cases}$$
，得可能极值点.

④ 确定条件极值（类似于确定最值）.

◆ **同步练习**

一、填空题

1. 函数 $f(x,y)=4(x-y)-x^2-y^2$ 的极大值为_____.

2. 函数 $f(x,y)=x^2-xy+y^2+3x$ 的极小值为_____.

3. 函数 $z=xy$ 在条件 $x+y=1$ 下的极大值为_____.

二、解答题

1. 求函数 $f(x,y)=x^3+y^3-3xy+4$ 的极值.

2. 求函数 $f(x,y)=x^3+y^3-3x^2-3y^2$ 的极值.

3. 求函数 $f(x,y)=x^2(2+y^2)+y\ln y$ 的极值.

4. 设函数 $z=z(x,y)$ 由方程 $x^2-6xy+10y^2-2yz-z^2+18=0$ 确定，求函数 $z=z(x,y)$ 的极值.

5. 求二元函数 $f(x,y)=x^2y(4-x-y)$ 在直线 $x+y=6$，x 轴和 y 轴所围成的区域 D 上的最大值和最小值.

---

6. 在曲面 $z=\sqrt{x^2+y^2}$ 上求一点，使它到点 $(1,\sqrt{2},3\sqrt{3})$ 的距离最短，并求最短距离.

7. 求函数 $u=x^2+y^2+z^2$ 在条件 $z=x^2+y^2$ 和 $x+y+z=4$ 下的最大值与最小值.

8. 求函数 $f(x,y)=x^2+2y^2-x^2y^2$ 在区域 $D=\{(x,y)\mid x^2+y^2\leqslant 4,y\geqslant 0\}$ 上的最大值和最小值.

第 10 章　多元函数积分学

10.1　二重积分的概念与计算

◇ 主要知识与方法

1. 二重积分

$$\iint\limits_{D} f(x, y)\mathrm{d}\sigma = \lim_{\lambda \to 0} \sum_{i=1}^{n} f(\xi_i, \eta_i)\Delta\sigma_i .$$

特别地，在直角坐标系下，有 $\iint\limits_{D} f(x, y)\mathrm{d}\sigma = \iint\limits_{D} f(x, y)\mathrm{d}x\mathrm{d}y$.

2. 可积的条件

（1）设函数 $f(x, y)$ 在闭区域 D 上的二重积分存在，则 $f(x, y)$ 在 D 上有界.

（2）设函数 $f(x, y)$ 在闭区域 D 上连续，则 $f(x, y)$ 在 D 上可积.

3. 几何意义

$\iint\limits_{D} f(x, y)\mathrm{d}\sigma$ 表示以连续曲面 $z = f(x, y) \geqslant 0$ 为顶，以 xOy 平面上的区域 D 为底的曲顶柱体体积.

4. 二重积分的基本性质

（1）$\iint\limits_{D} [f(x, y) \pm g(x, y)]\mathrm{d}\sigma = \iint\limits_{D} f(x, y)\mathrm{d}\sigma \pm \iint\limits_{D} g(x, y)\mathrm{d}\sigma$.

（2）$\iint\limits_{D} kf(x, y)\mathrm{d}\sigma = k\iint\limits_{D} f(x, y)\mathrm{d}\sigma$.

（3）设 D 由 D_1 与 D_2 构成，则 $\iint\limits_{D} f(x, y)\mathrm{d}\sigma = \iint\limits_{D_1} f(x, y)\mathrm{d}\sigma + \iint\limits_{D_2} f(x, y)\mathrm{d}\sigma$.

性质（3）称为二重积分的可加性.

（4）$\iint\limits_{D} \mathrm{d}\sigma = \sigma$ ，其中 σ 为区域 D 的面积.

（5）设在 D 上有 $f(x, y) \leqslant g(x, y)$ ，则 $\iint\limits_{D} f(x, y)\mathrm{d}\sigma \leqslant \iint\limits_{D} g(x, y)\mathrm{d}\sigma$.

（6）设 M, m 分别是 $f(x, y)$ 在闭区域 D 上的最大值和最小值，则

$$m\sigma \leqslant \iint\limits_D f(x, y)\mathrm{d}\sigma \leqslant M\sigma，其中 \sigma 为区域 D 的面积.$$

（7）设函数 $f(x, y)$ 在闭区域 D 上连续，则在 D 上至少存在一点 (ξ, η)，使

$$\iint\limits_D f(x, y)\mathrm{d}\sigma = f(\xi, \eta)\sigma，其中 \sigma 为区域 D 的面积.$$

5. 二重积分的对称性质

（1）设积分区域 D 关于 y 轴对称，且 D_1 为右半区域，则

① 当 $f(-x, y) = -f(x, y)$ 时，有 $\iint\limits_D f(x, y)\mathrm{d}\sigma = 0$；

② 当 $f(-x, y) = f(x, y)$ 时，有 $\iint\limits_D f(x, y)\mathrm{d}\sigma = 2\iint\limits_{D_1} f(x, y)\mathrm{d}\sigma$.

（2）设积分区域 D 关于 x 轴对称，且 D_1 为上半区域，则

① 当 $f(x, -y) = -f(x, y)$ 时，有 $\iint\limits_D f(x, y)\mathrm{d}\sigma = 0$；

② 当 $f(x, -y) = f(x, y)$ 时，有 $\iint\limits_D f(x, y)\mathrm{d}\sigma = 2\iint\limits_{D_1} f(x, y)\mathrm{d}\sigma$.

（3）设积分区域 D 关于直线 $y = x$ 对称，则

$$\iint\limits_D f(x, y)\mathrm{d}\sigma = \iint\limits_D f(y, x)\mathrm{d}\sigma.$$

6. 利用直角坐标计算二重积分

（1）设区域 $D = \{(x, y) \mid \varphi_1(x) \leqslant y \leqslant \varphi_2(x),\ a \leqslant x \leqslant b\}$（$X$ 型区域），则

$$\iint\limits_D f(x, y)\mathrm{d}\sigma = \int_a^b \mathrm{d}x \int_{\varphi_1(x)}^{\varphi_2(x)} f(x, y)\mathrm{d}y.$$

（2）设区域 $D = \{(x, y) \mid \phi_1(y) \leqslant x \leqslant \phi_2(y),\ c \leqslant y \leqslant d\}$（$Y$ 型区域），则

$$\iint\limits_D f(x, y)\mathrm{d}\sigma = \int_c^d \mathrm{d}y \int_{\phi_1(y)}^{\phi_2(y)} f(x, y)\mathrm{d}x.$$

注：（ⅰ）利用直角坐标计算二重积分时，应先画区域 D 的图形，再选择积分次序.

（ⅱ）上述二次积分的积分次序从右到左.

（ⅲ）若区域 D 既不是 X 型区域也不是 Y 型区域，则把区域 D 分成 X 型区

域或 Y 型区域，利用二重积分的可加性求.

（iv）若区域 D 既是 X 型区域又是 Y 型区域，则将二重积分化为二次积分时要考虑被积函数.

7. 利用直角坐标计算二重积分的步骤

（1）根据积分区域 D 的图形化为二次积分.

（2）计算右边定积分（第一个定积分）.

说明： 可以只写结果，不写过程.

（3）计算左边定积分（第二个定积分）的原函数.

（4）计算原函数在上限与下限的函数值的差.

8. 利用极坐标计算二重积分

（1）变换公式：$\iint\limits_{D} f(x,y)\mathrm{d}x\mathrm{d}y = \iint\limits_{D} f(r\cos\theta, r\sin\theta)r\mathrm{d}r\mathrm{d}\theta$.

（2）积分方法：一般化为先对 r 再对 θ 的二次积分.

（3）积分变量 r,θ 的变化范围的确定方法：

① 设 $D = \{(x,y)\,|\,x^2+y^2 \leqslant R^2\}$，则
$$0 \leqslant r \leqslant R,\ 0 \leqslant \theta \leqslant 2\pi.$$

② 设 $D = \{(x,y)\,|\,x^2+y^2 \leqslant 2Rx\}$，则
$$0 \leqslant r \leqslant 2R\cos\theta,\ -\frac{\pi}{2} \leqslant \theta \leqslant \frac{\pi}{2}.$$

③ 设 $D = \{(x,y)\,|\,x^2+y^2 \leqslant 2Ry\}$，则
$$0 \leqslant r \leqslant 2R\sin\theta,\ 0 \leqslant \theta \leqslant \pi.$$

注： 当被积函数 $f(x,y) = g(x^2+y^2)$ 或 $f(x,y) = g\left(\dfrac{y}{x}\right)$ 且 D 为圆域或部分圆域时采用极坐标计算二重积分.

9. 利用极坐标计算二重积分的步骤

（1）化为先对 r 再对 θ 的二次积分.

（2）计算关于 r 的定积分（第一个定积分）.

说明： 可以只写结果，不写过程.

（3）计算关于 θ 的定积分（第二个定积分）的原函数.

（4）计算原函数在上限与下限的函数值的差.

◆ **同步练习**

一、填空题

1. 设 D 是由坐标轴与直线 $x+y=2$ 围成的区域，则 $\iint\limits_{D}(3x+2y)\mathrm{d}\sigma=$ _____.

2. 设函数 $f(x,y)$ 连续，交换积分次序 $\int_{1}^{e}\mathrm{d}y\int_{0}^{\ln y}f(x,y)\mathrm{d}x=$ _____.

3. 二次积分 $\int_{0}^{1}\mathrm{d}x\int_{0}^{x}y\mathrm{d}y=$ _____.

4. 设 $D=\{(x,y)\,|\,4\leqslant x^{2}+y^{2}\leqslant 9\}$，则 $\iint\limits_{D}\mathrm{d}\sigma=$ _____.

5. 设 $D=\{(x,y)\,|\,x^{2}+y^{2}\leqslant 1,\ y\geqslant 0\}$，则 $\iint\limits_{D}(x^{2}+y^{2})\mathrm{d}\sigma=$ _____.

二、解答题

1. 求二重积分 $\iint\limits_{D}\dfrac{2x}{y}\mathrm{d}\sigma$，其中 $D=\{(x,y)\,\big|\,y\leqslant x\leqslant 2,\ 1\leqslant y\leqslant 2\}$.

2. 求二重积分 $\iint\limits_{D}(x+y)\mathrm{d}x\mathrm{d}y$，其中 D 是由直线 $y=|x|$，$y=|2x|$，$y=1$ 围成的区域.

3. 求二重积分 $\iint\limits_{D} x^2 e^{-y^2} \mathrm{d}x\mathrm{d}y$，其中 D 是由直线 $y=x, y=1$ 及 y 轴围成的区域.

4. 求二重积分 $\iint\limits_{D} \dfrac{\sin x}{x}\mathrm{d}x\mathrm{d}y$，其中 D 是由直线 $y=x, y=\dfrac{x}{2}, x=2$ 围成的区域.

5. 求二重积分 $\iint\limits_{D} (x^2+y^2)\mathrm{d}\sigma$，其中 D 是由直线 $y=x, y=x+a, y=a$ 及 $y=3a(a>0)$ 围成的区域.

6. 求二重积分 $\iint\limits_{D} |xy| \, d\sigma$ ，其中 $D = \{(x,y) \mid |x| + |y| \le 1\}$.

7. 交换积分次序 $\int_{\frac{1}{4}}^{\frac{1}{2}} dy \int_{\frac{1}{2}}^{\sqrt{y}} f(x,y) dx + \int_{\frac{1}{2}}^{1} dy \int_{y}^{\sqrt{y}} f(x,y) dx$.

8. 求二次积分 $\int_{0}^{1} dy \int_{\arcsin y}^{\pi - \arcsin y} x dx$.

9. 设函数 $f(x)$ 在 $[0, 1]$ 上连续，且 $\int_0^1 f(x)\mathrm{d}x = A$，求 $\int_0^1 \mathrm{d}x \int_x^1 f(x)f(y)\mathrm{d}y$.

10. 求二重积分 $\iint\limits_D \mathrm{e}^{-x^2-y^2}\mathrm{d}\sigma$，其中 $D = \{(x, y) \mid x^2 + y^2 \leqslant a^2\}$.

11. 求二重积分 $\iint\limits_D \sqrt{x^2 + y^2}\,\mathrm{d}x\mathrm{d}y$，其中 $D = \{(x, y) \mid 0 \leqslant y \leqslant x, x^2 + y^2 \leqslant 2x\}$.

12. 求二重积分 $\iint\limits_{D}|x^2+y^2-4|\mathrm{d}\sigma$，其中 $D=\{(x,y)|x^2+y^2\leqslant 9\}$.

13. 求二重积分 $\iint\limits_{D}\dfrac{x^2}{x^2+y^2}\mathrm{d}\sigma$，其中 $D=\{(x,y)|x^2+y^2\leqslant 1\}$.

14. 求二重积分 $\iint\limits_{D}\mathrm{e}^x xy\mathrm{d}x\mathrm{d}y$，其中 D 是以曲线 $y=\sqrt{x}$, $y=\dfrac{1}{\sqrt{x}}$ 及 y 轴为边界的无界区域.

15. 求二重积分 $\iint\limits_{D} xy\mathrm{d}\sigma$，其中区域 D 由曲线 $r = 1 + \cos\theta$ $(0 \leqslant \theta \leqslant \pi)$ 与极轴围成.

16. 求二重积分 $\iint\limits_{D} r^2 \sin\theta\sqrt{1 - r^2\cos 2\theta}\,\mathrm{d}r\mathrm{d}\theta$，

其中 $D = \left\{ (r,\theta) \,|\, 0 \leqslant r \leqslant \sec\theta,\ 0 \leqslant \theta \leqslant \dfrac{\pi}{4} \right\}$.

三、证明题

证明：$\displaystyle\int_0^1 \mathrm{d}y \int_0^{\sqrt{y}} \mathrm{e}^y f(x)\mathrm{d}x = \int_0^1 (\mathrm{e} - \mathrm{e}^{x^2}) f(x)\mathrm{d}x$.

10.2 三重积分的概念与计算

◇ 主要知识与方法

1. 三重积分

$$\iiint\limits_{\Omega} f(x, y, z)\mathrm{d}v = \lim_{\lambda \to 0} \sum_{i=1}^{n} f(\xi_i, \eta_i, \varsigma_i)\Delta v_i.$$

注：（ⅰ）三重积分具有与二重积分类似的基本性质.

（ⅱ）$\iiint\limits_{\Omega} \mathrm{d}v$ 表示区域 Ω 的体积.

（ⅲ）在直角坐标下，有 $\iiint\limits_{\Omega} f(x, y, z)\mathrm{d}v = \iiint\limits_{\Omega} f(x, y, z)\mathrm{d}x\mathrm{d}y\mathrm{d}z$.

2. 利用直角坐标计算三重积分

（1）设 $\Omega = \{(x, y, z) \mid z_1(x, y) \leqslant z \leqslant z_2(x, y), (x, y) \in D_{xy}\}$，其中 D_{xy} 为区域 Ω 在坐标面 xOy 上的投影区域，则

$$\iiint\limits_{\Omega} f(x, y, z)\mathrm{d}v = \iint\limits_{D_{xy}} \mathrm{d}x\mathrm{d}y \int_{z_1(x,y)}^{z_2(x,y)} f(x, y, z)\mathrm{d}z.$$

进一步，若 $D_{xy} = \{(x, y) \mid \varphi_1(x) \leqslant y \leqslant \varphi_2(x), \ a \leqslant x \leqslant b\}$，则

$$\iiint\limits_{\Omega} f(x, y, z)\mathrm{d}v = \int_a^b \mathrm{d}x \int_{\varphi_1(x)}^{\varphi_2(x)} \mathrm{d}y \int_{z_1(x,y)}^{z_2(x,y)} f(x, y, z)\mathrm{d}z.$$

注：（ⅰ）上述三次积分的积分次序从右到左.

（ⅱ）类似可将三重积分化为其他形式的三次积分.

（2）设 $\Omega = \{(x, y, z) \mid (x, y) \in D_z, \ c_1 \leqslant z \leqslant c_2\}$，则

$$\iiint\limits_{\Omega} f(x, y, z)\mathrm{d}v = \int_{c_1}^{c_2} \mathrm{d}z \iint\limits_{D_z} f(x, y, z)\mathrm{d}x\mathrm{d}y.$$

上述方法称为截面法.

注：当 $f(x, y, z) = g(z)$ 或 $f(x, y, z) = g(x^2 + y^2)$ 且 D_z 为圆域或部分圆域时可采用截面法计算三重积分.

3. 利用直角坐标计算三重积分的步骤

（1）一般化为先对 z 再对 y 最后对 x 的三次积分.

（2）计算关于 z 的定积分（第一个定积分）.

说明： 可以只写结果，不写过程.

（3）计算关于 y 的定积分（第二个定积分）.

说明： 可以只写结果，不写过程.

（4）计算关于 x 的定积分（第三个定积分）的原函数.

（5）计算原函数在上限与下限的函数值的差.

4. 利用柱面坐标计算三重积分

（1）变换公式：$\iiint\limits_{\Omega} f(x,y,z)\mathrm{d}v = \iiint\limits_{\Omega^*} f(r\cos\theta, r\sin\theta, z)r\mathrm{d}r\mathrm{d}\theta\mathrm{d}z$.

（2）计算方法：一般化为先对 z 再对 r 最后对 θ 的三次积分.

注： 当被积函数或围成 Ω 的边界曲面方程中含 x^2+y^2 或 $x^2+y^2+z^2$ 时可采用柱面坐标计算其三重积分. 特别地，当 Ω 由圆柱面 $x^2+y^2=R^2$ 及平面 $z=a, z=b$ 围成时可采用柱面坐标计算三重积分.

5. 利用柱面坐标计算三重积分的步骤

（1）一般化为先对 z 再对 r 最后对 θ 的三次积分.

（2）计算关于 z 的定积分（第一个定积分）.

说明： 可以只写结果，不写过程.

（3）计算关于 r 的定积分（第二个定积分）.

说明： 可以只写结果，不写过程.

（4）计算关于 θ 的定积分（第三个定积分）的原函数.

（5）计算原函数在上限与下限的函数值的差.

6. 利用球面坐标计算三重积分

（1）变换公式：

$$\iiint\limits_{\Omega} f(x,y,z)\mathrm{d}v = \iiint\limits_{\Omega^*} f(\rho\sin\varphi\cos\theta, \rho\sin\varphi\sin\theta, \rho\cos\varphi)\rho^2\sin\varphi\mathrm{d}\rho\mathrm{d}\varphi\mathrm{d}\theta .$$

（2）计算方法：一般化为先对 ρ 再对 φ 最后对 θ 的三次积分.

注： 当被积函数或围成 Ω 的边界曲面方程中含 $x^2+y^2+z^2$ 或 x^2+y^2 时可采用球面坐标计算其三重积分. 特别地，当 Ω 由球面 $x^2+y^2+z^2=R^2$ 围成时可采用球面坐标计算三重积分.

7. 利用球面坐标计算三重积分的步骤

（1）一般化为先对 ρ 再对 φ 最后对 θ 的三次积分.

（2）计算关于 ρ 的定积分（第一个定积分）.

说明： 可以只写结果，不写过程.

（3）计算关于 φ 的定积分（第二个定积分）.

说明： 可以只写结果，不写过程.

（4）计算关于 θ 的定积分（第三个定积分）的原函数.

（5）计算原函数在上限与下限的函数值的差.

◆ **同步练习**

一、填空题

1. 三次积分 $\int_0^1 \mathrm{d}x \int_0^x \mathrm{d}y \int_0^y \mathrm{d}z =$ _____.

2. 设 Ω 是由曲面 $x^2 + y^2 = 2z$ 及平面 $z = 2$ 围成的区域，则 $\iiint\limits_{\Omega} z \mathrm{d}v =$ _____.

3. 设 $\Omega = \{(x, y, z) \mid x^2 + y^2 \leqslant 1, 0 \leqslant z \leqslant 2\}$，则 $\iiint\limits_{\Omega} \sqrt{x^2 + y^2} \mathrm{d}v =$ _____.

4. 设 $\Omega = \{(x, y, z) \mid x^2 + y^2 + z^2 \leqslant 1\}$，则 $\iiint\limits_{\Omega} (x^2 + y^2 + z^2) \mathrm{d}v =$ _____.

二、解答题

1. 求三重积分 $\iiint\limits_{\Omega} \dfrac{1}{(1 + x + y + z)^3} \mathrm{d}v$，其中 Ω 是由平面 $x + y + z = 1$ 与三个坐标面围成的区域.

2. 求三重积分 $\iiint\limits_{\Omega} y\sqrt{1 - x^2} \mathrm{d}v$，其中 Ω 是由曲面 $y = -\sqrt{1 - x^2 - z^2}$，$x^2 + z^2 = 1$ 及平面 $y = 1$ 围成的区域.

3. 求三重积分 $\iiint\limits_{\Omega} z^2 \mathrm{d}v$，其中 Ω 是由椭球面 $\dfrac{x^2}{a^2} + \dfrac{y^2}{b^2} + \dfrac{z^2}{c^2} = 1$ 围成的区域.

4. 求三重积分 $\iiint\limits_{\Omega} (x^2 + y^2) \mathrm{d}v$，其中 Ω 是由锥面 $x^2 + y^2 = z^2$ 及平面 $z = a$ $(a > 0)$ 围成的区域.

5. 求三重积分 $\iiint\limits_{\Omega} r \cos\theta \mathrm{d}r \mathrm{d}\theta \mathrm{d}z$，

其中 $\Omega = \left\{ (\theta, r, z) \Big| 0 \leqslant \theta \leqslant \dfrac{\pi}{2},\ 1 \leqslant r \leqslant 2,\ 0 \leqslant z \leqslant 1 \right\}$.

6. 求三重积分 $\iiint\limits_{\Omega} z\mathrm{d}v$，其中 Ω 是由球面 $x^2+y^2+z^2=4$ 及旋转抛物面 $x^2+y^2=3z$ 围成的区域.

7. 求三重积分 $\iiint\limits_{\Omega}(y+z)\mathrm{d}v$，其中 Ω 是由锥面 $z=\sqrt{x^2+y^2}$ 与平面 $z=1$ 围成的区域.

8. 求三重积分 $\iiint\limits_{\Omega}\sqrt{x^2+y^2}\mathrm{d}v$，其中 Ω 是由曲面 $x^2+y^2=2z$ 及平面 $z=2$ 围成的区域.

9. 求三重积分 $\iiint\limits_{\Omega}\left|z-x^2-y^2\right|\mathrm{d}v$ ，其中 $\Omega=\{(x,y,z)\,|\,x^2+y^2\leqslant 1,\,0\leqslant z\leqslant 1\}$.

10. 求三重积分 $\iiint\limits_{\Omega}\dfrac{1}{\sqrt{x^2+y^2+z^2}}\mathrm{d}v$ ，其中 Ω 是由球面 $x^2+y^2+z^2=2z$ 围成的区域.

11. 求三重积分 $\iiint\limits_{\Omega}z\sqrt{x^2+y^2+z^2}\mathrm{d}v$ ，

其中 $\Omega=\{(x,y,z)\,|\,x^2+y^2+z^2\leqslant 1,\,z\geqslant\sqrt{3(x^2+y^2)}\}$.

12. 求由曲面 $z = x^2 + 2y^2$ 与 $z = 6 - 2x^2 - y^2$ 围成的立体体积.

13. 求三重积分 $\iiint\limits_{\Omega} (x^2 + y^2 + z^2)\mathrm{d}v$ ，其中 Ω 是由曲线 $\begin{cases} y^2 = 2z \\ x = 0 \end{cases}$ 绕 z 轴旋转一周而形成的曲面与平面 $z = 4$ 围成的区域.

三、证明题

设 $f(x)$ 是连续函数，且 $f(0) = 0, f'(0) = 2$ ，证明：

$$\lim_{t \to 0^+} \frac{1}{t^4} \iiint\limits_{x^2 + y^2 + z^2 \leqslant t^2} f(\sqrt{x^2 + y^2 + z^2})\mathrm{d}v = 2\pi .$$

10.3　多元函数积分学应用

◇　主要知识与方法

1. 曲面面积

设曲面 Σ 的方程为 $z = f(x, y)$，且曲面 Σ 在 xOy 面上的投影区域为 D_{xy}，则曲面 Σ 的面积为

$$S = \iint\limits_{D_{xy}} \sqrt{1 + z_x'^2 + z_y'^2}\, \mathrm{d}x\mathrm{d}y.$$

类似地，（1）设曲面 Σ 的方程为 $x = g(y, z)$，且曲面 Σ 在 yOz 面上的投影区域为 D_{yz}，则曲面 Σ 的面积为

$$S = \iint\limits_{D_{yz}} \sqrt{1 + x_y'^2 + x_z'^2}\, \mathrm{d}y\mathrm{d}z.$$

（2）设曲面 Σ 的方程为 $y = h(z, x)$，且曲面 Σ 在 zOx 面上的投影区域为 D_{zx}，则曲面 Σ 的面积为

$$S = \iint\limits_{D_{zx}} \sqrt{1 + y_z'^2 + y_x'^2}\, \mathrm{d}z\mathrm{d}x.$$

2. 质量

设平面薄片占有平面区域 D，密度函数为 $\rho(x, y)$，则该平面薄片的质量为

$$M = \iint\limits_{D} \rho(x, y)\mathrm{d}x\mathrm{d}y.$$

类似地，设物体占有空间区域 Ω，密度函数为 $\rho(x, y, z)$，则该物体的质量为

$$M = \iiint\limits_{\Omega} \rho(x, y, z)\mathrm{d}v.$$

3. 质心坐标

设平面薄片占有平面区域 D，密度函数为 $\rho(x, y)$，则该平面薄片的质心坐标为

$$\bar{x} = \frac{\iint\limits_{D} x\rho(x, y)\mathrm{d}\sigma}{\iint\limits_{D} \rho(x, y)\mathrm{d}\sigma} , \quad \bar{y} = \frac{\iint\limits_{D} y\rho(x, y)\mathrm{d}\sigma}{\iint\limits_{D} \rho(x, y)\mathrm{d}\sigma} .$$

类似地，设物体占有空间区域 Ω ，密度函数为 $\rho(x, y, z)$ ，则该物体的质心坐标为

$$\bar{x} = \frac{\iiint\limits_{\Omega} x\rho(x, y, z)\mathrm{d}v}{\iiint\limits_{\Omega} \rho(x, y, z)\mathrm{d}v} , \quad \bar{y} = \frac{\iiint\limits_{\Omega} y\rho(x, y, z)\mathrm{d}v}{\iiint\limits_{\Omega} \rho(x, y, z)\mathrm{d}v} , \quad \bar{z} = \frac{\iiint\limits_{\Omega} z\rho(x, y, z)\mathrm{d}v}{\iiint\limits_{\Omega} \rho(x, y, z)\mathrm{d}v} .$$

说明： 当物体均匀时，质心称为形心. 这时形心坐标为

$$\bar{x} = \frac{1}{V} \iiint\limits_{\Omega} x\mathrm{d}v , \quad \bar{y} = \frac{1}{V} \iiint\limits_{\Omega} y\mathrm{d}v , \quad \bar{z} = \frac{1}{V} \iiint\limits_{\Omega} z\mathrm{d}v ,$$

其中 V 为物体的体积.

4. 转动惯量

设平面薄片占有平面区域 D ，密度函数为 $\rho(x, y)$ ，则该平面薄片对于 x 轴、y 轴及原点的转动惯量分别为

$$I_x = \iint\limits_{D} y^2\rho(x, y)\mathrm{d}\sigma , \quad I_y = \iint\limits_{D} x^2\rho(x, y)\mathrm{d}\sigma , \quad I_O = \iint\limits_{D} (x^2 + y^2)\rho(x, y)\mathrm{d}\sigma .$$

类似地，设物体占有空间区域 Ω ，密度函数为 $\rho(x, y, z)$ ，则该物体对于 x 轴、xOy 平面及原点的转动惯量分别为

$$I_x = \iiint\limits_{\Omega} (y^2 + z^2)\rho(x, y, z)\mathrm{d}v ,$$

$$I_{xOy} = \iiint\limits_{\Omega} z^2\rho(x, y, z)\mathrm{d}v ,$$

$$I_O = \iiint\limits_{\Omega} (x^2 + y^2 + z^2)\rho(x, y, z)\mathrm{d}v .$$

类似地，可得物体对于其他坐标轴及坐标平面的转动惯量.

◆ **同步练习**

1. 求锥面 $z = \sqrt{x^2 + y^2}$ 被柱面 $z^2 = 2x$ 所割下部分的曲面面积.

2. 求曲面 $x = yz$ 被柱面 $y^2 + z^2 = 1$ 所割下部分的曲面面积.

3. 设球体 $x^2 + y^2 + z^2 \leqslant 2z$ 上各点的密度等于该点到坐标原点的距离的平方，求该球体的质量.

4. 设均匀物体占有空间区域 $\Omega = \{(x, y, z)\,|\,x^2 + y^2 \leqslant z \leqslant 1\}$，求其形心坐标.

5. 设有一等腰直角三角形薄片，腰长为 4，各点处的面密度等于该点到直角顶点的距离的平方，求该薄片的质心坐标.

6. 求高为 h，半顶角为 $\dfrac{\pi}{4}$ 的均匀正圆锥体绕其对称轴旋转的转动惯量.

第 11 章 曲线积分与曲面积分

11.1 曲线积分的概念与计算

◇ 主要知识与方法

1. 对弧长的曲线积分

$$\int_C f(x, y)\mathrm{d}s = \lim_{\lambda \to 0} \sum_{i=1}^{n} f(\xi_i, \eta_i)\Delta s_i .$$

类似地，有 $\int_L f(x, y, z)\mathrm{d}s = \lim_{\lambda \to 0} \sum_{i=1}^{n} f(\xi_i, \eta_i, \zeta_i)\Delta s_i .$

注：对弧长的曲线积分也称为第一类曲线积分.

2. 对弧长的曲线积分的性质

（1）$\int_C [f(x, y) \pm g(x, y)]\mathrm{d}s = \int_C f(x, y)\mathrm{d}s \pm \int_C g(x, y)\mathrm{d}s .$

（2）$\int_C kf(x, y)\mathrm{d}s = k\int_C f(x, y)\mathrm{d}s .$

（3）设 C 由 C_1 与 C_2 构成，则 $\int_C f(x, y)\mathrm{d}s = \int_{C_1} f(x, y)\mathrm{d}s + \int_{C_2} f(x, y)\mathrm{d}s .$

（4）设在曲线 C 上 $f(x, y) \leqslant g(x, y)$，则 $\int_C f(x, y)\mathrm{d}s \leqslant \int_C g(x, y)\mathrm{d}s .$

（5）$\int_C f(x, y)\mathrm{d}s = \int_{C^-} f(x, y)\mathrm{d}s$，其中曲线 C^- 是 C 的反向曲线弧.

3. 对弧长的曲线积分的计算方法

（1）设平面曲线 C 的方程为 $\begin{cases} x = \varphi(t) \\ y = \psi(t) \end{cases}$ $(\alpha \leqslant t \leqslant \beta)$，则

$$\int_C f(x, y)\mathrm{d}s = \int_\alpha^\beta f[\varphi(t), \psi(t)]\sqrt{\varphi'^2(t) + \psi'^2(t)}\mathrm{d}t .$$

（2）设平面曲线 C 的方程为 $y = \varphi(x)$ $(a \leqslant x \leqslant b)$，则

$$\int_C f(x, y)\mathrm{d}s = \int_a^b f[x, \varphi(x)]\sqrt{1 + \varphi'^2(x)}\mathrm{d}x .$$

（3）设平面曲线 C 的方程为 $x = \psi(y) \ (c \leqslant y \leqslant d)$ ，则

$$\int_C f(x, y)\mathrm{d}s = \int_c^d f[\psi(y), y]\sqrt{1 + \psi'^2(y)}\mathrm{d}y .$$

（4）设空间曲线 L 的参数方程为 $\begin{cases} x = \varphi(t) \\ y = \psi(t) \ (\alpha \leqslant t \leqslant \beta) \\ z = \omega(t) \end{cases}$ ，则

$$\int_L f(x, y, z)\mathrm{d}s = \int_\alpha^\beta f[\varphi(t), \ \psi(t), \ \omega(t)]\sqrt{\varphi'^2(t) + \psi'^2(t) + \omega'^2(t)}\mathrm{d}t .$$

注：以上方法是将对弧长的曲线积分化为定积分，且定积分的下限小于上限.

4．对坐标的曲线积分

$$\int_C P(x, y)\mathrm{d}x = \lim_{\lambda \to 0} \sum_{i=1}^n P(\xi_i, \ \eta_i)\Delta x_i .$$

$$\int_C Q(x, y)\mathrm{d}y = \lim_{\lambda \to 0} \sum_{i=1}^n Q(\xi_i, \ \eta_i)\Delta y_i .$$

类似地，有 $\displaystyle\int_L P(x, y, z)\mathrm{d}x = \lim_{\lambda \to 0} \sum_{i=1}^n P(\xi_i, \ \eta_i, \ \zeta_i)\Delta x_i .$

$$\int_L Q(x, y, z)\mathrm{d}y = \lim_{\lambda \to 0} \sum_{i=1}^n Q(\xi_i, \ \eta_i, \ \zeta_i)\Delta y_i .$$

$$\int_L R(x, y, z)\mathrm{d}z = \lim_{\lambda \to 0} \sum_{i=1}^n R(\xi_i, \ \eta_i, \ \zeta_i)\Delta z_i .$$

注：（i）对坐标的曲线积分也称为第二类曲线积分.

（ii）$\displaystyle\int_C P\mathrm{d}x + \int_C Q\mathrm{d}y = \int_C P\mathrm{d}x + Q\mathrm{d}y = \int_C \boldsymbol{F}(x, y) \cdot \mathrm{d}\boldsymbol{r}$ ，
其中 $\boldsymbol{F}(x, y) = (P(x, y), Q(x, y)),\ \mathrm{d}\boldsymbol{r} = (\mathrm{d}x, \mathrm{d}y) .$

类似地，有 $\displaystyle\int_L P\mathrm{d}x + \int_L Q\mathrm{d}y + \int_L R\mathrm{d}z = \int_L P\mathrm{d}x + Q\mathrm{d}y + R\mathrm{d}z = \int_L \boldsymbol{F}(x, y, z) \cdot \mathrm{d}\boldsymbol{r}$ ，
其中 $\boldsymbol{F}(x, y, z) = (P(x, y, z), Q(x, y, z), R(x, y, z)),\ \mathrm{d}\boldsymbol{r} = (\mathrm{d}x, \mathrm{d}y, \mathrm{d}z) .$

（iii）变力 $\boldsymbol{F}(x, y, z) = P(x, y, z)\boldsymbol{i} + Q(x, y, z)\boldsymbol{j} + R(x, y, z)\boldsymbol{k}$ 沿曲线 L 移动所做的功为

$$W = \int_L P\mathrm{d}x + Q\mathrm{d}y + R\mathrm{d}z .$$

5．对坐标的曲线积分的性质

（1）$\displaystyle\int_C [\boldsymbol{F}(x, y) \pm \boldsymbol{G}(x, y)] \cdot \mathrm{d}\boldsymbol{r} = \int_C \boldsymbol{F}(x, y) \cdot \mathrm{d}\boldsymbol{r} \pm \int_C \boldsymbol{G}(x, y) \cdot \mathrm{d}\boldsymbol{r} .$

（2）$\int_C k\boldsymbol{F}(x, y)\cdot \mathrm{d}\boldsymbol{r} = k\int_C \boldsymbol{F}(x, y)\cdot \mathrm{d}\boldsymbol{r}$.

（3）设 C 由 C_1 与 C_2 构成，则 $\int_C \boldsymbol{F}(x, y)\cdot \mathrm{d}\boldsymbol{r} = \int_{C_1} \boldsymbol{F}(x, y)\cdot \mathrm{d}\boldsymbol{r} + \int_{C_2} \boldsymbol{F}(x, y)\cdot \mathrm{d}\boldsymbol{r}$.

（4）$\int_{C^-} \boldsymbol{F}(x, y)\cdot \mathrm{d}\boldsymbol{r} = -\int_C \boldsymbol{F}(x, y)\cdot \mathrm{d}\boldsymbol{r}$ ，其中曲线 C^- 是 C 的反向曲线弧.

6. 对坐标的曲线积分的计算方法

（1）设平面曲线 C 的方程为 $\begin{cases} x = \varphi(t) \\ y = \psi(t) \end{cases}$ ，且 α 对应曲线的起点，β 对应曲线的终点，则

$$\int_C P\mathrm{d}x + Q\mathrm{d}y = \int_\alpha^\beta \{P[\varphi(t),\ \psi(t)]\varphi'(t) + Q[\varphi(t),\ \psi(t)]\psi'(t)\}\mathrm{d}t .$$

（2）设平面曲线 C 的方程为 $y = \varphi(x)$ ，且 a 对应曲线的起点，b 对应曲线的终点，则

$$\int_C P\mathrm{d}x + Q\mathrm{d}y = \int_a^b \{P[x,\ \varphi(x)] + Q[x,\ \varphi(x)]\varphi'(x)\}\mathrm{d}x .$$

（3）设平面曲线 C 的方程为 $x = \psi(y)$ ，且 c 对应曲线的起点，d 对应曲线的终点，则

$$\int_C P\mathrm{d}x + Q\mathrm{d}y = \int_c^d \{P[\psi(y),\ y]\psi'(y) + Q[\psi(y),\ y]\}\mathrm{d}y .$$

（4）设空间曲线 L 的参数方程为 $\begin{cases} x = \varphi(t) \\ y = \psi(t) \\ z = \omega(t) \end{cases}$ ，且 α 对应曲线的起点，β 对应曲线的终点，则

$$\int_L P\mathrm{d}x + Q\mathrm{d}y + R\mathrm{d}z = \int_\alpha^\beta \{P[\varphi(t),\ \psi(t),\ \omega(t)]\varphi'(t) + Q[\varphi(t),\ \psi(t),\ \omega(t)]\psi'(t) +$$
$$R[\varphi(t),\ \psi(t),\ \omega(t)]\omega'(t)\}\mathrm{d}t .$$

注：以上方法是将对坐标的曲线积分化为定积分，且定积分的下限对应曲线的起点，上限对应曲线的终点.

7. 两类曲线积分的关系

（1）设平面曲线 C 在点 (x, y) 处的切向量的方向角为 α, β ，则

$$\int_C P\mathrm{d}x + Q\mathrm{d}y = \int_C (P\cos\alpha + Q\cos\beta)\mathrm{d}s .$$

（2）设空间曲线 L 在点 (x, y, z) 处的切向量的方向角为 α, β, γ，则

$$\int_L P\mathrm{d}x + Q\mathrm{d}y + R\mathrm{d}z = \int_L (P\cos\alpha + Q\cos\beta + R\cos\gamma)\mathrm{d}s .$$

8. 质心坐标

（1）平面曲线弧的质心坐标：

$$\overline{x} = \frac{\int_C x\rho(x, y)\mathrm{d}s}{\int_C \rho(x, y)\mathrm{d}s} , \quad \overline{y} = \frac{\int_C y\rho(x, y)\mathrm{d}s}{\int_C \rho(x, y)\mathrm{d}s} .$$

（2）空间曲线弧的质心坐标：

$$\overline{x} = \frac{\int_L x\rho(x, y, z)\mathrm{d}s}{\int_L \rho(x, y, z)\mathrm{d}s} , \quad \overline{y} = \frac{\int_L y\rho(x, y, z)\mathrm{d}s}{\int_L \rho(x, y, z)\mathrm{d}s} , \quad \overline{z} = \frac{\int_L z\rho(x, y, z)\mathrm{d}s}{\int_L \rho(x, y, z)\mathrm{d}s} .$$

9. 转动惯量

（1）平面曲线弧对于 x 轴、y 轴及原点的转动惯量分别为

$$I_x = \int_C y^2 \rho(x, y)\mathrm{d}s , \quad I_y = \int_C x^2 \rho(x, y)\mathrm{d}s , \quad I_O = \int_C (x^2 + y^2)\rho(x, y)\mathrm{d}s .$$

（2）空间曲线弧对于 x 轴、xOy 平面及原点的转动惯量分别为

$$I_x = \int_L (y^2 + z^2)\rho(x, y, z)\mathrm{d}s ,$$

$$I_{xOy} = \int_L z^2 \rho(x, y, z)\mathrm{d}s ,$$

$$I_O = \int_L (x^2 + y^2 + z^2)\rho(x, y, z)\mathrm{d}s .$$

类似地，可得空间曲线弧对于其他坐标轴及坐标平面的转动惯量.

◆ **同步练习**

一、填空题

1. 设 C 是曲线 $y = \sqrt{1-x^2}$ 上从点 $(1, 0)$ 到点 $(0, 1)$ 的弧段，则 $\int_C x\mathrm{d}s = $ _____ .

2. 设 L 是曲线 $x = \mathrm{e}^t \cos t, y = \mathrm{e}^t \sin t, z = \mathrm{e}^t$ 上对应 $t = 0$ 到 $t = 2$ 的弧段，则

$\int_L \dfrac{1}{x^2 + y^2 + z^2} \mathrm{d}s = $ _____ .

3. 设 C 是抛物线 $y = x^2$ 上从点 $O(0, 0)$ 到点 $A(1, 1)$ 的弧段，则 $\int_C x^2 \mathrm{d}y = $

_____ .

4. 设 L 是曲线 $x = t, y = t^2, z = t^3$ 上对应 $t = 0$ 到 $t = 1$ 的弧段，则

$\int_L (y^2 - z^2)\mathrm{d}x + 2yz\mathrm{d}y - x^2\mathrm{d}z = $ _____ .

二、解答题

1. 求 $\int_C (x^3 + y^2)\mathrm{d}s$ ，其中 C 是连接点 $A(2, 0), O(0, 0)$ 到 $B(0, 3)$ 的折线段.

2. 求 $\int_L (x + y - z)\mathrm{d}s$ ，其中 L 是连接点 $A(1, 2, 1)$, $B(2, 4, 3)$ 的直线段.

3. 求 $\oint_C \sqrt{x^2 + y^2}\mathrm{d}s$，其中 C 是圆周 $x^2 + y^2 = ax \ (a > 0)$.

4. 求 $\oint_L \sqrt{2y^2 + z^2}\mathrm{d}s$，其中 L 是曲面 $x^2 + y^2 + z^2 = a^2$ 与 $y = x$ 的交线.

5. 求 $\int_C 2\sqrt{y}\mathrm{d}x + (x^2 - y)\mathrm{d}y$，其中 C 是抛物线 $y = x^2$ 从点 $A(1, 1)$ 到点 $B(2, 4)$ 的弧段.

6. 求 $\int_C (x+y-3)(y-x)\mathrm{d}x - (x-y+1)(x+y)\mathrm{d}y$ ，其中 C 是从点 $A(-1,\,0)$ 沿直线 $y=x+1$ 到点 $B(1,\,2)$ ，再沿直线 $x+y=3$ 到点 $D(3,\,0)$ 的折线段.

7. 求 $\int_C x\sin(xy)\mathrm{d}x - y\cos(xy)\mathrm{d}y$ ，其中 C 是从点 $O(0,\,0)$ 到点 $A(1,\,\pi)$ 的线段.

8. 求 $\int_C (x^2+y^2)\mathrm{d}x + (x^2-y^2)\mathrm{d}y$ ，其中 C 是曲线 $y=1-|1-x|$ 上从对应于 $x=0$ 的点到 $x=2$ 的点的弧段.

9. 求 $\int_L x^3\mathrm{d}x + 3zy^2\mathrm{d}y - x^2y\mathrm{d}z$，其中 L 是从点 $A(3,\,2,\,1)$ 到点 $O(0,\,0,\,0)$ 的线段.

10. 一质点沿曲线 L：$x = 0$，$y = t$，$z = t^2$ 从点 $O(0,\,0,\,0)$ 移动到点 $A(0,\,1,\,1)$，求此过程力 $\boldsymbol{F} = (\sqrt{1+x^4}, -y, 1)$ 所做的功.

11. 将对坐标的曲线积分 $\int_C P\mathrm{d}x + Q\mathrm{d}y$ 化为对弧长的曲线积分，其中 C 是抛物线 $y = x^2$ 上从点 $O(0,\,0)$ 到点 $A(2,\,4)$ 的弧段.

12. 设 L 是曲线 $x=t, y=t, z=1-\sqrt{1-2t^2}$ 从对应于 $t=0$ 的点到 $t=\dfrac{\sqrt{2}}{2}$ 的点的弧段，将对坐标的曲线积分 $\int_L Pdx+Qdy+Rdz$ 化为对弧长的曲线积分.

13. 求半径为 2，中心角为 $\dfrac{\pi}{3}$ 的均匀圆弧 $(\rho=1)$ 的质心坐标.

14. 设空间曲线的方程为 $x=2\cos t, y=2\sin t, z=3t$，其中 $0 \leqslant t \leqslant 2\pi$，且线密度为 $\rho=x^2+y^2+z^2$，求该曲线关于 z 轴的转动惯量.

11.2　格林公式及其应用

◇　**主要知识与方法**

1. 格林公式

设函数 $P(x,y),Q(x,y)$ 在有界闭区域 D 上具有一阶连续偏导数，则

$$\oint_L P\mathrm{d}x + Q\mathrm{d}y = \iint_D \left(\frac{\partial Q}{\partial x} - \frac{\partial P}{\partial y}\right)\mathrm{d}x\mathrm{d}y,$$

其中 L 是有界闭区域 D 的边界曲线，且取正向.

注：（ⅰ）利用格林公式可以将复杂的曲线积分化为较简单的曲线积分.

（ⅱ）利用格林公式可以将曲线积分转化为二重积分，这时曲线 L 必须为封闭、能够围成区域 D，且为区域 D 的边界曲线的正向.

2. 平面上对坐标的曲线积分与路径无关的条件

（1）设函数 $P(x,y)$，$Q(x,y)$ 在单连通区域 D 上具有一阶连续偏导数，则

$\int_C P\mathrm{d}x + Q\mathrm{d}y$ 与路径无关 $\Leftrightarrow \oint_{C'} P\mathrm{d}x + Q\mathrm{d}y = 0$，其中 C' 为 D 内任意封闭曲线.

（2）设函数 $P(x,y)$，$Q(x,y)$ 在单连通区域 D 上具有一阶连续偏导数，则

$$\int_C P\mathrm{d}x + Q\mathrm{d}y \text{ 与路径无关} \Leftrightarrow \text{在区域 } D \text{ 内，有 } \frac{\partial Q}{\partial x} = \frac{\partial P}{\partial y}.$$

注：（ⅰ）当 $\int_C P\mathrm{d}x + Q\mathrm{d}y$ 与路径无关时，曲线积分可记为 $\int_{M_0}^{M} P\mathrm{d}x + Q\mathrm{d}y$.

（ⅱ）当 $\int_C P\mathrm{d}x + Q\mathrm{d}y$ 与路径无关时，可采用平行于坐标轴的折线段求其曲线积分，即

$$\int_C P\mathrm{d}x + Q\mathrm{d}y = \int_{x_0}^{x_1} P(x, y_0)\mathrm{d}x + \int_{y_0}^{y_1} Q(x_1, y)\mathrm{d}y,$$

或

$$\int_C P\mathrm{d}x + Q\mathrm{d}y = \int_{y_0}^{y_1} Q(x_0, y)\mathrm{d}y + \int_{x_0}^{x_1} P(x, y_1)\mathrm{d}x.$$

3. 二元函数全微分求积

（1）二元函数 $u(x,y)$ 存在的条件：$P\mathrm{d}x + Q\mathrm{d}y$ 在区域 D 内是一个二元函数 $u(x,y)$ 的全微分（即 $P\mathrm{d}x + Q\mathrm{d}y = \mathrm{d}u$）的充分必要条件是

$$\frac{\partial Q}{\partial x} = \frac{\partial P}{\partial y}$$

在 D 内恒成立，通常 (x_0, y_0) 取 $(0,0),(1,0),(1,1)$.

（2）二元函数 $u(x,y)$ 的求法：

① $u(x,y) = \int_{x_0}^{x} P(x,y_0)\mathrm{d}x + \int_{y_0}^{y} Q(x,y)\mathrm{d}y$ ；

② $u(x,y) = \int_{y_0}^{y} Q(x_0,y)\mathrm{d}y + \int_{x_0}^{x} P(x,y)\mathrm{d}x$ ，

其中点 (x_0, y_0) 是区域 D 内一点，通常 (x_0, y_0) 取 $(0,0),(1,0),(1,1)$.

4. 平面上对坐标的曲线积分计算时注意的问题

（1）当 $\frac{\partial Q}{\partial x} = \frac{\partial P}{\partial y}$ 时，可选取简单的平行于 x 轴或 y 轴的折线段代替原积分曲线，直接化为定积分计算，但要注意折线方向.

（2）当 $\frac{\partial Q}{\partial x} \neq \frac{\partial P}{\partial y}$ 时，可考虑用格林公式，但要注意积分曲线方向.

说明：（i）当曲线积分的积分路线封闭时，可考虑利用格林公式将其化为二重积分求其曲线积分.

（ii）当曲线积分的积分路线不封闭时，可添加一些平行于 x 轴或 y 轴的直线段，使得积分路线封闭，再用格林公式将其化为二重积分进行计算，最后要注意减去添加的线段上的曲线积分.

5. 全微分方程

（1）定义：设 $P(x,y)\mathrm{d}x + Q(x,y)\mathrm{d}y = \mathrm{d}u$ ，则称方程

$$P(x,y)\mathrm{d}x + Q(x,y)\mathrm{d}y = 0$$

为全微分方程.

（2）条件：方程 $P(x,y)\mathrm{d}x + Q(x,y)\mathrm{d}y = 0$ 为全微分方程的充分必要条件是 $\frac{\partial P}{\partial y} = \frac{\partial Q}{\partial x}$.

（3）通解：$\int_{x_0}^{x} P(x,y_0)\mathrm{d}x + \int_{y_0}^{y} Q(x,y)\mathrm{d}y = C$ ，

或 $\quad\quad\quad \int_{x_0}^{x} P(x,y)\mathrm{d}x + \int_{y_0}^{y} Q(x_0,y)\mathrm{d}y = C$ ，

其中 (x_0, y_0) 为平面区域 D 内一点，通常 (x_0, y_0) 取 $(0,0),(1,0),(1,1)$.

◆ **同步练习**

一、填空题

1. 设曲线 C 是圆 $x^2 + y^2 = 1$，取逆时针方向，则 $\oint_C -y\mathrm{d}x + x\mathrm{d}y = $ _____.

2. 设曲线 C 是正向椭圆 $\dfrac{x^2}{a^2} + \dfrac{y^2}{b^2} = 1$，则 $\oint_C (3x+2y)\mathrm{d}x - (x-4y)\mathrm{d}y = $ _____.

3. 设曲线 C 是圆 $x^2 + y^2 = a^2$，取逆时针方向，则 $\oint_C -xy^2\mathrm{d}y + x^2 y\mathrm{d}x = $ _____.

4. 设曲线 C 是圆 $y = \sqrt{2x - x^2}$ 从点 $A(2, 0)$ 到点 $O(0, 0)$ 的一段弧，则
$\int_C (\mathrm{e}^x \sin y + x)\mathrm{d}x + (\mathrm{e}^x \cos y + 5y)\mathrm{d}y = $ _____.

5. 微分方程 $3x^2 \mathrm{e}^y \mathrm{d}x + (x^3 \mathrm{e}^y - 1)\mathrm{d}y = 0$ 的通解为 _____.

二、解答题

1. 求 $\oint_C \dfrac{1}{x}\arctan\dfrac{y}{x}\mathrm{d}x + \dfrac{2}{y}\arctan\dfrac{x}{y}\mathrm{d}y$，其中 C 是曲线 $x^2 + y^2 = 1$，$x^2 + y^2 = 4$，
$y = x$，$y = \sqrt{3}x$ 在第一象限围成区域 D 的正向边界曲线.

2. 求 $\oint_C \dfrac{y\mathrm{d}x - x\mathrm{d}y}{4(x^2 + y^2)}$，其中 C 是圆 $(x-1)^2 + y^2 = 2$，取逆时针方向.

3. 求 $\oint_C (e^y + 3x^2)\mathrm{d}x + (xe^y + 2y)\mathrm{d}y$，其中 C 是过点 $O(0,0)$，$A(0,1)$，$B(1,2)$ 的圆弧，从点 O 到点 B.

4. 求 $\int_C (x^2 - e^x \cos y)\mathrm{d}x + (e^x \sin y + 3x)\mathrm{d}y$，其中 C 是圆 $x = \sqrt{2y - y^2}$ 从点 $O(0,0)$ 到点 $A(0,2)$ 的一段弧.

5. 求 $\oint_C (x+y)^2 \mathrm{d}x + (x^2 - y^2)\mathrm{d}y$，其中 C 是以 $A(1,1)$，$B(3,2)$，$D(3,5)$ 为顶点的三角形正向边界曲线.

6. 求 $\int_C (x^2 + 2xy)\mathrm{d}x + (x^2 + y^4)\mathrm{d}y$，其中 C 是曲线 $y = \sin\dfrac{\pi}{2}x$ 从点 $O(0,0)$ 到点 $A(1,1)$ 的一段弧.

7. 求 $\int_C (x + \mathrm{e}^{\sin y})\mathrm{d}y - \left(y - \dfrac{1}{2}\right)\mathrm{d}x$，其中 C 为从点 $A(1,0)$ 沿 $x+y=1$ 到点 $B(0,1)$，再从点 $B(0,1)$ 沿 $x^2 + y^2 = 1$ 到点 $D(-1,0)$ 的曲线段.

8. 求 $\int_{(0,\,0)}^{(1,\,2)} (x^4 + 4xy^3)\mathrm{d}x + (6x^2 y^2 - 5y^4)\mathrm{d}y$.

9. 求函数 $u(x, y)$ ，使得 $\mathrm{d}u = (2x\cos y + y^2\cos x)\mathrm{d}x + (2y\sin x - x^2\sin y)\mathrm{d}y$.

10. 求微分方程 $(3x^2 + 6xy^2)\mathrm{d}x + (6x^2 y + 4y^3)\mathrm{d}y = 0$ 的通解.

11. 求 $\int_C [\mathrm{e}^x \sin y - b(x + y)]\mathrm{d}x + (\mathrm{e}^x \cos y - ax)\mathrm{d}y$ ，其中 a, b 为常数， C 是圆 $y = \sqrt{2ax - x^2}$ 上从点 $A(2a, 0)$ 到点 $O(0, 0)$ 的一段弧.

11.3　曲面积分的概念与计算

◇　主要知识与方法

1. 对面积的曲面积分

$$\iint\limits_{S} f(x, y, z)\mathrm{d}S = \lim_{\lambda \to 0} \sum_{i=1}^{n} f(\xi_i, \eta_i, \zeta_i)\Delta S .$$

注：（ⅰ）对面积的曲面积分也称为第一类曲面积分.

（ⅱ）对面积的曲面积分有类似于对弧长的曲线积分的性质.

2. 对面积的曲面积分的计算方法

（1）设光滑曲面 S 的方程为 $z = z(x, y)$，其中 $(x, y) \in D_{xy}$，则

$$\iint\limits_{S} f(x, y, z)\mathrm{d}S = \iint\limits_{D_{xy}} f[x, y, z(x, y)]\sqrt{1 + z_x'^2 + z_y'^2}\,\mathrm{d}x\mathrm{d}y .$$

（2）设光滑曲面 S 的方程为 $y = y(z, x)$，其中 $(z, x) \in D_{zx}$，则

$$\iint\limits_{S} f(x, y, z)\mathrm{d}S = \iint\limits_{D_{zx}} f[x, y(z, x), z]\sqrt{1 + y_x'^2 + y_z'^2}\,\mathrm{d}z\mathrm{d}x .$$

（3）设光滑曲面 S 的方程为 $x = x(y, z)$，其中 $(y, z) \in D_{yz}$，则

$$\iint\limits_{S} f(x, y, z)\mathrm{d}S = \iint\limits_{D_{yz}} f[x(y, z), y, z]\sqrt{1 + x_y'^2 + x_z'^2}\,\mathrm{d}y\mathrm{d}z .$$

其中积分区域是曲面 S 在相应坐标平面上的投影区域.

3. 对坐标的曲面积分

$$\iint\limits_{S} P(x, y, z)\mathrm{d}y\mathrm{d}z = \lim_{\lambda \to 0} \sum_{i=1}^{n} P(\xi_i, \eta_i, \zeta_i)(\Delta S_i)_{yz} .$$

类似地，可定义 $\iint\limits_{S} Q(x, y, z)\mathrm{d}z\mathrm{d}x = \lim\limits_{\lambda \to 0} \sum\limits_{i=1}^{n} Q(\xi_i, \eta_i, \zeta_i)(\Delta S_i)_{zx} .$

$$\iint\limits_{S} R(x, y, z)\mathrm{d}x\mathrm{d}y = \lim_{\lambda \to 0} \sum_{i=1}^{n} R(\xi_i, \eta_i, \zeta_i)(\Delta S_i)_{xy} .$$

其中 (ΔS_i) 为有向光滑曲面 S 在相应坐标平面上的投影区域的代数面积.

　　注：（ⅰ）对坐标的曲面积分也称为第二类曲面积分.

（ⅱ）$\iint\limits_{S} P\mathrm{d}y\mathrm{d}z + \iint\limits_{S} Q\mathrm{d}z\mathrm{d}x + \iint\limits_{S} R\mathrm{d}x\mathrm{d}y = \iint\limits_{S} P\mathrm{d}y\mathrm{d}z + Q\mathrm{d}z\mathrm{d}x + R\mathrm{d}x\mathrm{d}y .$

（iii）对坐标的曲面积分有类似于对坐标的曲线积分的性质.

例如，$\iint\limits_{S^+} Pdydz + Qdzdx + Rdxdy = -\iint\limits_{S^-} Pdydz + Qdzdx + Rdxdy$.

（iv）流体以 $v = Pi + Qj + Rk$ 的速度在单位时间内从曲面 S 负侧流向正侧的总流量为

$$\Phi = \iint\limits_{S} Pdydz + Qdzdx + Rdxdy.$$

4. 对坐标的曲面积分的计算方法

（1）设光滑曲面 S 的方程为 $z = z(x, y)$，其中 $(x, y) \in D_{xy}$，若 S 取上侧，则

$$\iint\limits_{S} R(x, y, z)dxdy = \iint\limits_{D_{xy}} R[x, y, z(x, y)]dxdy;$$

若 S 取下侧，则

$$\iint\limits_{S} R(x, y, z)dxdy = -\iint\limits_{D_{xy}} R[x, y, z(x, y)]dxdy.$$

（2）设光滑曲面 S 的方程为 $x = x(y, z)$，其中 $(y, z) \in D_{yz}$，若 S 取前侧，则

$$\iint\limits_{S} P(x, y, z)dydz = \iint\limits_{D_{yz}} P[x(y, z), y, z]dydz;$$

若 S 取后侧，则

$$\iint\limits_{S} P(x, y, z)dydz = -\iint\limits_{D_{yz}} P[x(y, z), y, z]dydz.$$

（3）设光滑曲面 S 的方程为 $y = y(z, x)$，其中 $(z, x) \in D_{zx}$，若 S 取右侧，则

$$\iint\limits_{S} Q(x, y, z)dzdx = \iint\limits_{D_{zx}} Q[x, y(z, x), z]dzdx;$$

若 S 取左侧，则

$$\iint\limits_{S} Q(x, y, z)dzdx = -\iint\limits_{D_{zx}} Q[x, y(z, x), z]dzdx.$$

其中积分区域是曲面 S 在相应坐标平面上的投影区域.

5. 两类曲面积分的关系

设光滑曲面 S 在点 (x, y, z) 处的法向量的方向角为 α, β, γ，则

$$\iint\limits_{S} Pdydz + Qdzdx + Rdxdy = \iint\limits_{S} (P\cos\alpha + Q\cos\beta + R\cos\gamma)dS.$$

◆ 同步练习

一、填空题

1. 设 S 是平面 $x+y+z=1$ 与三个坐标面围成的四面体的表面，则 $\displaystyle\oiint_S \mathrm{d}S =$

_____ .

2. 设 S 是平面 $2x+2y+z=6$ 在第一卦限部分的平面，则 $\displaystyle\iint_S x^2 \mathrm{d}S =$ _____ .

3. 设 S 是平面 $x+y+z=1$ 在第一卦限部分平面的上侧，则 $\displaystyle\iint_S z\mathrm{d}x\mathrm{d}y =$ _____ .

4. 设 S 是平面 $x-y+z=1$ 在第四卦限部分平面的左侧，则 $\displaystyle\iint_S y\mathrm{d}z\mathrm{d}x =$ _____ .

二、解答题

1. 求 $\displaystyle\iint_S (x+y+z)\mathrm{d}S$，其中 S 是平面 $y+z=5$ 被曲面 $x^2+y^2=25$ 所截得部分的平面.

2. 求 $\displaystyle\iint_S (x^2+y^2+z^2)\mathrm{d}S$，其中 S 是平面 $x+y+z=1$ 在第一卦限部分的平面.

3. 设 S 是椭球面 $\dfrac{x^2}{2}+\dfrac{y^2}{2}+z^2=1$ 的上半部分，点 $P(x,y,z)\in S$，$\varPi$ 为 S 在点 P 的切平面，$\rho(x,y,z)$ 为点 $O(0,0,0)$ 到平面 $\varPi$ 的距离，求 $\displaystyle\iint\limits_{S}\dfrac{z}{\rho(x,y,z)}\,\mathrm{d}S$.

4. 求 $\displaystyle\iint\limits_{S}xyz\mathrm{d}x\mathrm{d}y$，其中 S 是抛物面 $z=x^2+y^2$ 被平面 $x=0$，$x=1$，$y=0$，$y=1$ 所截得部分曲面的上侧.

5. 求 $\displaystyle\oiint\limits_{S}x^2\mathrm{d}y\mathrm{d}z$，其中 S 是球面 $(x-a)^2+y^2+z^2=a^2(a>0)$ 的外侧.

6. 求 $\oiint\limits_{S} x^2 \mathrm{d}y\mathrm{d}z + y^2 \mathrm{d}z\mathrm{d}x + z^2 \mathrm{d}x\mathrm{d}y$ ，其中 S 是长方体 $0 \leqslant x \leqslant a,\ 0 \leqslant y \leqslant b,$ $0 \leqslant z \leqslant c$ 表面的外侧.

7. 求 $\oiint\limits_{S} xy\mathrm{d}y\mathrm{d}z + yz\mathrm{d}z\mathrm{d}x + zx\mathrm{d}x\mathrm{d}y$ ，其中 S 是 $x + y + z = 1$ 与三个坐标面围成的四面体表面的外侧.

8. 将对坐标的曲面积分 $\iint\limits_{S} P\mathrm{d}y\mathrm{d}z + Q\mathrm{d}z\mathrm{d}x + R\mathrm{d}x\mathrm{d}y$ 化为对面积的曲面积分，其中 S 是平面 $3x + 2y + 2\sqrt{3}z = 6$ 在第一卦限部分平面的外侧.

11.4 高斯公式与斯托克斯公式

◇ 主要知识与方法

1. 高斯公式

设空间闭区域 Ω 是由分片光滑的闭曲面 S 所围成的，函数 $P(x, y, z)$，$Q(x, y, z)$，$R(x, y, z)$ 在 Ω 上有一阶连续偏导数，则

$$\oiint\limits_{S} P\mathrm{d}y\mathrm{d}z + Q\mathrm{d}z\mathrm{d}x + R\mathrm{d}x\mathrm{d}y = \iiint\limits_{\Omega} \left(\frac{\partial P}{\partial x} + \frac{\partial Q}{\partial y} + \frac{\partial R}{\partial z} \right) \mathrm{d}v ,$$

或

$$\iint\limits_{S} (P\cos\alpha + Q\cos\beta + R\cos\gamma)\mathrm{d}S = \iiint\limits_{\Omega} \left(\frac{\partial P}{\partial x} + \frac{\partial Q}{\partial y} + \frac{\partial R}{\partial z} \right) \mathrm{d}v ,$$

其中曲面 S 是 Ω 的整个边界曲面的外侧，且 α, β, γ 是曲面 S 在点 (x, y, z) 处的法向量的方向角.

2. 斯托克斯公式

设 L 是空间分段光滑的闭曲线，曲面 S 是以 L 为边界的分片光滑的有向曲面，且 L 的正向与 S 的侧符合右手原则，若函数 $P(x, y, z)$，$Q(x, y, z)$，$R(x, y, z)$ 在 S 上有一阶连续偏导数，则

$$\oint_{L} P\mathrm{d}x + Q\mathrm{d}y + R\mathrm{d}z = \iint\limits_{S} \left(\frac{\partial R}{\partial y} - \frac{\partial Q}{\partial z} \right)\mathrm{d}y\mathrm{d}z + \left(\frac{\partial P}{\partial z} - \frac{\partial R}{\partial x} \right)\mathrm{d}z\mathrm{d}x + \left(\frac{\partial Q}{\partial x} - \frac{\partial P}{\partial y} \right)\mathrm{d}x\mathrm{d}y .$$

为方便起见，把上述公式记为

$$\oint_{L} P\mathrm{d}x + Q\mathrm{d}y + R\mathrm{d}z = \iint\limits_{S} \begin{vmatrix} \mathrm{d}y\mathrm{d}z & \mathrm{d}z\mathrm{d}x & \mathrm{d}x\mathrm{d}y \\ \dfrac{\partial}{\partial x} & \dfrac{\partial}{\partial y} & \dfrac{\partial}{\partial z} \\ P & Q & R \end{vmatrix} .$$

◆　**同步练习**

---

1. 求 $\oiint\limits_{S}(x-y)\mathrm{d}x\mathrm{d}y+(y-z)\mathrm{d}y\mathrm{d}z$ ，其中 S 是由柱面 $x^2+y^2=1$ 及平面 $z=0$ ，$z=3$ 围成的空间闭区域表面的外侧.

2. 求 $\iint\limits_{S}x\mathrm{d}y\mathrm{d}z+y\mathrm{d}z\mathrm{d}x+z\mathrm{d}x\mathrm{d}y$ ，其中 S 是上半球面 $x^2+y^2+z^2=a^2$ ($z\geqslant 0$) 的外侧.

3. 求 $\oiint\limits_{S}x^3\mathrm{d}y\mathrm{d}z+y^3\mathrm{d}z\mathrm{d}x+z^3\mathrm{d}x\mathrm{d}y$ ，其中 S 是球面 $x^2+y^2+z^2=a^2$ 的内侧.

4. 求 $\oint_L (2-y)\mathrm{d}x+(x-2)\mathrm{d}y+(y-x)\mathrm{d}z$ ，其中 L 是以点 $A(a,0,0)$，$B(0,a,0)$，$C(0,0,a)$ 为顶点的三角形沿 $ABCA$ 方向的闭曲线.

5. 求 $\oint_L 2y\mathrm{d}x+3x\mathrm{d}y-z^2\mathrm{d}z$ ，其中 L 是圆周 $\begin{cases} x^2+y^2+z^2=9 \\ z=0 \end{cases}$ ，且从 z 轴正向看下去时取逆时针方向.

6. 求 $\displaystyle\oiint_S \frac{x\mathrm{d}y\mathrm{d}z+y\mathrm{d}z\mathrm{d}x+z\mathrm{d}x\mathrm{d}y}{(x^2+y^2+z^2)^{\frac{3}{2}}}$ ，其中 S 是曲面 $2x^2+2y^2+z^2=4$ 的外侧.

第 12 章　无穷级数

12.1　常数项级数的概念与判别法

◇　主要知识与方法

1. 常数项级数收敛

设级数 $\sum\limits_{n=1}^{\infty} u_n$ 的前 n 项和为 $S_n = \sum\limits_{i=1}^{n} u_i$，若 $\lim\limits_{n \to \infty} S_n = S$，则称无穷级数 $\sum\limits_{n=1}^{\infty} u_n$ 收敛，且其和为 S. 即

$$\sum_{n=1}^{\infty} u_n \text{ 收敛} \Leftrightarrow \lim_{n \to \infty} S_n = S.$$

注：若 $\lim\limits_{n \to \infty} S_n$ 不存在，则称无穷级数 $\sum\limits_{n=1}^{\infty} u_n$ 发散.

2. 收敛级数的基本性质

（1）当 $k \neq 0$ 时，级数 $\sum\limits_{n=1}^{\infty} u_n$ 与级数 $\sum\limits_{n=1}^{\infty} k u_n$ 具有相同的敛散性.

（2）设级数 $\sum\limits_{n=1}^{\infty} u_n$，$\sum\limits_{n=1}^{\infty} v_n$ 均收敛，则 $\sum\limits_{n=1}^{\infty} (u_n \pm v_n)$ 收敛，且

$$\sum_{n=1}^{\infty} (u_n \pm v_n) = \sum_{n=1}^{\infty} u_n \pm \sum_{n=1}^{\infty} v_n.$$

（3）在级数 $\sum\limits_{n=1}^{\infty} u_n$ 中删去、增加、改变有限项，不改变其敛散性. 但在收敛时，其和一般会改变.

（4）收敛级数 $\sum\limits_{n=1}^{\infty} u_n$ 加括号后（不改变各项顺序）所得到的新级数仍收敛，且其和不变.

3. **级数收敛的必要条件**

设级数 $\sum\limits_{n=1}^{\infty} u_n$ 收敛，则 $\lim\limits_{n \to \infty} u_n = 0$.

注：（ⅰ）反过来不成立，即由 $\lim\limits_{n \to \infty} u_n = 0$ 推不出级数 $\sum\limits_{n=1}^{\infty} u_n$ 收敛.

（ⅱ）若 $\lim\limits_{n \to \infty} u_n \neq 0$，则级数 $\sum\limits_{n=1}^{\infty} u_n$ 发散.

4. **两个重要级数的敛散性**

（1）几何级数 $\sum\limits_{n=1}^{\infty} aq^{n-1}$：当 $|q| < 1$ 时，$\sum\limits_{n=1}^{\infty} aq^{n-1}$ 收敛且其和 $S = \dfrac{a}{1-q}$；当 $|q| \geqslant 1$ 时，$\sum\limits_{n=1}^{\infty} aq^{n-1}$ 发散.

（2）p－级数 $\sum\limits_{n=1}^{\infty} \dfrac{1}{n^p}$：当 $p > 1$ 时，$\sum\limits_{n=1}^{\infty} \dfrac{1}{n^p}$ 收敛；当 $p \leqslant 1$ 时，$\sum\limits_{n=1}^{\infty} \dfrac{1}{n^p}$ 发散.

5. **正项级数的审敛法**

（1）收敛的充要条件：正项级数 $\sum\limits_{n=1}^{\infty} u_n$ 收敛 $\Leftrightarrow$ 部分和数列 $\{S_n\}$ 有界.

（2）比较审敛法：设 $\sum\limits_{n=1}^{\infty} u_n, \sum\limits_{n=1}^{\infty} v_n$ 为正项级数，且 $u_n \leqslant v_n\,(n=1,2,3,\cdots)$，则

① 若 $\sum\limits_{n=1}^{\infty} v_n$ 收敛，则 $\sum\limits_{n=1}^{\infty} u_n$ 也收敛；

② 若 $\sum\limits_{n=1}^{\infty} u_n$ 发散，则 $\sum\limits_{n=1}^{\infty} v_n$ 也发散.

注：上述结论反过来不成立，即若 $\sum\limits_{n=1}^{\infty} u_n$ 收敛，则 $\sum\limits_{n=1}^{\infty} v_n$ 未必收敛；若 $\sum\limits_{n=1}^{\infty} v_n$ 发散，则 $\sum\limits_{n=1}^{\infty} u_n$ 未必发散.

（3）比较审敛法的极限形式：设 $\sum\limits_{n=1}^{\infty} u_n, \sum\limits_{n=1}^{\infty} v_n$ 为正项级数，且 $\lim\limits_{n \to \infty} \dfrac{u_n}{v_n} = l$，则

① 当 $0 < l < +\infty$ 时，级数 $\sum\limits_{n=1}^{\infty} u_n$ 与 $\sum\limits_{n=1}^{\infty} v_n$ 有相同的敛散性；

② 当 $l = 0$ 时，如果 $\sum\limits_{n=1}^{\infty} v_n$ 收敛，则级数 $\sum\limits_{n=1}^{\infty} u_n$ 收敛；

③ 当 $l = +\infty$ 时，如果 $\sum\limits_{n=1}^{\infty} v_n$ 发散，则 $\sum\limits_{n=1}^{\infty} u_n$ 发散.

说明：比较审敛法的参考级数一般为几何级数与 $p-$ 级数.

（4）比值审敛法：设 $\sum\limits_{n=1}^{\infty} u_n$ 为正项级数，且 $\lim\limits_{n\to\infty}\dfrac{u_{n+1}}{u_n} = \rho$ ，则

① 当 $\rho < 1$ 时，级数收敛；

② 当 $\rho > 1$（或 $\rho = +\infty$）时，级数发散；

③ 当 $\rho = 1$ 时，级数可能收敛也可能发散.

（5）根值审敛法：设 $\sum\limits_{n=1}^{\infty} u_n$ 为正项级数，且 $\lim\limits_{n\to\infty}\sqrt[n]{u_n} = \rho$ ，则

① 当 $\rho < 1$ 时，级数收敛；

② 当 $\rho > 1$（或 $\rho = +\infty$）时，级数发散；

③ 当 $\rho = 1$ 时，级数可能收敛也可能发散.

注：当 $u_n = [f(n)]^n$ 时，可考虑采用根值判别法判断级数的敛散性.

6. 交错级数的审敛法

若交错级数 $\sum\limits_{n=1}^{\infty}(-1)^{n-1}u_n\ (u_n > 0)$ 满足：

（1）$u_n \geqslant u_{n+1}\ (n = 1,\ 2,\ \cdots)$；

（2）$\lim\limits_{n\to\infty} u_n = 0$ ，

则交错级数 $\sum\limits_{n=1}^{\infty}(-1)^{n-1}u_n$ 收敛，且其和 $S \leqslant u_1$ ，其余项 r_n 的绝对值 $|r_n| \leqslant u_{n+1}$.

注：级数 $\sum\limits_{n=1}^{\infty}\dfrac{(-1)^{n-1}}{n}$ ， $\sum\limits_{n=1}^{\infty}\dfrac{(-1)^{n}}{n}$ 收敛.

7. 任意项级数的敛散性

（1）绝对收敛：若级数 $\sum\limits_{n=1}^{\infty}|u_n|$ 收敛，则称 $\sum\limits_{n=1}^{\infty}u_n$ 为绝对收敛.

（2）条件收敛：若级数 $\sum\limits_{n=1}^{\infty}u_n$ 收敛，但级数 $\sum\limits_{n=1}^{\infty}|u_n|$ 发散，则称 $\sum\limits_{n=1}^{\infty}u_n$ 为条件收敛.

（3）绝对收敛的性质：

① 若级数 $\sum\limits_{n=1}^{\infty}u_n$ 绝对收敛，则级数 $\sum\limits_{n=1}^{\infty}u_n$ 收敛.

② 任意交换绝对收敛级数的各项次序所得的新级数仍然绝对收敛，且其和不变.

◆ **同步练习**

一、填空题

1. 当 p 满足_____时，级数 $\sum\limits_{n=1}^{\infty}\dfrac{1}{n^{p+1}}$ 收敛.

2. 级数 $\sum\limits_{n=1}^{\infty}\dfrac{(-1)^n n}{n+1}$ 是_____（填收敛或发散）.

3. 级数 $\sum\limits_{n=1}^{\infty}(-1)^n \sin\dfrac{1}{\sqrt{n}}$ 是_____（填绝对收敛或条件收敛）.

4. 级数 $\sum\limits_{n=1}^{\infty}\dfrac{(-1)^n}{n^2}$ 是_____（填绝对收敛或条件收敛）.

5. 级数 $\sum\limits_{n=1}^{\infty}\left(\dfrac{100}{n(n+1)}-\dfrac{100}{3^n}\right)$ 的和 $S=$_____.

二、解答题

1. 设级数 $\sum\limits_{n=1}^{\infty}u_n$ 的部分和 $S_n=\dfrac{3^n-1}{3^{n-1}}$，（1）求 u_n；（2）判别级数 $\sum\limits_{n=1}^{\infty}u_n$ 的敛散性，若收敛，求其和.

2. 判别级数 $\sum\limits_{n=1}^{\infty}\dfrac{(-1)^n n}{3n-1}$ 的敛散性.

3. 判别级数 $\sum\limits_{n=1}^{\infty} \dfrac{1}{(5n-4)(5n+1)}$ 的敛散性，若收敛，求其和.

4. 判别级数 $\sum\limits_{n=1}^{\infty} \dfrac{1}{1+a^n}$ $(a>0)$ 的敛散性.

5. 判别级数 $\sum\limits_{n=1}^{\infty} \dfrac{n^n}{a^n n!}$ $(a>0, a \neq \mathrm{e})$ 的敛散性.

6. 判别级数 $\sum\limits_{n=1}^{\infty}(-1)^{n-1}\arcsin\dfrac{1}{n}$ 的敛散性，若收敛，判别是绝对收敛还是条件收敛.

7. 判别级数 $\sum\limits_{n=1}^{\infty}(-1)^{n+1}\dfrac{n^3}{2^n}$ 的敛散性，若收敛，判别是绝对收敛还是条件收敛.

8. 判别级数 $\sum\limits_{n=1}^{\infty}\dfrac{2\cdot5\cdots\cdots(3n-1)}{1\cdot5\cdots\cdots(4n-3)}$ 的敛散性.

9. 判别级数 $\sum\limits_{n=1}^{\infty}\dfrac{(n+1)!}{n^{n+1}}$ 的敛散性.

10. 判别级数 $\sum\limits_{n=1}^{\infty}\dfrac{n}{(n+1)!}$ 的敛散性，若收敛，求其和.

11. 判别级数 $\sum\limits_{n=1}^{\infty}\dfrac{3^n}{\left(\dfrac{n+1}{n}\right)^{n^2}}$ 的敛散性.

12. 设级数 $\sum_{n=1}^{\infty} u_n (u_n > 0)$ 的部分和 S_n，记 $v_n = \dfrac{1}{S_n}$，且 $\sum_{n=1}^{\infty} v_n$ 收敛，判别级数 $\sum_{n=1}^{\infty} u_n$ 的敛散性.

13. 判别级数 $\sum_{n=1}^{\infty} \sin \dfrac{1}{n}$ 的敛散性.

14. 设正项数列 $\{a_n\}$ 单调减少，且级数 $\sum_{n=1}^{\infty} (-1)^n a_n$ 发散，判别级数 $\sum_{n=1}^{\infty} \left(\dfrac{1}{1+a_n} \right)^n$ 的敛散性.

15. 判别级数 $\displaystyle\sum_{n=1}^{\infty} \dfrac{(1!)^2 + (2!)^2 + \cdots + (n!)^2}{(2n)!}$ 的敛散性.

三、证明题

1. 设级数 $\displaystyle\sum_{n=1}^{\infty} a_n^2$ 收敛，证明级数 $\displaystyle\sum_{n=1}^{\infty} \dfrac{a_n}{n}$ 收敛.

2. 设 $a_1 = 2$, $a_{n+1} = \dfrac{1}{2}\left(a_n + \dfrac{1}{a_n}\right)$ $(n = 1, 2, \cdots)$，证明：（1）$\displaystyle\lim_{n\to\infty} a_n$ 存在；（2）级数 $\displaystyle\sum_{n=1}^{\infty}\left(\dfrac{a_n}{a_{n+1}} - 1\right)$ 收敛.

12.2 幂级数及其展开

◇ 主要知识与方法

1. 函数项级数的收敛域

设函数列 $\{u_n(x)\}$ 的定义域为 I，取 $x_0 \in I$，若级数 $\sum\limits_{n=1}^{\infty} u_n(x_0)$ 收敛，则称点 x_0 为 $\sum\limits_{n=1}^{\infty} u_n(x)$ 的收敛点，收敛点的全体称为 $\sum\limits_{n=1}^{\infty} u_n(x)$ 的收敛域.

若级数 $\sum\limits_{n=1}^{\infty} u_n(x_0)$ 发散，则称点 x_0 为 $\sum\limits_{n=1}^{\infty} u_n(x)$ 的发散点，发散点的全体称为 $\sum\limits_{n=1}^{\infty} u_n(x)$ 的发散域.

2. 和函数

设 $\sum\limits_{n=1}^{\infty} u_n(x)$ 的收敛域为 D，则对任意 $x \in D$，存在唯一的数 $\sum\limits_{n=1}^{\infty} u_n(x)$ 与 x 对应，即在 D 上定义了一个函数，称之为函数项级数 $\sum\limits_{n=1}^{\infty} u_n(x)$ 的和函数，记为 $S(x)$.

显然，设 $S_n(x)$ 为 $\sum\limits_{n=1}^{\infty} u_n(x)$ 的前 n 项和，则 $\lim\limits_{n \to \infty} S_n(x) = S(x)$.

3. 幂级数的敛散性（Abel 定理）

（1）若幂级数 $\sum\limits_{n=0}^{\infty} a_n x^n$ 在点 $x = x_0 \ (x_0 \neq 0)$ 处收敛，则当 $|x| < |x_0|$ 时，幂级数 $\sum\limits_{n=0}^{\infty} a_n x^n$ 绝对收敛；

（2）若幂级数 $\sum\limits_{n=0}^{\infty} a_n x^n$ 在点 $x = x_1$ 处发散，则当 $|x| > |x_1|$，幂级数 $\sum\limits_{n=0}^{\infty} a_n x^n$ 发散.

说明： 由幂级数的敛散性可知，若幂级数 $\sum\limits_{n=0}^{\infty} a_n x^n$ 不是仅在 $x = 0$ 一点收敛，也不是在整个数轴上收敛，则存在唯一正数 R，使得当 $|x| < R$ 时，$\sum\limits_{n=0}^{\infty} a_n x^n$ 收敛，当 $|x| > R$ 时，$\sum\limits_{n=0}^{\infty} a_n x^n$ 发散. 正数 R 称为幂级数 $\sum\limits_{n=0}^{\infty} a_n x^n$ 的收敛半径.

4. 收敛半径的求法

给定幂级数 $\sum\limits_{n=0}^{\infty} a_n x^n$，若 $\lim\limits_{n \to \infty} \left| \dfrac{a_{n+1}}{a_n} \right| = \rho$ 或 $\lim\limits_{n \to \infty} \sqrt[n]{|a_n|} = \rho$，则

$$R = \begin{cases} \dfrac{1}{\rho}, & \rho \neq 0 \\ +\infty, & \rho = 0 \\ 0, & \rho = +\infty \end{cases}.$$

5. 收敛域（收敛区间）的求法

区间 $(-R, R)$ 加上端点的收敛点.

6. 幂级数和函数的性质

设幂级数 $\sum\limits_{n=0}^{\infty} a_n x^n$ 在 $(-R, R)$ 内的和函数为 $S(x)$，则

（1）$S(x)$ 在 $(-R, R)$ 内连续，若幂级数 $\sum\limits_{n=0}^{\infty} a_n x^n$ 在 $x = R$（或 $x = -R$）收敛，则 $S(x)$ 在点 $x = R$ 处左连续（或在点 $x = -R$ 处右连续）.

（2）$S(x)$ 在 $(-R, R)$ 内可导，且有逐项求导公式：

$$S'(x) = \left(\sum_{n=0}^{\infty} a_n x^n \right)' = \sum_{n=0}^{\infty} (a_n x^n)' = \sum_{n=1}^{\infty} n a_n x^{n-1}.$$

注：逐项求导后所得的幂级数与原幂级数有相同的收敛半径 R，但收敛域可能不同，即端点的敛散性可能不同.

（3）$S(x)$ 在 $(-R, R)$ 内可积，且有逐项积分公式：

$$\int_0^x S(t) \mathrm{d}t = \int_0^x \left(\sum_{n=0}^{\infty} a_n t^n \right) \mathrm{d}t = \sum_{n=0}^{\infty} a_n \int_0^x t^n \mathrm{d}t = \sum_{n=0}^{\infty} \frac{a_n}{n+1} x^{n+1}.$$

注：逐项积分后所得的幂级数与原幂级数有相同的收敛半径 R，但收敛域可能不同，即端点的敛散性可能不同.

说明：利用幂级数的逐项求导或逐项求积可求幂级数的和函数.

7. 几个常见函数的幂级数展开式

（1）$\mathrm{e}^x = 1 + x + \dfrac{1}{2!} x^2 + \cdots + \dfrac{1}{n!} x^n + \cdots$

$$= \sum_{n=0}^{\infty} \frac{x^n}{n!} \ (-\infty < x < +\infty).$$

（2）$\sin x = x - \dfrac{x^3}{3!} + \dfrac{x^5}{5!} - \cdots + (-1)^{n-1} \dfrac{x^{2n-1}}{(2n-1)!} + \cdots$

$$= \sum_{n=0}^{\infty} (-1)^n \frac{x^{2n+1}}{(2n+1)!} \ (-\infty < x < +\infty).$$

（3）$\cos x = 1 - \dfrac{x^2}{2!} + \dfrac{x^4}{4!} - \cdots + (-1)^n \dfrac{x^{2n}}{(2n)!} + \cdots$

$$= \sum_{n=0}^{\infty} (-1)^n \frac{x^{2n}}{(2n)!} \ (-\infty < x < +\infty).$$

（4）$\dfrac{1}{1-x} = 1 + x + x^2 + \cdots + x^n + \cdots$

$$= \sum_{n=0}^{\infty} x^n \ (-1 < x < 1).$$

（5）$\dfrac{1}{1+x} = 1 - x + x^2 - x^3 + \cdots + (-1)^n x^n + \cdots$

$$= \sum_{n=0}^{\infty} (-1)^n x^n \ (-1 < x < 1).$$

（6）$\ln(1+x) = x - \dfrac{x^2}{2} + \dfrac{x^3}{3} - \dfrac{x^4}{4} + \cdots + (-1)^{n-1} \dfrac{x^n}{n} + \cdots$

$$= \sum_{n=0}^{\infty} (-1)^n \frac{x^{n+1}}{n+1} \ (-1 < x \leqslant 1).$$

（7）$(1+x)^{\alpha} = 1 + \alpha x + \dfrac{\alpha(\alpha-1)}{2!} x^2 + \cdots + \dfrac{\alpha(\alpha-1)\cdots(\alpha-n+1)}{n!} x^n + \cdots$

$$= 1 + \sum_{n=1}^{\infty} \frac{\alpha(\alpha-1)\cdots(\alpha-n+1)}{n!} x^n \ (-1 < x < 1).$$

8. 函数展开成幂级数的间接展开法

利用常见函数的展开式，通过幂级数的运算、逐项求导、逐项求积、变量代换、恒等变形等将所给函数展开成幂级数.

说明：利用幂级数的和函数或函数的幂级数展开式可以求常数项级数的和.

◆ **同步练习**

一、填空题

1. 幂级数 $\sum\limits_{n=1}^{\infty} \dfrac{1}{n \cdot 4^n} x^n$ 的收敛半径 $R =$ _____.

2. 幂级数 $\sum\limits_{n=1}^{\infty} \dfrac{(-1)^n}{n} x^n$ 的收敛区间为 _____.

3. 函数 $f(x) = \sin^2 x$ 展开成 x 的幂级数为 _____.

4. 函数 $f(x) = \dfrac{1}{2+x}$ 展开成 $x-1$ 的幂级数为 _____.

二、解答题

1. 判别级数 $\dfrac{4-x}{7x+2} + \dfrac{1}{3}\left(\dfrac{4-x}{7x+2}\right)^2 + \dfrac{1}{5}\left(\dfrac{4-x}{7x+2}\right)^3 + \cdots$ 在点 $x=0$ 与 $x=1$ 处的敛散性.

2. 求幂级数 $\sum\limits_{n=1}^{\infty} \dfrac{1}{n^2 \cdot 2^n} x^n$ 的收敛半径与收敛域.

3. 求幂级数 $\displaystyle\sum_{n=1}^{\infty}\frac{3^n}{n}(x-2)^n$ 的收敛区间.

4. 求幂级数 $\displaystyle\sum_{n=1}^{\infty}\frac{1}{n\cdot 4^n}x^{2n}$ 的收敛域.

5. 求级数 $\displaystyle\sum_{n=1}^{\infty}\frac{1}{n}\left(\frac{x-1}{x}\right)^n$ 的收敛域.

6. 求幂级数 $\sum\limits_{n=1}^{\infty}\dfrac{1}{n}x^{n}$ 的和函数，并求级数 $\sum\limits_{n=1}^{\infty}\dfrac{1}{n\cdot 3^{n}}$ 的和.

7. 求幂级数 $\sum\limits_{n=1}^{\infty}nx^{n-1}$ 的和函数，并求级数 $\sum\limits_{n=1}^{\infty}\dfrac{n}{2^{n-1}}$ 的和.

8. 求幂级数 $\sum\limits_{n=1}^{\infty}\dfrac{n(n+1)}{2}x^{n-1}$ 的收敛域及和函数.

9. 将函数 $f(x) = \text{arccot}\, x$ 展开成 x 的幂级数.

10. 将函数 $f(x) = \ln(1+x)$ 展开成 $(x-2)$ 的幂级数.

11. 将函数 $f(x) = \dfrac{1}{6-5x+x^2}$ 展开成 $(x-1)$ 的幂级数.

12. 利用幂级数展开式求 $\dfrac{1+\dfrac{\pi^4}{5!}+\dfrac{\pi^8}{9!}+\dfrac{\pi^{12}}{13!}+\cdots}{\dfrac{1}{3!}+\dfrac{\pi^4}{7!}+\dfrac{\pi^8}{11!}+\dfrac{\pi^{12}}{15!}+\cdots}$.

13. 求幂级数 $\displaystyle\sum_{n=0}^{\infty}\dfrac{4n^2+4n+3}{2n+1}x^{2n}$ 的收敛域及和函数.

三、证明题

设幂级数 $\displaystyle\sum_{n=0}^{\infty}a_n(x-1)^n$ 在点 $x_1=3$ 处发散，在点 $x_2=-1$ 处收敛，指出该级数的收敛半径，并证明之.

12.3 傅立叶级数及其展开

◇ 主要知识与方法

1. 傅立叶级数

设 $f(x)$ 是以 2π 为周期的函数，且在 $[-\pi, \pi]$ 上可积，则级数

$$\frac{a_0}{2}+\sum_{n=1}^{\infty}(a_n\cos nx+b_n\sin nx)$$

称为 $f(x)$ 的傅立叶级数，记为

$$f(x)\sim\frac{a_0}{2}+\sum_{n=1}^{\infty}(a_n\cos nx+b_n\sin nx),$$

其中 $a_n=\frac{1}{\pi}\int_{-\pi}^{\pi}f(x)\cos nx\mathrm{d}x\ (n=0,1,2,\cdots)$，$b_n=\frac{1}{\pi}\int_{-\pi}^{\pi}f(x)\sin nx\mathrm{d}x\ (n=1,2,\cdots)$ 称为傅立叶系数.

2. 傅立叶级数收敛定理（狄利希莱（Dirichlet）收敛定理）

设 $f(x)$ 是以 2π 为周期的函数，且 $f(x)$ 在区间 $[-\pi,\pi]$ 上满足如下狄利希莱条件：

（1）连续或者只有有限个第一类间断点；

（2）只有有限个极值点，

则 $f(x)$ 的傅立叶级数在区间 $[-\pi, \pi]$ 上收敛，且

（1）当 x 是 $f(x)$ 的连续点时，级数收敛于 $f(x)$；

（2）当 x 是 $f(x)$ 的间断点时，级数收敛于 $\dfrac{f(x-0)+f(x+0)}{2}$；

（3）当 $x=\pm\pi$ 时，级数收敛于 $\dfrac{f(-\pi+0)+f(\pi-0)}{2}$.

3. 正弦级数

设 $f(x)$ 在 $[-\pi, \pi]$ 上是奇函数，则称 $f(x)$ 的傅立叶级数 $\sum_{n=1}^{\infty}b_n\sin nx$ 为正弦级数.

4. 余弦级数

设 $f(x)$ 在 $[-\pi, \pi]$ 上是偶函数，则称 $f(x)$ 的傅立叶级数 $\dfrac{a_0}{2}+\sum_{n=1}^{\infty}a_n\cos nx$ 为余

弦级数.

5．周期为 $2l$ 的函数的傅立叶级数

设 $f(x)$ 是以 $2l$ 为周期的函数，则 $f(x)$ 的傅立叶系数为

$$a_n = \frac{1}{l}\int_{-l}^{l} f(x)\cos\frac{n\pi x}{l}\mathrm{d}x\ (n = 0,\ 1,\ 2,\ \cdots),\quad b_n = \frac{1}{l}\int_{-l}^{l} f(x)\sin\frac{n\pi x}{l}\mathrm{d}x\ (n = 1,\ 2,\ \cdots),$$

且对应的傅立叶级数为

$$\frac{a_0}{2} + \sum_{n=1}^{\infty}\left(a_n\cos\frac{n\pi}{l}x + b_n\sin\frac{n\pi}{l}x\right).$$

设 $f(x)$ 在区间 $[-l,\ l]$ 上满足狄利希莱收敛定理条件，则

（1）当 x 是 $f(x)$ 的连续点时，级数收敛于 $f(x)$；

（2）当 x 是 $f(x)$ 的间断点时，级数收敛于 $\dfrac{f(x-0)+f(x+0)}{2}$；

（3）当 $x = \pm l$ 时，级数收敛于 $\dfrac{f(-l+0)+f(l-0)}{2}$.

特别地，若 $f(x)$ 在 $[-l,\ l]$ 上是奇函数，则 $f(x)$ 的傅立叶级数为正弦级数 $\displaystyle\sum_{n=1}^{\infty} b_n\sin\frac{n\pi}{l}x$；若 $f(x)$ 在 $[-l,\ l]$ 上是偶函数，则 $f(x)$ 的傅立叶级数为余弦级数 $\dfrac{a_0}{2} + \displaystyle\sum_{n=1}^{\infty} a_n\cos\frac{n\pi}{l}x$.

6．定义在 $[0,\ l]$ 上的函数的傅立叶级数

（1）偶延拓：在 $[-l,\ 0]$ 上对函数作补充，使得 $f(-x) = f(x)$，即得到一个偶函数，于是将 $f(x)$ 在 $[0,\ l]$ 上展开为余弦级数.

（2）奇延拓：在 $[-l,\ 0]$ 上对函数作补充，使得 $f(-x) = -f(x)$，即得到一个奇函数，于是将 $f(x)$ 在 $[0,\ l]$ 上展开为正弦级数.

◆ **同步练习**

一、填空题

1. 以 2π 为周期的函数 $f(x)=\begin{cases}-1, & -\pi<x\leqslant0\\1+x^2, & 0<x\leqslant\pi\end{cases}$ 的傅立叶级数在 $x=\pi$ 处收敛于 _____.

2. 设函数 $f(x)=\pi x+x^2\ (-\pi<x<\pi)$ 的傅立叶级数展开式为 $\dfrac{a_0}{2}+\sum\limits_{n=1}^{\infty}(a_n\cos nx+b_n\sin nx)$，则 $b_3=$ _____.

3. 以 2 为周期的函数 $f(x)=\begin{cases}2, & -1<x\leqslant0\\x^3, & 0<x\leqslant1\end{cases}$ 的傅立叶级数在 $x=1$ 处收敛于 _____.

4. 函数 $f(x)=x^2,\ 0\leqslant x\leqslant1$，设 $S(x)=\sum\limits_{n=1}^{\infty}b_n\sin(n\pi x),\ -\infty<x<+\infty$，其中 $b_n=2\int_0^1 f(x)\sin(n\pi x)\mathrm{d}x\ (n=1,\ 2,\ \cdots)$，则 $S\left(-\dfrac{1}{2}\right)=$ _____.

二、解答题

1. 将以 2π 为周期的函数 $f(x)=x\ (-\pi\leqslant x<\pi)$ 展开成傅立叶级数.

2. 将函数 $f(x)=\cos\dfrac{x}{2}$ 在 $[0,\pi]$ 上展开成余弦级数.

3. 将函数 $f(x) = -\sin\dfrac{x}{2} + 1$, $x \in [0, \pi]$ 展开成正弦级数.

4. 将函数 $f(x) = x^2$ $(-\pi < x < \pi)$ 展开成傅立叶级数，求级数 $\displaystyle\sum_{n=1}^{\infty} \dfrac{(-1)^n}{n^2}$ 的和.

5. 将函数 $f(x) = 2 + |x|$ $(-1 \leqslant x \leqslant 1)$ 展开成傅立叶级数，并求级数 $\displaystyle\sum_{n=1}^{\infty} \dfrac{1}{n^2}$ 的和.

附录 A 高等数学期末考试试题

A.1 高等数学（A）期末考试试题

高等数学（A）I 期末考试试题（一）

一、填空题（每小题 3 分，共 15 分）

1. 极限 $\lim\limits_{n\to\infty}\dfrac{1+2+\cdots+n}{n^2}=$ _____.

2. 曲线 $y=x^3-x-2$ 在点 $(1,-2)$ 处的法线方程为 _____.

3. 函数 $f(x)=x+2\cos x$ 在 $\left[0,\dfrac{\pi}{2}\right]$ 上的最小值 _____.

4. 反常积分 $\int_1^{+\infty}\dfrac{1}{x(1+x)}\mathrm{d}x=$ _____.

5. 曲线 $\begin{cases}x^2+y^2+z^2=4\\ z=\sqrt{x^2+y^2}\end{cases}$ 在平面上 xOy 的投影曲线方程为 _____.

二、选择题（每小题 3 分，共 15 分）

1. 设函数 $f(x)=\begin{cases}(1-x)^{\frac{2}{x}}, & x\neq 0\\ a, & x=0\end{cases}$ 在点 $x=0$ 处连续，则 $a=$ (　　).

   A. 1 　　　　 B. e^{-1} 　　　　 C. e^{-2} 　　　　 D. e^2

2. 设当 $x\to 0$ 时 $f(x)=\cos x-1$ 与 $g(x)=ax^2$ 等价，则 $a=$ (　　).

   A. 1 　　　　 B. $\dfrac{1}{2}$ 　　　　 C. -1 　　　　 D. $-\dfrac{1}{2}$

3. 设 $y=\ln\sin x$ ，则 $y''=$ (　　).

   A. $\csc^2 x$ 　　 B. $-\csc^2 x$ 　　 C. $\cot x$ 　　 D. $-\cot x$

4. 设 $F(x)=\int_0^x(x-t)f(t)\mathrm{d}t$ ，则 $F'(x)=$ (　　).

   A. $\int_0^x f(t)\mathrm{d}t$ 　 B. $-\int_0^x f(t)\mathrm{d}t$ 　 C. 0 　 D. $f(x)$

5. 设直线 $\dfrac{x-1}{1}=\dfrac{y-3}{-1}=\dfrac{z+1}{n}$ 与平面 $2x-2y+4z-1=0$ 平行，则 $n=$ (　　).

   A. 2 　　　　 B. -2 　　　　 C. 1 　　　　 D. -1

三、解答题（每小题 7 分，共 42 分）

1. 设当 $x \to \infty$ 时，函数 $f(x) = \dfrac{x^2 - 2x}{x+1} - ax + b$ 为无穷小，求 a, b 的值.

2. 求极限 $\lim\limits_{x \to 1}\left(\dfrac{1}{\ln x} - \dfrac{x}{x-1}\right)$.

3. 设 $y = (1 + \sin x)^x$，求 $\mathrm{d}y|_{x=\pi}$.

4. 求不定积分 $\displaystyle\int \dfrac{1}{x^2(1-x^2)}\mathrm{d}x$.

5. 求不定积分 $\displaystyle\int \dfrac{\sqrt{x^2-9}}{x}\mathrm{d}x$.

6. 求定积分 $\displaystyle\int_1^e \dfrac{\ln x}{x^2}\mathrm{d}x$.

四、综合题（每小题 10 分，共 20 分）

1. 设由曲线 $y = \sin x, y = \cos x$ 和直线 $x = 0, x = \dfrac{\pi}{2}$ 围成的平面图形为 D，（1）求图形 D 的面积；（2）求图形 D 绕 x 轴旋转一周所形成的旋转体体积.

2. 设有空间三点 $A(2,1,-1), B(3,2,1), C(4,0,3)$，（1）求过点 A, B, C 的平面 π 的方程；（2）求过点 A 且垂直于平面 π 的直线标准式及参数方程.

五、证明题（本题 8 分）

证明：当 $x > 0$ 时，$\arctan x + \dfrac{1}{x} > \dfrac{\pi}{2}$.

高等数学（A）I 期末考试试题（二）

一、填空题（每小题 3 分，共 15 分）

1. 设函数 $y = y(x)$ 由方程 $y = 1 + xe^y$ 确定，则 $y'(0) = $ _____.

2. 设 $y = \dfrac{\ln x}{x}$，则 $\mathrm{d}y = $ _____.

3. 不定积分 $\displaystyle\int \sec^4 x\, \mathrm{d}x = $ _____.

4. 定积分 $\displaystyle\int_{-1}^1 (x^3 \cos x + |x|)\mathrm{d}x = $ _____.

5. 过点 $(2,1,-1)$ 且平行于平面 $3x - 2y + z + 4 = 0$ 的平面方程为 _____.

二、选择题（每小题 3 分，共 15 分）

1. 当 $x \to 0$ 时，若无穷小 $\tan x - x$ 与 x^k 是同阶无穷小，则 $k = $ （　　　）.

　　A. 1　　　　　　B. 2　　　　　　C. 3　　　　　　D. 4

2. 设 $\lim\limits_{x \to 0} \dfrac{f(1) - f(1-x)}{2x} = -1$，则曲线 $y = f(x)$ 在点 $(1, f(1))$ 处的切线斜率为（   ）.

    A．2   B．-1 C．$\dfrac{1}{2}$ D．-2

3. $f(x) = x^3 - 3x + 2$ 在区间 $[0,3]$ 上满足拉格朗日中值定理的中值 $\xi = ($ $)$.

    A．$\pm\sqrt{3}$ B．$\sqrt{3}$ C．$-\sqrt{3}$ D．2

4. 由曲线 $y = \sqrt{x}$ 及直线 $y = x$ 围成的平面图形绕 y 轴旋转一周所形成的立体体积为（   ）.

    A．$\dfrac{1}{6}$ B．$\dfrac{2}{15}$ C．$\dfrac{\pi}{6}$ D．$\dfrac{2\pi}{15}$

5. zOx 面上的曲线 $x^2 - z^2 = 1$ 绕 x 轴旋转一周所形成的曲面方程为（   ）.

    A．$x^2 - y^2 - z^2 = 1$ B．$x^2 + y^2 - z^2 = 1$

    C．$y^2 + z^2 - x^2 = 1$ D．$z^2 - x^2 - y^2 = 1$

三、解答题（每小题 7 分，共 42 分）

1. 设 $f(x) = \begin{cases} \dfrac{x^2 - ax + b}{x - 1}, & x < 1 \\ x + 2, & x \geq 1 \end{cases}$，且 $\lim\limits_{x \to 1} f(x)$ 存在，求 a, b 的值.

2. 求极限 $\lim\limits_{x \to +\infty} \left(\dfrac{2}{\pi} \arctan x\right)^x$.

3. 设 $y = \ln(x + \sqrt{x^2 + 1})$，求 $y''\big|_{x = \sqrt{3}}$.

4. 求不定积分 $\displaystyle\int \dfrac{1}{x + \sqrt{1 - x^2}} dx$.

5. 求极限 $\lim\limits_{n \to \infty} \dfrac{\ln\left(1 + \dfrac{1}{n}\right) + \ln\left(1 + \dfrac{2}{n}\right) + \cdots + \ln\left(1 + \dfrac{n}{n}\right)}{n}$.

6. 求曲线 $y = \ln\cos x$ 在区间 $\left[0, \dfrac{\pi}{6}\right]$ 上的长度.

四、综合题（每小题 10 分，共 20 分）

1. 设 $f(x) = \lim\limits_{t \to \infty}\left[x\left(\dfrac{t-x}{t+x}\right)^t\right]$，求曲线 $y = f(x)$ 的凹凸区间与拐点.

2. 设有直线 $L: \begin{cases} x + 2y + z - 4 = 0 \\ x + z + 2 = 0 \end{cases}$ 及平面 $\Pi: -2x + 2y + z + 1 = 0$，求（1）直线 L 的对称式方程；（2）直线 L 与平面 Π 的夹角 φ.

五、证明题（本题 8 分）

设 $x_1=10,\ x_n=\sqrt{6+x_{n-1}}\ (n\geqslant 2)$，证明数列 $\{x_n\}$ 收敛，并求其极限.

高等数学（A）I 期末考试试题（三）

一、填空题（每小题 3 分，共 15 分）

1. 极限 $\lim\limits_{x\to+\infty}(\sqrt{4x^2+3x}-2x)=$ _____.

2. 曲线 $y=x\ln x$ 在点 (e,e) 处的切线方程为 _____.

3. 曲线 $y=\dfrac{x^2}{x+2}$ 的斜渐近线为 _____.

4. $\displaystyle\int\dfrac{1}{x^2(1+x^2)}\mathrm{d}x=$ _____.

5. 定积分 $\displaystyle\int_0^{2\pi}|\sin x|\mathrm{d}x=$ _____.

二、选择题（每小题 3 分，共 15 分）

1 设方程 $\begin{cases}x=3\sin t\\y=2\cos t\end{cases}$ 确定函数 $y=y(x)$，则 $\mathrm{d}y=$（　　　）.

　A. $-\dfrac{2}{3}\tan t\mathrm{d}x$　　　B. $-\dfrac{2}{3}\tan t$　　　C. $-\dfrac{3}{2}\cot t\mathrm{d}x$　　　D. $-\dfrac{3}{2}\cot t$

2. 当 $x\to 0$ 时，无穷小量 $\sec x-1$ 是 $\dfrac{1}{2}x^2$ 的（　　　）.

　A. 高阶无穷小　　　　　　　　　B. 低阶无穷小

　C. 同阶不等价无穷小　　　　　　D. 等价无穷小

3. 函数 $y=x^3-3x$ 的极小值点为（　　　）.

　A. $x=-1$　　　B. $y=2$　　　C. $x=1$　　　D. $y=-2$

4. 下列结论错误的是（　　　）.

　A. $\displaystyle\int f'(x)\mathrm{d}x=f(x)+C$　　　　　B. $\displaystyle\int \mathrm{e}^x f'(\mathrm{e}^x)\mathrm{d}x=f(\mathrm{e}^x)+C$

　C. $\displaystyle\int \cos x f'(\sin x)\mathrm{d}x=f(\sin x)+C$　　　D. $\displaystyle\int \sin x f'(\cos x)\mathrm{d}x=f(\cos x)+C$

5. 下列反常积分收敛的是（　　　）.

　A. $\displaystyle\int_1^{+\infty}\dfrac{1}{x}\mathrm{d}x$　　　B. $\displaystyle\int_1^{+\infty}\dfrac{1}{x^2}\mathrm{d}x$　　　C. $\displaystyle\int_0^1\dfrac{1}{x}\mathrm{d}x$　　　D. $\displaystyle\int_0^1\dfrac{1}{x^2}\mathrm{d}x$

三、解答题（每小题 7 分，共 42 分）

1. 求极限 $\lim\limits_{n\to\infty}\left(\dfrac{1}{n^2+1}+\dfrac{2}{n^2+2}+\cdots+\dfrac{n}{n^2+n}\right)$.

2. 设函数 $f(x)=\begin{cases}\dfrac{\int_0^x \ln(\cos t)\mathrm{d}t}{x^3}, & x\neq 0 \\ a, & x=0\end{cases}$ 在点 $x=0$ 处连续，求常数 a 的值.

3. 设函数 $y=y(x)$ 由方程 $y=f(x+y)$ 确定，其中 f 具有二阶导数，且 $f'\neq 1$，求 y''.

4. 求不定积分 $\displaystyle\int \frac{x\mathrm{e}^x}{(1+\mathrm{e}^x)^2}\mathrm{d}x$.

5. 求定积分 $\displaystyle\int_0^2 (4-x^2)^{\frac{3}{2}}\mathrm{d}x$.

6. 微分方程 $y'+\dfrac{y}{x}=\dfrac{\cos x}{x}$ 满足 $y|_{x=\pi}=1$ 的特解.

四、综合题（每小题 10 分，共 20 分）

1. 求微分方程 $y''-2y'-3y=x\mathrm{e}^{-x}$ 的通解.

2. 求由曲线 $x=y^2$ 及 $x=\dfrac{y^2+1}{2}$ 围成的平面图形的面积以及该平面图形绕 x 轴旋转一周所形成的旋转体的体积.

五、证明题（本题 8 分）

设 $f(x)$ 在 $[0,2]$ 上连续，在 $(0,2)$ 内可导，且 $f(1)f(2)<0$，证明：至少存在一点 $\xi\in(0,2)$，使得 $f(\xi)=-\dfrac{\xi f'(\xi)}{2}$.

高等数学（A）I 期末考试试题（四）

一、填空题（每小题 3 分，共 15 分）

1. 当 $x\to 0$ 时，无穷小量 $\sqrt{1+x^2}-1$ 与 ax^2 等价，则 $a=$ _____.

2. 设 $f'(1)=3$，则极限 $\displaystyle\lim_{x\to 0}\frac{f(1+x)-f(1-2x)}{x}=$ _____.

3. 曲线 $xy=4$ 在点 $(2,2)$ 处的 $K=$ _____.

4. 曲线 $r=2\cos\theta$ 及射线 $\theta=0,\theta=\dfrac{\pi}{4}$ 围成的平面图形的面积 $S=$ _____.

5. 函数 $y=x^2+1$ 在区间 $[1,3]$ 上的平均值 _____.

二、选择题（每小题 3 分，共 15 分）

1. 曲线 $\begin{cases} x=\cos t+\cos^2 t \\ y=1+\sin t \end{cases}$ 上对应 $t=\dfrac{\pi}{4}$ 点处的法线斜率为（　　　）.

   A. $-(1+\sqrt{2})$ B. $1+\sqrt{2}$ C. $-\dfrac{1}{1+\sqrt{2}}$ D. $\dfrac{1}{1+\sqrt{2}}$

2. 设 $\int \dfrac{f(x)}{x}dx = \arcsin x + C$，则 $\int f(x)dx = ($ $)$.

   A. $-\sqrt{1-x^2} + C$ B. $\sqrt{1-x^2} + C$ C. $-\dfrac{1}{\sqrt{1-x^2}} + C$ D. $\dfrac{1}{\sqrt{1-x^2}} + C$

3. 定积分 $\int_0^2 \max\{x, x^2\}dx = ($ $)$.

   A. 2   B. $\dfrac{8}{3}$ C. $\dfrac{17}{6}$ D. $\dfrac{11}{6}$

4. 由曲线 $y = x^{\frac{1}{3}}$ 及直线 $y = 1$，$x = 0$ 围成的平面图形绕 x 轴旋转一周形成的旋转体的体积为（   ）.

   A. $\dfrac{\pi}{7}$ B. $\dfrac{6\pi}{7}$ C. $\dfrac{3\pi}{5}$ D. $\dfrac{2\pi}{5}$

5. 微分方程 $y'' - 5y' + 6y = xe^{3x}$ 的特解 $y*$ 可设为（   ）.

   A. $y* = (ax + b)e^{3x}$ B. $y* = x(ax + b)e^{3x}$

   C. $y* = x^2(ax + b)e^{3x}$ D. $y* = ax^2e^{3x}$

三、解答题（每小题 7 分，共 42 分）

1. 求极限 $\lim\limits_{n \to \infty}\left[\dfrac{1}{1 \times 3} + \dfrac{1}{2 \times 4} + \dfrac{1}{3 \times 5} + \cdots + \dfrac{1}{n(n+2)}\right]$.

2. 求极限 $\lim\limits_{x \to 0}\left(\dfrac{1}{\sin^2 x} - \dfrac{1}{x^2}\right)$.

3. 设 $y = \ln(e^x + \sqrt{1 + e^{2x}})$，求微分 dy.

4. 求不定积分 $\int \dfrac{1}{\sqrt{1 + e^x}}dx$.

5. 设 $f(x) = \int_x^1 \sqrt{1 + t^3}\,dt$，求定积分 $\int_0^1 xf(x)dx$.

6. 微分方程 $y' = \dfrac{y}{x} + \tan\dfrac{y}{x}$ 满足 $y|_{x=1} = \dfrac{\pi}{2}$ 的特解 y.

四、综合题（每小题 10 分，共 20 分）

1. 设 $f(x) = \dfrac{\ln x}{x}$，（1）求函数 $f(x)$ 的极值；（2）求曲线 $y = f(x)$ 的拐点.

2. 设函数 $y = y(x)$ 满足条件 $\begin{cases} y'' + 2y' - 3y = 0 \\ y(0) = 2,\ y'(0) = -6 \end{cases}$，求反常积分 $\int_0^{+\infty} y(x)dx$.

五、证明题（本题 8 分）

设 $f(x)$ 在 $[0, 1]$ 上连续，且 $f(x) < 1$，证明：方程 $2x - \int_0^x f(t)dt = 1$ 在 $(0,1)$ 内有且仅有一个实根.

高等数学（A）Ⅱ期末考试试题（一）

一、填空题（每小题 3 分，共 15 分）

1. 设 $z = \ln(xy)$，则 $\mathrm{d}z = $ _____.

2. 交换积分次序 $\int_0^1 \mathrm{d}y \int_y^{\sqrt{y}} f(x, y)\mathrm{d}x = $ _____.

3. 设曲线 C 为圆 $x^2 + y^2 = 4$，则 $\oint_C \mathrm{d}s = $ _____.

4. 设曲线 C 为椭圆 $\begin{cases} x = 2\cos t \\ y = 3\sin t \end{cases}$，取逆时针方向，则 $\oint_C -y\mathrm{d}x + x\mathrm{d}y = $ _____.

5. 幂级数 $\sum_{n=1}^{\infty} \dfrac{3^n}{n} x^n$ 的收敛半径 $R = $ _____.

二、选择题（每小题 3 分，共 15 分）

1. 曲面 $z = x^2 - y^2$ 在点 $(1, -1, 0)$ 处的切平面的法向量 $\boldsymbol{n} = $（　　　）.

   A. $(2, 2, 1)$ 　　　B. $(2, 2, -1)$ 　　　C. $(2, -2, 1)$ 　　　D. $(2, -2, -1)$

2. 设 $\Omega: 0 \leqslant \theta \leqslant \pi, 0 \leqslant r \leqslant 2, 0 \leqslant z \leqslant 1$，则 $\iiint_\Omega r \sin\theta \mathrm{d}\theta \mathrm{d}r \mathrm{d}z = $（　　　）.

   A. 4 　　　B. -4 　　　C. $\dfrac{8}{3}$ 　　　D. $-\dfrac{8}{3}$

3. 设 C 为直线 $y = 1 - x$ 上从点 $A(1, 0)$ 到点 $B(0, 1)$ 的一线段，则 $\int_C (x + y)\mathrm{d}s = $（　　　）.

   A. 1 　　　B. -1 　　　C. $\sqrt{2}$ 　　　D. $-\sqrt{2}$

4. 下列级数中发散的是（　　　）.

   A. $\sum_{n=1}^{\infty} 2\left(\dfrac{3}{4}\right)^n$ 　　　B. $\sum_{n=1}^{\infty} \dfrac{(-1)^n}{n}$ 　　　C. $\sum_{n=1}^{\infty} \dfrac{1}{\sqrt{n^3}}$ 　　　D. $\sum_{n=1}^{\infty} \dfrac{n}{2n+1}$

5. 微分方程 $y'' = \mathrm{e}^{-x}$ 的通解为（　　　）.

   A. $y = \mathrm{e}^{-x} + C_1$ 　　　　　　　　B. $y = -\mathrm{e}^{-x} + C_1$

   C. $y = \mathrm{e}^{-x} + C_1 x + C_2$ 　　　　　D. $y = -\mathrm{e}^{-x} + C_1 x + C_2$

三、解答题（每小题 7 分，共 42 分）

1. 求 $f(x, y) = x^2 + xy - y^2$ 在点 $P(-1, 1)$ 处沿 $l = (-3, 4)$ 的方向导数 $\left. \dfrac{\partial f}{\partial l} \right|_P$.

2. 利用极坐标求 $\iint_D y\sqrt{x^2 + y^2}\mathrm{d}\sigma$，其中 $D = \{(x, y) \mid x^2 + y^2 \leqslant 1, y \geqslant 0\}$.

3. 求三重积分 $\iiint_\Omega x\mathrm{d}v$，其中 Ω 由平面 $x + y + z = 1$ 与三个坐标平面所围成.

4. 利用级数收敛性定义判断级数 $\sum_{n=1}^{\infty} \dfrac{1}{n(n+1)}$ 的敛散性，若收敛，求其和.

5. 将函数 $f(x) = \dfrac{1}{3-x}$ 展开成 $x-1$ 的幂级数，并指出其收敛域.

6. 求微分方程 $y' + y = e^{-x}$ 满足 $y|_{x=0} = 2$ 的特解.

四、综合题（每小题 10 分，共 20 分）

1. 求微分方程 $y'' + 6y' + 8y = 4x - 3$ 的通解.

2. 利用格林公式求曲线积分 $I = \int_C (2xy + y)\mathrm{d}x + (x^2 + 3x + y^3)\mathrm{d}y$ ，其中 C 是从点 $O(0,0)$ 沿右半圆周 $x = \sqrt{2y - y^2}$ 到点 $A(0,2)$.

五、证明题（本题 8 分）

设方程 $\varphi\left(x + \dfrac{z}{y}, y + \dfrac{z}{x}\right) = 0$ 确定函数 $z = z(x,y)$ ，证明：$x\dfrac{\partial z}{\partial x} + y\dfrac{\partial z}{\partial y} = z - xy$.

高等数学（A）Ⅱ期末考试试题（二）

一、填空题（每小题 3 分，共 15 分）

1. 设 $z = e^{xy}$ ，则 $\mathrm{d}z|_{(2,1)} = $ _____ .

2. 设 D 由直线 $y = x$ ，$y = 2 - x$ 及 $y = 0$ 围成，则 $\displaystyle\iint\limits_{D} 3\mathrm{d}\sigma = $ _____ .

3. 设曲线 C 为圆 $x^2 + y^2 = 4$ ，则 $\displaystyle\oint_C \mathrm{d}s = $ _____ .

4. 级数 $\displaystyle\sum_{n=1}^{\infty}\left(\dfrac{n}{n+1}\right)^n$ _____（填收敛或发散）.

5. 微分方程 $y'' + 4y' + 4y = 0$ 的通解为 $y = $ _____ .

二、选择题（每小题 3 分，共 15 分）

1. 若级数 $\displaystyle\sum_{n=1}^{\infty} u_n$ 收敛，则下列级数收敛的是（　　　）.

　　A. $\displaystyle\sum_{n=1}^{\infty}\dfrac{u_n}{2}$ 　　　　B. $\displaystyle\sum_{n=1}^{\infty}(u_n + 1)$ 　　　　C. $\displaystyle\sum_{n=1}^{\infty}|u_n|$ 　　　　D. $\displaystyle\sum_{n=1}^{\infty}(u_n + |u_n|)$

2. 设 $\Omega = \{(r,\theta,z)|0 \leqslant \theta \leqslant \pi, 0 \leqslant r \leqslant 2, 0 \leqslant z \leqslant 1\}$ ，则 $\displaystyle\iiint\limits_{\Omega} r\sin\theta\,\mathrm{d}\theta\mathrm{d}r\mathrm{d}z = $ （　　　）.

　　A. $\dfrac{16}{3}$ 　　　　B. $-\dfrac{16}{3}$ 　　　　C. 4 　　　　D. -4

3. 设曲线 C 为直线 $y = x$ 从点 $A(1,1)$ 到点 $B(0,0)$ ，则 $\displaystyle\int_C (x^2 - y^2)\mathrm{d}x + xy\mathrm{d}y = $ （　　　）.

　　A. $\dfrac{1}{2}$ 　　　　B. $-\dfrac{1}{2}$ 　　　　C. $\dfrac{1}{3}$ 　　　　D. $-\dfrac{1}{3}$

4. 设曲线为连接点 $(1,0),(0,0)$ 与 $(0,2)$ 的折线段，则 $\displaystyle\int_C (2x + y)\mathrm{d}s = $ （　　　）.

A. 1　　　　　B. 3　　　　　C. $2\sqrt{5}$　　　　　D. $-2\sqrt{5}$

5. 微分方程 $y'' = \cos x$ 的通解为（　　　　）.

A. $y = \sin x + C_1 x + C_2$

B. $y = -\sin x + C_1 x + C_2$

C. $y = \cos x + C_1 x + C_2$

D. $y = -\cos x + C_1 x + C_2$

三、解答题（每小题 7 分，共 42 分）

1. 求二次积分 $I = \int_0^{\frac{\pi}{2}} dy \int_y^{\frac{\pi}{2}} \dfrac{\sin x}{x} dx$.

2. 利用球面坐标求 $I = \iiint\limits_{\Omega} \dfrac{z}{\sqrt{x^2+y^2+z^2}} dv$，其中 $\Omega = \{(x,y,z)\big| x^2+y^2+z^2 \leq 1$ 且 $z \geq 0\}$.

3. 判断下列级数的敛散性.

（1） $\sum\limits_{n=1}^{\infty} \dfrac{1}{\sqrt{n}} \ln\left(1+\dfrac{1}{n}\right)$;　　　（2） $\sum\limits_{n=1}^{\infty} \dfrac{\left(1+\dfrac{1}{n}\right)^{n^2}}{2^n}$.

4. 求幂级数 $\sum\limits_{n=1}^{\infty} \dfrac{1}{n^2 \cdot 3^n} x^n$ 的收敛半径与收敛域.

5. 求微分方程 $x^2 y' - xy = y^2$ 的通解.

6. 求微分方程 $y'' - 3y' + 2y = (2x+1)e^x$ 的特解 y^*.

四、综合题（每小题 10 分，共 20 分）

1. 求函数 $f(x,y) = y^3 - x^2 + 6x - 12y + 1$ 的极值.

2. 用格林公式求曲线积分 $I = \int_C (e^y \cos x + 2)dx + (e^y \sin x + xy)dy$，其中 C 是上半圆域 $D = \{(x,y)\big| x^2+y^2 \leq 2x, y \geq 0\}$ 的边界，取顺时针.

五、证明题（8 分）

证明曲面 $\varphi(cy-ax, cz-bx) = 0$ 上任意一点的切平面与一定向量平行，其中 $\varphi(u,v)$ 可微.

高等数学（A）II 期末考试试题（三）

一、填空题（每小题 3 分，共 15 分）

1. 极限 $\lim\limits_{\substack{x \to 0 \\ y \to 0}} \dfrac{\sqrt{xy+4}-2}{xy} = $ _____.

2. 设 Ω 由球面 $x^2+y^2+z^2 = 4z$ 围成，则 $\iiint\limits_{\Omega} dv = $ _____.

3. 设曲线 C 是连接点 $A(1,0)$ 与点 $B(0,1)$ 的线段，则 $\int_C y\mathrm{d}s = $ _____.

4. 一质点受力 $\boldsymbol{F}=(y^2,2xy)$ 作用沿曲线 $y^2=x$ 从点 $(0,0)$ 到点 $(4,2)$ 所做的功 $W=$ _____.

5. 微分方程 $y''-4y'=0$ 的通解为 $y=$ _____.

二、选择题（每小题 3 分，共 15 分）

1. 点 $(2,-2)$ 为函数 $f(x,y)=4(x-y)-x^2-y^2$ 的（   ）.

   A. 驻点非极值点   B. 极小值点

   C. 极大值点   D. 非驻点非极值点

2. 交换积分次序 $\int_0^1\mathrm{d}x\int_x^{\sqrt{x}}f(x,y)\mathrm{d}y=$（   ）.

   A. $\int_0^1\mathrm{d}y\int_y^{\sqrt{y}}f(x,y)\mathrm{d}x$ B. $\int_0^1\mathrm{d}y\int_y^{y^2}f(x,y)\mathrm{d}x$

   C. $\int_0^1\mathrm{d}y\int_0^y f(x,y)\mathrm{d}x$ D. $\int_0^1\mathrm{d}y\int_{y^2}^y f(x,y)\mathrm{d}x$

3. 设曲线 C 为单位圆 $x^2+y^2=1$，取逆时针方向，则 $\oint_C -y\mathrm{d}x+x\mathrm{d}y=$（   ）.

   A. -2π B. 2π C. $-\pi$ D. π

4. 当 $p>1$ 时，级数 $\sum_{n=1}^{\infty}\dfrac{(-1)^n}{n^p}$（   ）.

   A. 条件收敛   B. 绝对收敛

   C. 发散   D. 敛散性与 p 的取值有关

5. 作代换 $z=y^{\frac{1}{2}}$ 可将微分方程 $y'-2y=4x^2 y^{\frac{1}{2}}$ 化为如下微分方程（   ）.

   A. $z'-z=2x^2$ B. $z'+z=-2x^2$

   C. $z'-2z=4x^2$ D. $z'+2z=-4x^2$

三、解答题（每小题 7 分，共 42 分）

1. 设方程 $\varphi(cx-az,cy-bz)=0$ 确定函数 $z=z(x,y)$，其中 $\varphi(u,v)$ 具有一阶连续偏导数，求 $a\dfrac{\partial z}{\partial x}+b\dfrac{\partial z}{\partial y}$.

2. 求曲面 $z=x^2-xy+y^3$ 在点 $(1,-1,1)$ 处的切平面方程与法线方程.

3. 求 $\iint\limits_{D}\mathrm{e}^{y^2}\mathrm{d}x\mathrm{d}y$，其中区域 D 由直线 $y=x$，$y=1$ 及 $x=0$ 所围成.

4. 求 $\iiint\limits_{\Omega}z\sqrt{x^2+y^2}\mathrm{d}v$，其中区域 Ω 由曲面 $x^2+y^2=z$ 及平面 $z=1$ 所围成.

5. 求曲线积分 $\int_C x\sin(xy)\mathrm{d}x-y\cos(xy)\mathrm{d}y$，其中 C 是从点 $O(0,0)$ 到点 $A(1,\pi)$ 的线段.

6. 微分方程 $y''-5y'+6y=\cos x$ 的特解 y^*.

四、综合题（每小题 10 分，共 20 分）

1. 在 $[-1,1)$ 内求幂级数 $\sum\limits_{n=1}^{\infty}\dfrac{1}{n}x^n$ 的和函数 $S(x)$，并求级数 $\sum\limits_{n=1}^{\infty}\dfrac{1}{n\cdot 3^n}$ 的和.

2. 设曲线积分 $\int_C [f(x)-\mathrm{e}^x]\sin y\mathrm{d}x-f(x)\cos y\mathrm{d}y$ 与路径无关，且 $f(0)=1$，求 $f(x)$.

五、证明题（8 分）

设正项数列 $\{a_n\}$ 单调减少，且级数 $\sum\limits_{n=1}^{\infty}(-1)^n a_n$ 发散，证明级数 $\sum\limits_{n=1}^{\infty}\left(\dfrac{1}{1+a_n}\right)^n$ 收敛.

高等数学（A）Ⅱ期末考试试题（四）

一、填空题（每小题 4 分，共 24 分）

1. 点 $(1,3,-2)$ 到平面 $x-2y+2z=6$ 的距离 $d=$ _____.

2. 极限 $\lim\limits_{\substack{x\to 1\\ y\to 1}}\dfrac{x+y-2}{\sqrt{x+y+2}-2}=$ _____.

3. 设 $D=\{(x,y)\,|\,x^2+y^2\leqslant 1\}$，则 $\iint\limits_{D}\mathrm{e}^{x^2+y^2}\mathrm{d}x\mathrm{d}y=$ _____.

4. 曲线积分 $\int_{(0,0)}^{(1,1)}(2x\sin y+\mathrm{e}^x)\mathrm{d}x+(x^2\cos y+3y^2)\mathrm{d}y=$ _____.

5. 级数 $\sum\limits_{n=1}^{\infty}\dfrac{3^n n!}{n^n}$ _____（填收敛或发散）.

6. 幂级数 $\sum\limits_{n=1}^{\infty}\dfrac{(-1)^n}{n\cdot 3^n}x^n$ 的收敛半径 $R=$ _____.

二、解答题（每小题 8 分，共 56 分）

1. 一直线 L 过点 $(1,2,-3)$ 且平行于直线 $\begin{cases} x+2y-3z+1=0 \\ 2x+4y+z-3=0 \end{cases}$，求直线 L 的对称式方程与参数方程.

2. 设 $\boldsymbol{a}=(-1,1,4)$，$\boldsymbol{b}=(2,1,-2)$，求：（1）$\boldsymbol{a}\cdot\boldsymbol{b}$；（2）$\boldsymbol{a}\times\boldsymbol{b}$；（3）$\mathrm{Prj}_{\boldsymbol{b}}\boldsymbol{a}$.

3. 设 $z=\arctan\dfrac{x}{y}$，求 $\mathrm{d}z\big|_{(1,1)}$.

4. 设区域 D 由直线 $y=x,y=0$ 及 $x=\dfrac{\pi}{4}$ 所围成，求 $\iint\limits_{D}\dfrac{\cos x}{x}\mathrm{d}x\mathrm{d}y$.

5. 设区域 Ω 由平面 $x+y+z=1$ 与三个坐标平面所围成，试求 $\iiint\limits_{\Omega}\dfrac{1}{(1+x+y+z)^3}\mathrm{d}x\mathrm{d}y\mathrm{d}z$.

6. 设曲线 L 是连接点 $A(1,0)$ 与点 $B(0,1)$ 的线段，求 $\int_L(x^2+2x+y)\mathrm{d}s$.

7. 将函数 $f(x)=\dfrac{1}{5-x}$ 展开成 $x-2$ 的幂级数，并指出其收敛域.

三、综合题（每小题 10 分，共 20 分）

1. 求曲面 $e^x + x + 2 = y^3 - yz + z^2$ 在点 $A(0,1,2)$ 处的切平面方程与法线方程.

2. 求曲线积分 $I = \int_L (e^x \sin y - 3y)dx + (e^x \cos y + 5x)dy$，其中 L 沿曲线 $x = \sqrt{y - y^2}$ 从点 $O(0, 0)$ 到点 $A(0, 1)$.

A.2　高等数学（C）期末考试试题

高等数学（C）I 期末考试试题（一）

一、填空题（每小题 3 分，共 15 分）

1. 设当 $x \to 0$ 时，无穷小 $1 - \cos x$ 与 ax^2 等价，则 $a =$ _____.

2. 设 $f(x) = \begin{cases} \dfrac{x-2}{x^2-4}, & x \neq 2 \\ a, & x = 2 \end{cases}$ 在点 $x = 2$ 处连续，则 $a =$ _____.

3. 设 $y = x \sin x + \cos x$，则 $y' =$ _____.

4. 函数 $f(x) = x^3 - 3x + 2$ 的单调减区间为 _____.

5. 定积分 $\int_{-1}^{1} (x^2 + \sin^3 x)dx =$ _____.

二、选择题（每小题 3 分，共 15 分）

1. 极限 $\lim\limits_{x \to 0}(1 + 2x)^{\frac{1}{x}} = ($ ___ $)$.

　　A. e　　　　B. 1　　　　C. e^2　　　　D. e^{-2}

2. 曲线 $xy = 1$ 在点 $(1,1)$ 处的切线方程为（ ___ ）.

　　A. $x + y - 2 = 0$　　　　B. $x - y = 0$
　　C. $x + y + 2 = 0$　　　　D. $x - y - 2 = 0$

3. 设 $y = \sin x$，则 $y^{(5)} = ($ ___ $)$.

　　A. $\sin x$　　　B. $-\sin x$　　　C. $\cos x$　　　D. $-\cos x$

4. 不定积分 $\int x \sin x^2 dx = ($ ___ $)$.

　　A. $\cos x^2 + C$　　　　B. $-\cos x^2 + C$
　　C. $\dfrac{1}{2}\cos x^2 + C$　　　　D. $-\dfrac{1}{2}\cos x^2 + C$

5. 设 $F(x) = \int_x^1 t e^{-t} dt$，则 $F'(x) = ($ ___ $)$.

　　A. xe^{-x}　　　B. $-xe^{-x}$　　　C. $xe^{-x} + C$　　　D. $-xe^{-x} + C$

三、解答题（每小题 7 分，共 42 分）

1. 求极限 $\lim\limits_{n\to\infty}(\sqrt{n^2+2n}-\sqrt{n^2-n})$.

2. 求极限 $\lim\limits_{x\to 0}\dfrac{x-\arctan x}{\sin^3 x}$.

3. 设 $y=\ln(x+\sqrt{x^2+2})$，求 $\mathrm{d}y$.

4. 求不定积分 $\displaystyle\int\dfrac{x^2}{\sqrt{1-x^2}}\mathrm{d}x$.

5. 求不定积分 $\displaystyle\int x^2\mathrm{e}^x\mathrm{d}x$.

6. 求定积分 $\displaystyle\int_0^1 x\arctan x\,\mathrm{d}x$.

四、综合题（每小题 10 分，共 20 分）

1. 设 $f(x)=x^2\ln x$，（1）求函数 $f(x)$ 的极值；（2）求曲线 $y=f(x)$ 的拐点.

2. 设曲线 $y=\dfrac{1}{x}$ 与直线 $y=x$ 及 $x=2$ 围成的平面图形为 D，求（1）平面图形 D 的面积；（2）平面图形 D 绕 x 轴旋转形成的旋转体的体积.

五、证明题（本题 8 分）

设函数 $f(x)$ 在 $[0,1]$ 上连续，在 $(0,1)$ 内可导，且 $f(1)=0$，证明：至少存在一点 $\xi\in(0,1)$，使 $f(\xi)+\xi f'(\xi)=0$.

高等数学（C）I 期末考试试题（二）

一、填空题（每小题 3 分，共 15 分）

1. 极限 $\lim\limits_{x\to 0}(1+x)^{\frac{2}{x}}=$ _____.

2. 曲线 $y=x^3$ 在点 $(1,1)$ 处的切线方程为 _____.

3. 设 $f(x)=x\cos x-\sin x$，则 $f'\left(\dfrac{\pi}{6}\right)=$ _____.

4. 函数 $f(x)=2x^2-x+1$ 在区间 $[0,2]$ 上满足拉格朗日中值定理的 $\xi=$ _____.

5. 定积分 $\displaystyle\int_0^{2\pi}|\sin x|\mathrm{d}x=$ _____.

二、选择题（每小题 3 分，共 15 分）

1. 极限 $\lim\limits_{x\to 0}\dfrac{x-\sin x}{x+\sin x}=$ （   ）.

   A. 1   B. -1 C. ∞ D. 0

2. 设 $f'(1)=1$ ，则 $\lim\limits_{x \to 1}\dfrac{f(x)-f(1)}{x^2-1}=$ （　　　）.

　A. $\dfrac{1}{2}$ 　　　　B. 1 　　　　C. 2 　　　　D. $-\dfrac{1}{2}$

3. 设 $y=\ln\cos x$ ，则 $y''=$ （　　　）.

　A. $-\tan x$ 　　　　B. $\tan x$ 　　　　C. $-\sec^2 x$ 　　　　D. $\sec^2 x$

4. 设 $f(x)=\sin x$ ，则 $\displaystyle\int\frac{1}{x^2}f'\left(\frac{1}{x}\right)\mathrm{d}x=$ （　　　）.

　A. $-\sin\dfrac{1}{x}+C$ 　B. $\sin\dfrac{1}{x}+C$ 　C. $-\cos\dfrac{1}{x}+C$ 　D. $\cos\dfrac{1}{x}+C$

5. 设 $F(x)=\displaystyle\int_0^{x^2}\sin t^2\mathrm{d}t$ ，则 $F'(x)=$ （　　　）.

　A. $\sin x^4$ 　　　　B. $2x\sin x^4$ 　　　　C. $\sin x^2$ 　　　　D. $2x\sin x^2$

三、解答题（每小题 7 分，共 42 分）

1. 求极限 $\lim\limits_{n\to\infty}\left[\dfrac{1}{1\times 3}+\dfrac{1}{3\times 5}+\cdots+\dfrac{1}{(2n-1)(2n+1)}\right]$.

2. 求极限 $\lim\limits_{x\to 0}\dfrac{\mathrm{e}^{2x}-2x^2-2x-1}{x^3}$.

3. 设 $y=\mathrm{arccot}\dfrac{x+1}{x-1}$ ，求 $\mathrm{d}y$.

4. 求不定积分 $\displaystyle\int\frac{1}{x^2\sqrt{1+x^2}}\mathrm{d}x$.

5. 求不定积分 $\displaystyle\int x\sin^2 x\,\mathrm{d}x$.

6. 求定积分 $\displaystyle\int_1^{\mathrm{e}}x^2\ln x\,\mathrm{d}x$.

四、综合题（每小题 10 分，共 20 分）

1. 设 $f(x)=x^3-3x^2+4$ ，（1）求函数 $f(x)$ 的极值；（2）求曲线 $y=f(x)$ 的拐点.

2. 设曲线 $y=\mathrm{e}^x$ ，$y=\mathrm{e}^{-x}$ 及直线 $x=1$ 围成的平面图形为 D ，求（1）平面图形 D 的面积；（2）平面图形 D 绕 x 轴旋转形成的旋转体的体积.

五、证明题（本题 8 分）

设函数 $f(x)$ 在 $[0,2]$ 上连续，且 $f(0)=f(2)$ ，证明：存在 $\xi\in[0,1]$ ，使 $f(\xi)=f(1+\xi)$.

高等数学（C）Ⅱ期末考试试题（一）

一、填空题（每小题 3 分，共 15 分）

1. 过点 $(2,3,1)$ 且与平面 $x-2y+4z-3=0$ 垂直的直线方程为 _____.

2. 设 $z=f\left(x,\dfrac{y}{x}\right)$，则 $\dfrac{\partial z}{\partial x}=$ _____.

3. 交换积分次序 $\int_0^1 dx \int_0^x f(x,y)dy=$ _____.

4. 级数 $\sum\limits_{n=1}^{\infty}\dfrac{3^n-2^n}{4^n}$ 的和 $S=$ _____.

5. 微分方程 $(y')^4+y'''+xy^5=x^2-1$ 的阶为 _____.

二、选择题（每小题 3 分，共 15 分）

1. 函数 $f(x,y)$ 在点 (x_0,y_0) 处偏导数存在是函数 $f(x,y)$ 在点 (x_0,y_0) 处可微的（　　　）.

    A. 充分条件　　　　　　　　　　B. 必要条件

    C. 充分必要条件　　　　　　　　D. 无关条件

2. 设 $D=\{(x,y)\mid x^2+y^2\leqslant 4 \text{ 且 } y\geqslant 0\}$，则 $\iint\limits_{D} f(\sqrt{x^2+y^2})d\sigma=$（　　　）.

    A. $\int_0^{2\pi}d\theta\int_0^2 f(r)dr$　　　　　　B. $\int_0^{2\pi}d\theta\int_0^2 rf(r)dr$

    C. $\int_0^{\pi}d\theta\int_0^2 f(r)dr$　　　　　　D. $\int_0^{\pi}d\theta\int_0^2 rf(r)dr$

3. 设 D 由直线 $x+y=1$，$x-y=1$ 与 $x=0$ 围成，则二重积分 $\iint\limits_{D}d\sigma=$（　　　）.

    A. 2　　　　B. 3　　　　C. 1　　　　D. 4

4. 级数 $\sum\limits_{n=1}^{\infty}\dfrac{(-1)^n}{\sqrt{n}}$（　　　）.

    A. 发散　　　　　　　　　　　　B. 条件收敛

    C. 绝对收敛　　　　　　　　　　D. 敛散性不确定

5. 微分方程 $y'-\dfrac{1}{x}y=1$ 的通解为（　　　）.

    A. $y=x(\ln x+C)$　　　　　　　B. $y=Cxe^x$

    C. $y=Cx$　　　　　　　　　　　D. $y=Ce^x+x$

三、解答题（每小题 7 分，共 42 分）

1. 求过点 $(1,2,-1)$ 且与直线 $\begin{cases} x+y+z+1=0 \\ 2x-y+3z+4=0 \end{cases}$ 垂直的平面的一般方程.

2. 求函数 $f(x,y)=x^2-xy+y^2+3x+2$ 的极值.

3. 求 $I = \iint\limits_{D} x^2 y \, \mathrm{d}x\mathrm{d}y$，其中 D 由抛物线 $y = x^2$ 与直线 $y = x$ 围成.

4. 利用比值判别法判断级数 $\sum\limits_{n=1}^{\infty} \dfrac{n^n}{a^n n!}$ $(a > 0, a \neq \mathrm{e})$ 的敛散性.

5. 求幂级数 $\sum\limits_{n=1}^{\infty} \dfrac{2^n}{n} x^n$ 的收敛半径与收敛域.

6. 求微分方程 $y' = \dfrac{y}{x} + 2\sqrt{\dfrac{y}{x}}$ 满足 $y|_{x=1} = 1$ 的特解.

四、综合题（每小题 10 分，共 20 分）

1. 设 $\boldsymbol{a} = (-2, 1, -1)$，$\boldsymbol{b} = (-1, 2, 1)$，求（1）$\boldsymbol{a} \cdot \boldsymbol{b}$；（2）$\boldsymbol{a} \times \boldsymbol{b}$；（3）$\boldsymbol{a}$ 与 $\boldsymbol{b}$ 的夹角 θ.

2. 求微分方程 $y'' + 3y' + 2y = 2x - 1$ 的通解.

五、证明题（本题 8 分）

设方程 $\sin(x + 2y - 3z) = x + 2y - 3z$ 确定函数 $z = z(x, y)$，证明：$\dfrac{\partial z}{\partial x} + \dfrac{\partial z}{\partial y} = 1$.

高等数学（C）Ⅱ期末考试试题（二）

一、填空题（每小题 3 分，共 15 分）

1. 设 $\boldsymbol{a} = (3, -1, 1)$，$\boldsymbol{b} = (1, 2, 3)$，则 $\boldsymbol{a} \cdot \boldsymbol{b} = $ _____.

2. 设 $z = xy$，则 $\mathrm{d}z = $ _____.

3. 二次积分 $\int_0^1 \mathrm{d}y \int_0^y xy^2 \mathrm{d}x = $ _____.

4. 设级数 $\sum\limits_{n=1}^{\infty} u_n$ 的部分和 $S_n = \dfrac{3^n - 1}{3^{n-1}}$，则 $u_n = $ _____.

5. 微分方程 $y'' - 5y' + 6y = 0$ 的通解为 _____.

二、选择题（每小题 3 分，共 15 分）

1. 设 $z = x^3 \sin y$，则 $\dfrac{\partial^2 z}{\partial x \partial y} = ($　　$)$.

　　A. $-3x^2 \sin y$　　　　B. $3x^2 \sin y$　　　　C. $-3x^2 \cos y$　　　　D. $3x^2 \cos y$

2. 过点 $A(1, 0, -2)$ 和 $B(1, -1, 3)$ 的直线方程为（　　）.

　　A. $\dfrac{y-0}{-1} = \dfrac{z+2}{5}$　　　　　　　　B. $\dfrac{x-1}{0} = \dfrac{y-0}{-1} = \dfrac{z+2}{5}$

　　C. $\dfrac{y+1}{-1} = \dfrac{z-3}{5}$　　　　　　　　D. $\dfrac{x-0}{1} = \dfrac{y+1}{0} = \dfrac{z-5}{-2}$

3. 交换积分次序 $\int_0^1 \mathrm{d}y \int_0^{y^2} f(x, y)\mathrm{d}x = ($　　$)$.

A. $\int_0^1 dx \int_{\sqrt{x}}^1 f(x,y)dy$ B. $\int_0^1 dx \int_0^{x^2} f(x,y)dy$

C. $\int_0^1 dx \int_0^{\sqrt{x}} f(x,y)dy$ D. $\int_0^1 dx \int_{x^2}^1 f(x,y)dy$

4．下列级数中发散的是（　　　）.

A. $\sum_{n=1}^{\infty} 2\left(\dfrac{3}{4}\right)^n$ B. $\sum_{n=1}^{\infty} \dfrac{(-1)^n}{n}$ C. $\sum_{n=1}^{\infty} \dfrac{1}{\sqrt{n^3}}$ D $\sum_{n=1}^{\infty} \dfrac{n}{2n+1}$

5．微分方程 $y' = e^{x-y}$ 的通解为（　　　）.

A. $y = x + \ln C$ B. $y = \ln(e^x + C)$

C. $e^{-y} = e^{-x} + C$ D. $y = e^x + C$

三、解答题（每小题 7 分，共 42 分）

1．求过三点 $M_1(2,-1,4), M_2(-1,3,-2), M_3(0,2,3)$ 的平面方程.

2．求幂级数 $\sum_{n=1}^{\infty} \dfrac{1}{n \cdot 4^n} x^n$ 的收敛域.

3．判断下列级数的敛散性.

（1）$\sum_{n=2}^{\infty} \dfrac{n}{\sqrt{n^3-1}}$；   （2）$\sum_{n=1}^{\infty} \dfrac{n}{3^n}$.

4．求二重积分 $\iint_D \dfrac{\sin x}{x} dxdy$，其中 D 是由直线 $y=x, y=0$ 及 $x=1$ 所围成的区域.

5．利用极坐标求二重积分 $\iint_D \dfrac{y}{\sqrt{x^2+y^2}} d\sigma$，其中 $D = \{(x,y)\,|\,x^2+y^2 \leq 1,\ y \geq 0\}$.

6．求微分方程 $y'' - 2y' = 3x + 1$ 的特解 y^*.

四、综合题（每小题 10 分，共 20 分）

1．求函数 $f(x,y) = x^3 + y^3 - 3xy + 2$ 的极值.

2．一曲线过点 $(2,2)$，且在任意点 (x,y) 处的切线在 y 轴上的截距等于该点的横坐标的立方，求该曲线方程.

五、证明题（本题 8 分）

设方程 $\varphi\left(\dfrac{x}{z}, \dfrac{y}{z}\right) = 0$ 确定函数 $z = z(x,y)$，证明：$x\dfrac{\partial z}{\partial x} + y\dfrac{\partial z}{\partial y} = z$.

附录B 全国硕士研究生入学考试数学试题

B.1 全国硕士研究生入学考试数学一试题

数学一试题（一）

一、选择题（每小题4分，共32分）

1. 若函数 $f(x) = \begin{cases} \dfrac{1-\cos\sqrt{x}}{ax}, & x > 0 \\ b, & x \leqslant 0 \end{cases}$ 在点 $x = 0$ 处连续，则（　　）.

    A. $ab = \dfrac{1}{2}$　　　　B. $ab = -\dfrac{1}{2}$　　　　C. $ab = 0$　　　　D. $ab = 2$

2. 设函数 $f(x)$ 可导，且 $f(x)f'(x) > 0$，则（　　）.

    A. $f(1) > f(-1)$　　　　　　　　B. $f(1) < f(-1)$
    C. $|f(1)| > |f(-1)|$　　　　　　　D. $|f(1)| < |f(-1)|$

3. 函数 $f(x,y,z) = x^2 y + z^2$ 在点 $(1,2,0)$ 处沿向量 $\boldsymbol{n} = (1,2,2)$ 的方向导数为（　　）.

    A. 12　　　　B. 6　　　　C. 4　　　　D. 2

4. 甲乙两人赛跑，计时开始时，甲在乙前方10（单位：m）处，图中实线表示甲的速度曲线 $v = v_1(t)$（单位：m/s），虚线表示乙的速度曲线 $v = v_2(t)$，三块阴影部分面积的数值依次为 $10, 20, 3$，计时开始后乙追上甲的时刻为 t_0（单位：s），则（　　）.

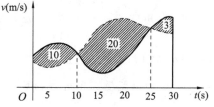

    A. $t_0 = 10$　　　　B. $10 < t_0 < 15$
    C. $t_0 = 15$　　　　D. $t_0 > 25$

5. 设 $\boldsymbol{\alpha}$ 为 n 维单位列向量，$\boldsymbol{E}$ 为 n 阶单位矩阵，则（　　）.

    A. $\boldsymbol{E} - \boldsymbol{\alpha\alpha}^{\mathrm{T}}$ 不可逆　　　　　　B. $\boldsymbol{E} + \boldsymbol{\alpha\alpha}^{\mathrm{T}}$ 不可逆
    C. $\boldsymbol{E} + 2\boldsymbol{\alpha\alpha}^{\mathrm{T}}$ 不可逆　　　　　D. $\boldsymbol{E} - 2\boldsymbol{\alpha\alpha}^{\mathrm{T}}$ 不可逆

6. 设矩阵 $A=\begin{pmatrix}2&0&0\\0&2&1\\0&0&1\end{pmatrix}$，$B=\begin{pmatrix}2&1&0\\0&2&0\\0&0&1\end{pmatrix}$，$C=\begin{pmatrix}1&0&0\\0&2&0\\0&0&2\end{pmatrix}$，则（　　）.

    A. A 与 C 相似，B 与 C 相似　　　　B. A 与 C 相似，B 与 C 不相似

    C. A 与 C 不相似，B 与 C 相似　　　　D. A 与 C 不相似，B 与 C 不相似

7. 设 A,B 为随机事件，若 $0<P(A)<1,0<P(B)<1$，则 $P(A|B)>P(A|\overline{B})$ 的充分必要条件为（　　）.

    A. $P(B|A)>P(B|\overline{A})$　　　　　　　B. $P(B|A)<P(B|\overline{A})$

    C. $P(\overline{B}|A)>P(B|\overline{A})$　　　　　　　D. $P(\overline{B}|A)<P(B|\overline{A})$

8. 设 $X_1,X_2,\cdots,X_n\ (n\geqslant2)$ 为取自总体 $N(\mu,1)$ 的简单随机样本，记 $\overline{X}=\frac{1}{n}\sum_{i=1}^{n}X_i$，则下列结论不正确的是（　　）.

    A. $\sum_{i=1}^{n}(X_i-\mu)^2$ 服从 χ^2 分布　　　B. $2(X_n-X_1)^2$ 服从 χ^2 分布

    C. $\sum_{i=1}^{n}(X_i-\overline{X})^2$ 服从 χ^2 分布　　　D. $n(\overline{X}-\mu)^2$ 服从 χ^2 分布

二、填空题（每小题 4 分，共 24 分）

1. 设 $f(x)=\dfrac{1}{1+x^2}$，则 $f^{(3)}(0)=$ _____.

2. 微分方程 $y''+2y'+3y=0$ 的通解为 $y=$ _____.

3. 若曲线积分 $\int_L\dfrac{x\mathrm{d}x-ay\mathrm{d}y}{x^2+y^2-1}$ 在区域 $D=\{(x,y)\,|\,x^2+y^2<1\}$ 内与路径无关，则 $a=$ _____.

4. 幂级数 $\sum_{n=1}^{\infty}(-1)^{n-1}nx^{n-1}$ 在区间 $(-1,1)$ 内的和函数为 _____.

5. 设矩阵 $A=\begin{pmatrix}1&0&1\\1&1&2\\0&1&1\end{pmatrix}$，$\alpha_1,\alpha_2,\alpha_3$ 为线性无关的三维列向量，则向量组 $A\alpha_1,A\alpha_2,A\alpha_3$ 的秩为 _____.

6. 设随机变量 X 的分布函数为 $F(x)=0.5\phi(x)+0.5\phi\left(\dfrac{x-4}{2}\right)$，其中 $\phi(x)$ 为标准正态分布的分布函数，则 $EX=$ _____.

三、解答题（共 94 分）

1.（本题满分 10 分）

设函数 $f(u,v)$ 具有二阶连续的偏导数，$y=f(\mathrm{e}^x,\cos x)$，求 $\dfrac{\mathrm{d}y}{\mathrm{d}x}\Big|_{x=0}$，$\dfrac{\mathrm{d}^2y}{\mathrm{d}x^2}\Big|_{x=0}$.

2.（本题满分 10 分）

求 $\lim\limits_{n\to\infty}\sum\limits_{k=1}^{n}\dfrac{k}{n^2}\ln\left(1+\dfrac{k}{n}\right)$.

3.（本题满分 10 分）

已知函数 $y=y(x)$ 由方程 $x^3+y^3-3x+3y-2=0$ 确定，求 $y(x)$ 的极值.

4.（本题满分 10 分）

设函数 $f(x)$ 在 $[0,1]$ 上具有二阶导数，且 $f(1)>0$，$\lim\limits_{x\to0^+}\dfrac{f(x)}{x}<0$，证明：

（1）方程 $f(x)=0$ 在 $(0,1)$ 内至少有一个实根；

（2）方程 $f(x)f''(x)+[f'(x)]^2=0$ 在 $(0,1)$ 内至少有两个不同的实根.

5.（本题满分 10 分）

设薄片型物体 S 是圆锥 $z=\sqrt{x^2+y^2}$ 被柱面 $z^2=2x$ 割下的有限部分，其上任一点的密度 $\mu(x,y,z)=9\sqrt{x^2+y^2+z^2}$，记圆锥与柱面的交线为 C.

（1）求 C 在 xOy 平面上的投影曲线方程；

（2）求 S 的质量 M.

6.（本题满分 11 分）

设矩阵 $A=(\alpha_1,\alpha_2,\alpha_3)$ 有三个不同的特征值，$\alpha_3=\alpha_1+2\alpha_2$.（1）证明：$r(A)=2$；

（2）若 $\beta=\alpha_1+\alpha_2+\alpha_3$，求方程组 $Ax=\beta$ 的解.

7.（本题满分 11 分）

设二次型 $f=2x_1^2-x_2^2+ax_3^2+2x_1x_2-8x_1x_3+2x_2x_3$ 在正交变换 $x=Qy$ 下的标准形为 $\lambda_1y_1^2+\lambda_2y_2^2$，求 a 的值及一个正交矩阵 Q.

8.（本题满分 11 分）

设随机变量 X 与 Y 相互独立，且 X 的概率分布为 $P(X=0)=P(X=2)=\dfrac{1}{2}$，$Y$ 的概率密度为 $f(y)=\begin{cases}2y,\ 0<y<1\\0,\ \ 其他\end{cases}$.

（1）求 $P(Y<EY)$；

（2）求 $Z=X+Y$ 的概率密度.

9.（本题满分 11 分）

某工程师为了解一台天平的精度，用该天平对一物体的质量做了 n 次测量. 该物体的质量 μ 是已知的，设 n 次测量结果 $X_1,X_2,\cdots,X_n$ 相互独立且均服从正态分布 $N(\mu,\sigma^2)$. 该工程师记录的是 n 次测量的绝对误差 $Z_i=|X_i-\mu|$（$i=1,2,\cdots,n$），利用 $Z_1,Z_2,\cdots,Z_n$ 估计 σ.

（1）求 Z_1 的概率密度；

（2）利用一阶矩求 σ 的矩估计量；

（3）求 σ 的最大似然估计量.

数学一试题（二）

一、选择题（每小题 4 分，共 32 分）

1. 下列函数不可导的是（　　）.

    A. $f(x)=|x|\sin|x|$　　　　　　　　　　B. $f(x)=|x|\sin\sqrt{|x|}$

    C. $f(x)=\cos|x|$　　　　　　　　　　　D. $f(x)=\cos\sqrt{|x|}$

2. 过点 $(1,0,0)$ 与 $(0,1,0)$ 且与曲面 $z=x^2+y^2$ 相切的平面方程为（　　）.

    A. $z=0$ 与 $x+y-z=1$　　　　　　　　B. $z=0$ 与 $2x+2y-z=2$

    C. $y=x$ 与 $x+y-z=1$　　　　　　　　D. $y=x$ 与 $2x+2y-z=2$

3. 级数 $\displaystyle\sum_{n=0}^{\infty}(-1)^n\frac{2n+3}{(2n+1)!}=$（　　）.

    A. $\sin1+\cos1$　　　　　　　　　　　B. $2\sin1+\cos1$

    C. $2\sin1+2\cos1$　　　　　　　　　　D. $3\sin1+2\cos1$

4. 设 $M=\displaystyle\int_{-\frac{\pi}{2}}^{\frac{\pi}{2}}\frac{(1+x)^2}{1+x^2}\mathrm{d}x,\ N=\int_{-\frac{\pi}{2}}^{\frac{\pi}{2}}\frac{1+x}{\mathrm{e}^x}\mathrm{d}x,\ K=\int_{-\frac{\pi}{2}}^{\frac{\pi}{2}}(1+\sqrt{\cos x})\mathrm{d}x$ ，则（　　）.

    A. $M>N>K$　　　B. $M>K>N$　　　C. $K>M>N$　　　D. $N>M>K$

5. 下列矩阵中与 $\begin{pmatrix}1&1&0\\0&1&1\\0&0&1\end{pmatrix}$ 相似的是（　　）.

    A. $\begin{pmatrix}1&1&-1\\0&1&1\\0&0&1\end{pmatrix}$　　B. $\begin{pmatrix}1&0&-1\\0&1&1\\0&0&1\end{pmatrix}$　　C. $\begin{pmatrix}1&1&-1\\0&1&0\\0&0&1\end{pmatrix}$　　D. $\begin{pmatrix}1&0&-1\\0&1&0\\0&0&1\end{pmatrix}$

6. 设 A,B 为 n 阶矩阵，记 $r(X)$ 为矩阵 X 的秩，(X,Y) 表示分块矩阵，则（　　）.

    A. $r(A\ AB)=r(A)$　　　　　　　　　B. $r(A\ BA)=r(A)$

    C. $r(A\ B)=\max\{r(A),r(B)\}$　　　　D. $r(AB)=r(A^\mathrm{T}B^\mathrm{T})$

7. 设随机变量 X 的概率密度函数 $f(x)$ 满足 $f(1+x)=f(1-x)$，且 $\displaystyle\int_0^2 f(x)\mathrm{d}x=0.6$，则 $P(X<0)=$（　　）.

    A. 0.2　　　　　　B. 0.3　　　　　　C. 0.4　　　　　　D. 0.6

8. 设总体 $X\sim N(\mu,\sigma^2)$，σ^2 已知，给定样本 $X_1,X_2,\cdots,X_n$，对总体均值 μ 进行检验. 令 $H_0:\mu=\mu_0,H_1:\mu\neq\mu_0$，则（　　）.

    A. 若显著性水平 $\alpha=0.05$ 时拒绝 H_0，则 $\alpha=0.01$ 时必拒绝 H_0

B. 若显著性水平 $\alpha = 0.05$ 时接受 H_0，则 $\alpha = 0.01$ 时必拒绝 H_0

C. 若显著性水平 $\alpha = 0.05$ 时拒绝 H_0，则 $\alpha = 0.01$ 时必接受 H_0

D. 若显著性水平 $\alpha = 0.05$ 时接受 H_0，则 $\alpha = 0.01$ 时必接受 H_0

二、填空题（每小题 4 分，共 24 分）

1. 设 $\lim\limits_{x \to 0}\left(\dfrac{1-\tan x}{1+\tan x}\right)^{\frac{1}{\sin kx}} = \mathrm{e}$，则 $k = $ _____.

2. 设函数 $f(x)$ 具有二阶连续偏导数，若曲线 $y = f(x)$ 过点 $(0,0)$ 且与曲线 $y = 2^x$ 在点 $(1,2)$ 处相切，则 $\int_0^1 xf''(x)\mathrm{d}x = $ _____.

3. 设 $F(x,y,z) = \{xy, -yz, zx\}$，则 $\mathbf{rot}F(1,1,0) = $ _____.

4. 设 L 为球面 $x^2 + y^2 + z^2 = 1$ 与平面 $x + y + z = 0$ 的交线，则 $\oint_L xy\mathrm{d}S = $ _____.

5. 设二阶矩阵 A 有两个不同的特征值，α_1, α_2 为 A 的线性无关的特征向量，若 $A^2(\alpha_1 + \alpha_2) = \alpha_1 + \alpha_2$，则 $|A| = $ _____.

6. 设随机事件 A 与 B 相互独立，A 与 C 相互独立，$BC = \varnothing$，若 $P(A) = P(B) = \dfrac{1}{2}$，$P(AC \mid AB \cup C) = \dfrac{1}{4}$，则 $P(C) = $ _____.

三、解答题（共 94 分）

1.（本题满分 10 分）

求不定积分 $\int \mathrm{e}^{2x} \arctan\sqrt{\mathrm{e}^x - 1}\,\mathrm{d}x$.

2.（本题满分 10 分）

将长为 2 米的铁丝分成 3 段，依次围成圆、正方形与正三角形，试问三个图形的面积之和是否存在最小值？

3.（本题满分 10 分）

设曲面 Σ 是曲面 $x = \sqrt{1 - 3y^2 - 3z^2}$ 的前侧，计算曲面积分

$$\iint\limits_{\Sigma} x\mathrm{d}y\mathrm{d}z + (y^3 + 2)\mathrm{d}z\mathrm{d}x + z^3\mathrm{d}x\mathrm{d}y.$$

4.（本题满分 10 分）

已知微分方程 $y' + y = f(x)$，其中 $f(x)$ 是 $\mathbf{R}$ 上的连续函数，

（1）当 $f(x) = x$ 时，求微分方程的通解；

（2）当 $f(x)$ 的周期为 T 时，证明方程存在唯一的以 T 为周期的解.

5.（本题满分 10 分）

设数列 $\{x_n\}$ 满足 $x_1 > 0$，$x_n \mathrm{e}^{x_{n+1}} = \mathrm{e}^{x_n} - 1\ (n = 1, 2, \cdots)$，证明数列 $\{x_n\}$ 收敛，并求 $\lim\limits_{n \to \infty} x_n$.

6.（本题满分 11 分）

设二次型 $f(x_1,x_2,x_3)=(x_1-x_2+x_3)^2+(x_2+x_3)^2+(x_1+ax_3)^2$，其中 a 为参数.

（1）求 $f(x_1,x_2,x_3)=0$ 的解；

（2）求 $f(x_1,x_2,x_3)=0$ 的规范型.

7.（本题满分 11 分）

已知 a 为常数，且矩阵 $A=\begin{pmatrix} 1 & 2 & a \\ 1 & 3 & 0 \\ 2 & 7 & -a \end{pmatrix}$ 可经初等列变换化为矩阵 $B=\begin{pmatrix} 1 & a & 2 \\ 0 & 1 & 1 \\ -1 & 1 & 1 \end{pmatrix}$，

（1）求 a 的值；

（2）求满足 $AP=B$ 的可逆矩阵 P.

8.（本题满分 11 分）

设随机变量 X 与 Y 相互独立，且 $P(X=1)=P(X=-1)=\dfrac{1}{2}$，$Y$ 服从参数为 λ 的泊松分布，$Z=XY$.（1）求 $\text{Cov}(X,Z)$；（2）求 Z 的分布律.

9.（本题满分 11 分）

设总体 X 的概率密度为 $f(x;\theta)=\dfrac{1}{2\sigma}\mathrm{e}^{-\frac{|x|}{\sigma}}$，$-\infty<x<+\infty$，$X_1,X_2,\cdots,X_n$ 为取自总体 X 的简单随机样本，σ 为大于 0 的参数，σ 的最大似然估计量为 $\hat{\sigma}$.（1）求 $\hat{\sigma}$；

（2）求 $E\hat{\sigma}$，$D\hat{\sigma}$.

数学一试题（三）

一、选择题（每小题 4 分，共 32 分）

1. 当 $x\to0$ 时，若 $x-\tan x$ 与 x^k 是同阶无穷小，则 $k=$（　　　）.

    A. 1   B. 2   C. 3   D. 4

2. 设函数 $f(x)=\begin{cases} x|x|, & x\le0 \\ x\ln x, & x>0 \end{cases}$，则 $x=0$ 是 $f(x)$ 的（　　　）.

    A. 可导点，极值点   B. 不可导点，极值点

    C. 可导点，非极值点   D. 不可导点，非极值点

3. 设 $\{u_n\}$ 是单调增加的有界数列，则下列级数收敛的（　　　）.

    A. $\displaystyle\sum_{n=1}^{\infty}\frac{u_n}{n}$ B. $\displaystyle\sum_{n=1}^{\infty}\frac{(-1)^n}{u_n}$ C. $\displaystyle\sum_{n=1}^{\infty}\left(1-\frac{u_n}{u_{n+1}}\right)$ D. $\displaystyle\sum_{n=1}^{\infty}(u_{n+1}^2-u_n^2)$

4. 设函数 $Q(x,y)=\dfrac{x}{y^2}$，如果对上半平面 $(y>0)$ 内的任意有向光滑封闭曲线 C 都有 $\oint_C P(x,y)\mathrm{d}x+Q(x,y)\mathrm{d}y=0$，那么函数 $P(x,y)$ 可取为（　　　）.

A. $y - \dfrac{x^2}{y^2}$　　　　B. $\dfrac{1}{y} - \dfrac{x^2}{y^2}$　　　　C. $\dfrac{1}{x} - \dfrac{1}{y}$　　　　D. $x - \dfrac{1}{y}$

5. 设 A 是三阶实对称矩阵，E 是三阶单位矩阵，若 $A^2 + A = 2E$，且 $|A| = 4$，则二次型 $\boldsymbol{x}^{\mathrm{T}}\boldsymbol{A}\boldsymbol{x}$ 的规范形为（　　）.

A. $y_1^2 + y_2^2 + y_3^2$　　　　　　　　B. $y_1^2 + y_2^2 - y_3^2$

C. $y_1^2 - y_2^2 - y_3^2$　　　　　　　　D. $-y_1^2 - y_2^2 - y_3^2$

6. 如图所示，有三张平面两两相交，交线相互平行，它们的方程 $a_{i1}x + a_{i2}y + a_{i3}z = d_i\,(i=1,2,3)$ 组成的线性方程组的系数矩阵及增广矩阵分别记为 $A, \overline{A}$，则（　　）.

A. $r(A) = 2,\ r(\overline{A}) = 3$　　　　　B. $r(A) = 2,\ r(\overline{A}) = 2$

C. $r(A) = 1,\ r(\overline{A}) = 2$　　　　　D. $r(A) = 1,\ r(\overline{A}) = 1$

7. 设 A, B 为随机事件，则 $P(A) = P(B)$ 的充分必要条件是（　　）.

A. $P(A \bigcup B) = P(A) + P(B)$　　　　B. $P(AB) = P(A) + P(B)$

C. $P(A\overline{B}) = P(B\overline{A})$　　　　　　D. $P(AB) = P(\overline{AB})$

8. 设随机变量 X 与 Y 相互独立，且都服从正态分布 $N(\mu, \sigma^2)$，则 $P\{|X - Y| < 1\}$（　　）.

A. 与 μ 无关，而与 σ^2 有关　　　　B. 与 μ 有关，而与 σ^2 无关

C. 与 μ, σ^2 都有关　　　　　　　D. 与 μ, σ^2 都无关

二、填空题（每小题 4 分，共 24 分）

1. 设函数 $f(u)$ 可导，$z = f(\sin y - \sin x) + xy$，则 $\dfrac{1}{\cos x} \cdot \dfrac{\partial z}{\partial x} + \dfrac{1}{\cos y} \cdot \dfrac{\partial z}{\partial y} = $ _____.

2. 微分方程 $2yy' - y^2 - 2 = 0$ 满足条件 $y(0) = 1$ 的特解 $y = $ _____.

3. 幂级数 $\displaystyle\sum_{n=0}^{\infty} \dfrac{(-1)^n}{(2n)!} x^n$ 在 $(0, +\infty)$ 内的和函数 $S(x) = $ _____.

4. 设 Σ 为曲面 $x^2 + y^2 + 4z^2 = 4\ (z \geqslant 0)$，则 $\displaystyle\iint\limits_{\Sigma} \sqrt{4 - x^2 - 4z^2}\,\mathrm{d}x\mathrm{d}y = $ _____.

5. 设 $A = (\boldsymbol{\alpha}_1, \boldsymbol{\alpha}_2, \boldsymbol{\alpha}_3)$ 为三阶矩阵，若 $\boldsymbol{\alpha}_1, \boldsymbol{\alpha}_2$ 线性无关，且 $\boldsymbol{\alpha}_3 = -\boldsymbol{\alpha}_1 + 2\boldsymbol{\alpha}_2$，则线性方程组 $\boldsymbol{Ax} = \boldsymbol{0}$ 的通解为 _____.

6. 设随机变量 X 的概率密度为 $f(x) = \begin{cases} \dfrac{x}{2}, & 0 < x < 2 \\ 0, & \text{其他} \end{cases}$，$F(x)$ 为 X 的分布函数，EX 为 X 的数学期望，则 $P\{F(X) > EX - 1\} = $ _____.

三、解答题（共 94 分）

1.（本题满分 10 分）

设函数 $y(x)$ 是微分方程 $y' + xy = e^{-\frac{x^2}{2}}$ 满足条件 $y(0) = 0$ 的特解.

（1）求 $y(x)$；

（2）求曲线 $y = y(x)$ 的凹凸区间及拐点.

2.（本题满分 10 分）

设 a, b 为实数，函数 $z = 2 + ax^2 + by^2$ 在点 $(3, 4)$ 处的方向导数中沿方向 $\boldsymbol{l} = -3\boldsymbol{i} - 4\boldsymbol{j}$ 的方向导数最大，最大值为 10.

（1）求 a, b 的值；

（2）求曲面 $z = 2 + ax^2 + by^2 (z \geq 0)$ 的面积.

3.（本题满分 10 分）

求曲线 $y = e^{-x} \sin x (x \geq 0)$ 与 x 轴之间图形的面积.

4.（本题满分 10 分）

设 $a_n = \int_0^1 x^n \sqrt{1 - x^2} \, dx \, (n = 0, 1, 2, \cdots)$

（1）证明：数列 $\{a_n\}$ 单调减少，且 $a_n = \dfrac{n-1}{n+2} a_{n-2} \, (n = 2, 3, \cdots)$；

（2）求 $\lim\limits_{n \to \infty} \dfrac{a_n}{a_{n-1}}$.

5.（本题满分 10 分）

设 Ω 是由锥面 $x^2 + (y-z)^2 = (1-z)^2 (0 \leq z \leq 1)$ 与平面 $z = 0$ 围成的锥体，求 Ω 的形心坐标.

6.（本题满分 11 分）

已知向量组 $\boldsymbol{\alpha}_1 = \begin{pmatrix} 1 \\ 2 \\ 1 \end{pmatrix}, \boldsymbol{\alpha}_2 = \begin{pmatrix} 1 \\ 3 \\ 2 \end{pmatrix}, \boldsymbol{\alpha}_3 = \begin{pmatrix} 1 \\ a \\ 3 \end{pmatrix}$ 为 $\mathbf{R}^3$ 的一个基，$\boldsymbol{\beta} = \begin{pmatrix} 1 \\ 1 \\ 1 \end{pmatrix}$ 在这个基下的坐标为 $\begin{pmatrix} b \\ c \\ 1 \end{pmatrix}$.

（1）求 a, b, c 的值；

（2）证明 $\boldsymbol{\alpha}_2, \boldsymbol{\alpha}_3, \boldsymbol{\beta}$ 为 $\mathbf{R}^3$ 的一个基，并求 $\boldsymbol{\alpha}_2, \boldsymbol{\alpha}_3, \boldsymbol{\beta}$ 到 $\boldsymbol{\alpha}_1, \boldsymbol{\alpha}_2, \boldsymbol{\alpha}_3$ 的过渡矩阵.

7. （本题满分 11 分）

已知矩阵 $A = \begin{pmatrix} -2 & -2 & 1 \\ 2 & x & -2 \\ 0 & 0 & -2 \end{pmatrix}$ 与 $B = \begin{pmatrix} 2 & 1 & 0 \\ 0 & -1 & 0 \\ 0 & 0 & y \end{pmatrix}$ 相似.

（1）求 x, y 的值；

（2）求可逆矩阵 P ，使得 $P^{-1}AP = B$.

8. （本题满分 11 分）

设随机变量 X 与 Y 相互独立， X 服从参数为 1 的指数分布， Y 的概率分布为

$$P(Y = -1) = p,\ P(Y = 1) = 1 - p\ (0 < p < 1),$$

令 $Z = XY$.

（1）求 Z 的概率密度；

（2） p 为何值时， X 与 Z 不相关；

（3） X 与 Z 是否相互独立？

9. （本题满分 11 分）

设总体 X 的概率密度为 $f(x; \sigma^2) = \begin{cases} \dfrac{A}{\sigma} e^{\frac{(x-\mu)^2}{2\sigma^2}}, & x \geqslant \mu \\ 0, & x < \mu \end{cases}$ ，其中 μ 是已知参数，

$\sigma > 0$ 是未知参数， A 是常数， $X_1, X_2, \cdots, X_n$ 为取自总体 X 的简单随机样本.

（1）求 A 的值；

（2）求 σ^2 的最大似然估计量.

数学一试题（四）

一、选择题（每小题 4 分，共 32 分）

1. 当 $x \to 0^+$ 时，下列无穷小量的最高阶是（　　　）.

　　A. $\displaystyle\int_0^x (e^{t^2} - 1)dt$ 　　　　　　　　B. $\displaystyle\int_0^x \ln(1 + \sqrt{1 + t^3})dt$

　　C. $\displaystyle\int_0^{\sin x} \sin t^2 dt$ 　　　　　　　　D. $\displaystyle\int_0^{1 - \cos x} \sqrt{\sin t^2} dt$

2. 设函数 $f(x)$ 在 $(-1, 1)$ 内有定义，且 $\lim\limits_{x \to 0} f(x) = 0$ ，则（　　　）.

　　A. 当 $\lim\limits_{x \to 0} \dfrac{f(x)}{\sqrt{|x|}} = 0$ 时， $f(x)$ 在 $x = 0$ 处可导

　　B. 当 $\lim\limits_{x \to 0} \dfrac{f(x)}{\sqrt{x^2}} = 0$ 时， $f(x)$ 在 $x = 0$ 处可导

　　C. 当 $f(x)$ 在 $x = 0$ 处可导时， $\lim\limits_{x \to 0} \dfrac{f(x)}{\sqrt{|x|}} = 0$

D. 当 $f(x)$ 在 $x=0$ 处可导时，$\lim\limits_{x\to 0}\dfrac{f(x)}{\sqrt{x^2}}=0$

3. 设 $f(x,y)$ 在点 $(0,0)$ 处可微，$f(0,0)=0$，$\boldsymbol{n}=\left(\dfrac{\partial f}{\partial x},\dfrac{\partial f}{\partial y},-1\right)\Big|_{(0,0)}$，非零向量 $\boldsymbol{d}\perp\boldsymbol{n}$，则（　　）.

A. $\lim\limits_{(x,y)\to(0,0)}\dfrac{|\boldsymbol{n}\cdot(x,y,f(x,y))|}{\sqrt{x^2+y^2}}=0$

B. $\lim\limits_{(x,y)\to(0,0)}\dfrac{|\boldsymbol{n}\times(x,y,f(x,y))|}{\sqrt{x^2+y^2}}=0$

C. $\lim\limits_{(x,y)\to(0,0)}\dfrac{|\boldsymbol{d}\cdot(x,y,f(x,y))|}{\sqrt{x^2+y^2}}=0$

D. $\lim\limits_{(x,y)\to(0,0)}\dfrac{|\boldsymbol{d}\times(x,y,f(x,y))|}{\sqrt{x^2+y^2}}=0$

4. 设 R 为幂级数 $\sum\limits_{n=1}^{\infty}a_n x^n$ 的收敛半径，r 是实数，则（　　）.

A. 当 $\sum\limits_{n=1}^{\infty}a_n r^n$ 发散时，$|r|\geqslant R$

B. 当 $\sum\limits_{n=1}^{\infty}a_n r^n$ 发散时，$|r|\leqslant R$

C. 当 $|r|\geqslant R$ 时，$\sum\limits_{n=1}^{\infty}a_n r^n$ 发散

D. 当 $|r|\leqslant R$ 时，$\sum\limits_{n=1}^{\infty}a_n r^n$ 发散

5. 若矩阵 $\boldsymbol{A}$ 经过初等列变换化为 $\boldsymbol{B}$，则（　　）.

A. 存在可逆矩阵 $\boldsymbol{P}$，使得 $\boldsymbol{PA}=\boldsymbol{B}$

B. 存在可逆矩阵 $\boldsymbol{P}$，使得 $\boldsymbol{BP}=\boldsymbol{A}$

C. 存在可逆矩阵 $\boldsymbol{P}$，使得 $\boldsymbol{PB}=\boldsymbol{A}$

D. 方程组 $\boldsymbol{Ax}=\boldsymbol{0}$ 与 $\boldsymbol{Bx}=\boldsymbol{0}$ 通解

6. 已知直线 $L_1:\dfrac{x-a_2}{a_1}=\dfrac{y-b_2}{b_1}=\dfrac{z-c_2}{c_1}$ 与直线 $L_2:\dfrac{x-a_3}{a_2}=\dfrac{y-b_3}{b_2}=\dfrac{z-c_3}{c_2}$ 相交于一点，记向量 $\boldsymbol{\alpha}_i=\begin{pmatrix}a_i\\b_i\\c_i\end{pmatrix}(i=1,2,3)$，则（　　）.

A. $\boldsymbol{\alpha}_1$ 可由 $\boldsymbol{\alpha}_2,\boldsymbol{\alpha}_3$ 线性表示

B. $\boldsymbol{\alpha}_2$ 可由 $\boldsymbol{\alpha}_1,\boldsymbol{\alpha}_3$ 线性表示

C. $\boldsymbol{\alpha}_3$ 可由 $\boldsymbol{\alpha}_1,\boldsymbol{\alpha}_2$ 线性表示

D. $\boldsymbol{\alpha}_1,\boldsymbol{\alpha}_2,\boldsymbol{\alpha}_3$ 线性无关

7. 设 A,B,C 为三个随机事件，且
$$P(A)=P(B)=P(C)=\frac{1}{4},\ P(AB)=0,\ P(AC)=P(BC)=\frac{1}{12},$$
则 A,B,C 中恰有一个事件发生的概率为（　　）.

A. $\dfrac{3}{4}$　　　　B. $\dfrac{2}{3}$　　　　C. $\dfrac{1}{2}$　　　　D. $\dfrac{5}{12}$

8. 设 $X_1,X_2,\cdots,X_n$ 为来自总体 X 的简单随机样本，其中 $P\{X=0\}=P\{X=1\}=\dfrac{1}{2}$，$\phi(x)$ 表示标准正态分布的分布函数，利用中心极限定理可得 $P\left\{\sum\limits_{i=1}^{100}X_i\leqslant 55\right\}$ 的近似值为（　　）.

A. $1-\phi(1)$ 　　　　B. $\phi(1)$ 　　　　C. $1-\phi(0.2)$ 　　　D. $\phi(0.2)$

二、填空题（每小题 4 分，共 24 分）

1. $\lim\limits_{x\to 0}\left[\dfrac{1}{e^x-1}-\dfrac{1}{\ln(1+x)}\right]=$ _____.

2. 设 $\begin{cases} x=\sqrt{t^2+1} \\ y=\ln(t+\sqrt{t^2+1}) \end{cases}$ ，则 $\left.\dfrac{d^2y}{dx^2}\right|_{t=1}=$ _____.

3. 设函数 $f(x)$ 满足 $f''(x)+af'(x)+f(x)=0\ (a>0)$ ，且 $f(0)=m, f'(0)=n$ ，则 $\int_0^{+\infty}f(x)dx=$ _____.

4. 设函数 $f(x,y)=\int_0^{xy}e^{xt^2}dt$ ，则 $\left.\dfrac{\partial^2 f}{\partial x\partial y}\right|_{(1,1)}=$ _____.

5. 行列式 $\begin{vmatrix} a & 0 & -1 & 1 \\ 0 & a & 1 & -1 \\ -1 & 1 & a & 0 \\ 1 & -1 & 0 & a \end{vmatrix}=$ _____.

6. 设 X 服从 $\left(-\dfrac{\pi}{2},\dfrac{\pi}{2}\right)$ 上的均匀分布，$Y=\sin X$ ，则 $\mathrm{Cov}(X,Y)=$ _____.

三、解答题（共 94 分）

1.（本题满分 10 分）

求函数 $f(x,y)=x^3+8y^3-xy$ 的极值.

2.（本题满分 10 分）

计算曲线积分 $I=\int_L\dfrac{4x-y}{4x^2+y^2}dx+\dfrac{x+y}{4x^2+y^2}dy$ ，其中 $L: x^2+y^2=2$ ，方向为逆时针方向.

3.（本题满分 10 分）

设数列 $\{a_n\}$ 满足：$a_1=1, (n+1)a_{n+1}=\left(n+\dfrac{1}{2}\right)a_n$ ，证明：当 $|x|<1$ 时，幂级数 $\sum\limits_{n=1}^{\infty}a_nx^n$ 收敛，并求其和函数.

4.（本题满分 10 分）

设 Σ 为曲面 $z=\sqrt{x^2+y^2}\ (x^2+y^2\le 4)$ 的下侧，$f(x)$ 为连续函数，计算

$$I=\iint\limits_{\Sigma}[xf(xy)+2xy-y]dydz+[yf(xy)+2y+x]dzdx+[zf(xy)+z]dxdy.$$

5.（本题满分 10 分）

设函数 $f(x)$ 在 $[0,2]$ 上连续可导，$f(0)=f(2)=0, M=\max\limits_{x\in[0,2]}|f(x)|$ ，证明：

（1）存在 $\xi \in (0,2)$，使得 $|f'(\xi)| \geqslant M$；

（2）若对任意的 $x \in (0,2)$，$|f'(x)| \leqslant M$，则 $M = 0$．

6.（本题满分 11 分）

设二次型 $f(x_1, x_2) = x_1^2 - 4x_1x_2 + 4x_2^2$ 经过正交变换 $\begin{pmatrix} x_1 \\ x_2 \end{pmatrix} = Q \begin{pmatrix} y_1 \\ y_2 \end{pmatrix}$ 化为二次型 $g(y_1, y_2) = ay_1^2 + 4y_1y_2 + by_2^2$，其中 $a \geqslant b$．

（1）求 a, b 的值；

（2）求正交矩阵 Q．

7.（本题满分 11 分）

设 A 为二阶矩阵，$P = (\alpha, A\alpha)$，其中 α 是非零向量且不是 A 的特征向量．

（1）证明 P 为可逆矩阵；

（2）若 $A^2\alpha + A\alpha - 6\alpha = 0$，求 $P^{-1}AP$，并判断 A 是否相似于对角矩阵．

8.（本题满分 11 分）

设随机变量 X_1, X_2, X_3 相互独立，其中 X_1, X_2 服从标准正态分布，X_3 的分布律为

$$P(X_3 = 1) = P(X_3 = -1) = \frac{1}{2}，$$

$$Y = X_3X_1 + (1 - X_3)X_2$$

（1）求二维随机变量 (X, Y) 的分布函数，结果用标准正态分布的分布函数 $\phi(x)$ 表示；

（2）证明：随机变量服从标准正态分布．

9.（本题满分 11 分）

设某元件的使用寿命 T 的分布函数为

$$F(t) = \begin{cases} 1 - e^{-\left(\frac{t}{\theta}\right)^m}, & t \geqslant 0, \\ 0, & t < 0 \end{cases}$$

其中 θ, m 为常数且大于零．

（1）求概率 $P\{T > t\}$ 与 $P\{T > s + t \mid T > s\}$；

（2）任取这种元件 n 个做寿命试验，测得它们的寿命分别为 $t_1, t_2, \cdots, t_n$，若 m 已知，求 θ 的最大似然估计量 $\hat{\theta}$．

数学一试题（五）

一、选择题（每小题 4 分，共 40 分）

1. 函数 $f(x) = \begin{cases} \dfrac{e^x - 1}{x}, & x \neq 0 \\ 1, & x = 0 \end{cases}$ 在点 $x = 0$ 处（　　）.

    A. 连续且取极大值　　　　　　　　B. 连续且取极小值

    C. 可导且导数等于 0　　　　　　　　D. 可导且导数不为 0

2. 设 $f(x, y)$ 可微，且 $f(x+1, e^x) = x(x+1)^2$，$f(x, x^2) = 2x^2 \ln x$，则 $\mathrm{d}f(1,1) = ($　　$)$.

    A. $\mathrm{d}x + \mathrm{d}y$　　　　B. $\mathrm{d}x - \mathrm{d}y$　　　　C. $\mathrm{d}y$　　　　D. $-\mathrm{d}y$

3. 设函数 $f(x) = \dfrac{\sin x}{1 + x^2}$ 在点 $x = 0$ 处的 3 次泰勒多项式为 $ax + bx^2 + cx^3$，则（　　）.

    A. $a = 1, b = 0, c = -\dfrac{7}{6}$　　　　　　　　B. $a = 1, b = 0, c = \dfrac{7}{6}$

    C. $a = -1, b = -1, c = -\dfrac{7}{6}$　　　　　　　D. $a = -1, b = -1, c = \dfrac{7}{6}$

4. 设 $f(x)$ 在区间 $[0,1]$ 上连续，则 $\int_0^1 f(x)\mathrm{d}x = ($　　$)$.

    A. $\displaystyle\lim_{n \to \infty} \sum_{k=1}^{n} f\left(\dfrac{2k-1}{2n}\right)\dfrac{1}{2n}$　　　　　B. $\displaystyle\lim_{n \to \infty} \sum_{k=1}^{n} f\left(\dfrac{2k-1}{2n}\right)\dfrac{1}{n}$

    C. $\displaystyle\lim_{n \to \infty} \sum_{k=1}^{2n} f\left(\dfrac{k-1}{2n}\right)\dfrac{1}{n}$　　　　　D. $\displaystyle\lim_{n \to \infty} \sum_{k=1}^{2n} f\left(\dfrac{k}{2n}\right)\dfrac{2}{n}$

5. 二次型 $f(x_1, x_2, x_3) = (x_1 + x_2)^2 + (x_2 + x_3)^2 - (x_3 - x_1)^2$ 的正惯性指数与负惯性指数依次为（　　）.

    A. 2,0　　　　　B. 1,1　　　　　C. 2,1　　　　　D. 1,2

6. 已知 $\alpha_1 = \begin{pmatrix} 1 \\ 0 \\ 1 \end{pmatrix}$，$\alpha_2 = \begin{pmatrix} 1 \\ 2 \\ 1 \end{pmatrix}$，$\alpha_3 = \begin{pmatrix} 3 \\ 1 \\ 2 \end{pmatrix}$，记 $\beta_1 = \alpha_1$，$\beta_2 = \alpha_2 - k\beta_1$，$\beta_3 = \alpha_3 - l_1\beta_1 - l_2\beta_2$，若 $\beta_1, \beta_2, \beta_3$ 两两正交，则 l_1, l_2 依次为（　　）.

    A. $\dfrac{5}{2}, \dfrac{1}{2}$　　　　B. $-\dfrac{5}{2}, \dfrac{1}{2}$　　　　C. $\dfrac{5}{2}, -\dfrac{1}{2}$　　　　D. $-\dfrac{5}{2}, -\dfrac{1}{2}$

7. 设 A, B 为 n 阶实矩阵，则下列不成立的是（　　）.

    A. $r\begin{pmatrix} A & O \\ O & A^{\mathrm{T}}A \end{pmatrix} = 2r(A)$　　　　　B. $r\begin{pmatrix} A & AB \\ O & A^{\mathrm{T}} \end{pmatrix} = 2r(A)$

    C. $r\begin{pmatrix} A & BA \\ O & AA^{\mathrm{T}} \end{pmatrix} = 2r(A)$　　　　　D. $r\begin{pmatrix} A & O \\ BA & A^{\mathrm{T}} \end{pmatrix} = 2r(A)$

8. 设 A, B 为随机事件，且 $0 < P(B) < 1$，则下列命题中不成立的是（　　　　）.

A. 若 $P(A|B) = P(A)$，则 $P(A|\bar{B}) = P(A)$

B. 若 $P(A|B) > P(A)$，则 $P(\bar{A}|\bar{B}) > P(\bar{A})$

C. 若 $P(A|B) > P(A|\bar{B})$，则 $P(A|B) > P(A)$

D. 若 $P(A|A\cup B) > P(\bar{A}|A\cup B)$，则 $P(A) > P(B)$

9. 设 $(X_1,Y_1),(X_2,Y_2),\cdots,(X_n,Y_n)$ 为来自 $N(\mu_1,\mu_2;\sigma_1^2,\sigma_2^2;\rho)$ 的简单随机样本，令 $\theta = \mu_1 - \mu_2$，$\bar{X} = \dfrac{1}{n}\sum\limits_{i=1}^{n} X_i$，$\bar{Y} = \dfrac{1}{n}\sum\limits_{i=1}^{n} Y_i$，$\hat{\theta} = \bar{X} - \bar{Y}$，则（　　　　）.

A. $\hat{\theta}$ 是 θ 的无偏估计，$D(\hat{\theta}) = \dfrac{\sigma_1^2 + \sigma_2^2}{n}$

B. $\hat{\theta}$ 不是 θ 的无偏估计，$D(\hat{\theta}) = \dfrac{\sigma_1^2 + \sigma_2^2}{n}$

C. $\hat{\theta}$ 是 θ 的无偏估计，$D(\hat{\theta}) = \dfrac{\sigma_1^2 + \sigma_2^2 - 2\rho\sigma_1\sigma_2}{n}$

D. $\hat{\theta}$ 不是 θ 的无偏估计，$D(\hat{\theta}) = \dfrac{\sigma_1^2 + \sigma_2^2 - 2\rho\sigma_1\sigma_2}{n}$

10. 假设 $X_1, X_2, \cdots, X_{16}$ 为来自 $N(\mu, 4)$ 的简单随机样本，考虑假设检验问题：$H_0: \mu \leqslant 10$, $H_1: \mu > 10$. $\phi(x)$ 表示标准正态分布函数，若该检验问题的拒绝域为 $W = \{\bar{X} > 11\}$，其中 $\bar{X} = \dfrac{1}{16}\sum\limits_{i=1}^{16} X_i$，则 $\mu = 11.5$ 时，该检验犯第二类错误的概率为（　　　　）.

A. $1 - \phi(0.5)$ 　　　B. $1 - \phi(1)$ 　　　C. $1 - \phi(1.5)$ 　　　D. $1 - \phi(2)$

二、填空题（每小题 5 分，共 30 分）

1. $\displaystyle\int_0^{+\infty} \dfrac{1}{x^2 + 2x + 2}\,\mathrm{d}x = $ _____.

2. 设函数 $y = y(x)$ 由参数方程 $\begin{cases} x = 2e^t + t + 1 \\ y = 4(t-1)e^t + t^2 \end{cases}$ 确定，则 $\dfrac{\mathrm{d}^2 y}{\mathrm{d}x^2} = $ _____.

3. 欧拉方程 $x^2 y'' + xy' - 4y = 0$ 满足条件 $y(1) = 1, y'(1) = 2$ 的解为 $y = $ _____ .

4. 设 Σ 为空间区域 $\{(x,y,z) \mid x^2 + 4y^2 \leqslant 4, 0 \leqslant z \leqslant 2\}$ 表面的外侧，则曲面积分 $\displaystyle\iint\limits_{\Sigma} x^2\mathrm{d}y\mathrm{d}z + y^2\mathrm{d}z\mathrm{d}x + z\mathrm{d}x\mathrm{d}y = $ _____.

5. 设 $A = (a_{ij})$ 为三阶矩阵，A_{ij} 为 $|A|$ 的代数余子式，若 A 的每行元素之和均为 2，且 $|A| = 3$，则 $A_{11} + A_{21} + A_{31} = $ _____.

6. 甲乙两个盒子中各装有 2 个红球和 2 个白球，先从甲盒中任取一球，观察颜色后放入乙盒中，再从乙盒中任取一球，令 X,Y 分别表示从甲盒和乙盒中取到的红球个数，则 X 与 Y 的相关系数为 _____.

三、解答题（共 80 分）

1.（本题满分 10 分）

求极限 $\lim\limits_{x \to 0}\left(\dfrac{1+\int_0^x e^{t^2} \mathrm{d}t}{e^x - 1} - \dfrac{1}{\sin x}\right)$.

2.（本题满分 12 分）

设 $u_n(x) = e^{-nx} + \dfrac{1}{n(n+1)}x^{n+1}(n=1,2,\cdots)$，求级数 $\sum\limits_{n=1}^{\infty} u_n(x)$ 的收敛域及和函数.

3.（本题满分 12 分）

已知曲线 $C:\begin{cases} x^2 + 2y^2 - z = 6 \\ 4x + 2y + z = 30 \end{cases}$，求 C 上的点到 xOy 坐标平面的距离的最大值.

4.（本题满分 10 分）

设 $D \subset \mathbf{R}^2$ 是有界单连通闭区域，$I(D) = \iint\limits_D (4 - x^2 - y^2)\mathrm{d}x\mathrm{d}y$ 取最大值的积分区域记为 D_1，（1）求 $I(D_1)$ 的值；（2）计算 $\int_{\partial D_1} \dfrac{(xe^{x^2+4y^2} + y)\mathrm{d}x + (4ye^{x^2+4y^2} - x)\mathrm{d}y}{x^2 + 4y^2}$，其中 ∂D_1 为 D_1 的正向边界.

5.（本题满分 12 分）

曲线 $(x^2 + y^2)^2 = x^2 - y^2 \ (x \geqslant 0, y \geqslant 0)$ 与 x 轴围成的平面区域为 D，计算二重积分 $\iint\limits_D xy\mathrm{d}x\mathrm{d}y$.

6.（本题满分 12 分）

已知 $A = \begin{pmatrix} a & 1 & -1 \\ 1 & a & -1 \\ -1 & -1 & a \end{pmatrix}$，（1）求正交矩阵 P，使得 $P^{\mathrm{T}}AP$ 为对角矩阵；（2）求正定矩阵 C，使得 $C^2 = (a+3)E - A$.

7.（本题满分 12 分）

在区间 $(0,2)$ 内随机取一点，将该区间分成两段，较短的一段长度记为 X，较长的一段长度记为 Y，令 $Z = \dfrac{Y}{X}$，（1）求 X 的概率密度；（2）求 Z 的概率密度；（3）求 $E\left(\dfrac{X}{Y}\right)$.

B.2 全国硕士研究生入学考试数学二试题

数学二试题（一）

一、选择题（每小题 4 分，共 32 分）

1. 若函数 $f(x) = \begin{cases} \dfrac{1-\cos\sqrt{x}}{ax}, & x > 0 \\ b, & x \leqslant 0 \end{cases}$ 在点 $x=0$ 处连续，则（　　）.

    A. $ab = \dfrac{1}{2}$ B. $ab = -\dfrac{1}{2}$ C. $ab = 0$ D. $ab = 2$

2. 设二阶可导函数 $f(x)$ 满足 $f(1) = f(-1) = 1$，$f(0) = -1$，且 $f''(x) > 0$，则（　　）.

    A. $\int_{-1}^{1} f(x)\mathrm{d}x > 0$ B. $\int_{-1}^{1} f(x)\mathrm{d}x < 0$

    C. $\int_{-1}^{0} f(x)\mathrm{d}x > \int_{0}^{1} f(x)\mathrm{d}x$ D. $\int_{-1}^{0} f(x)\mathrm{d}x < \int_{0}^{1} f(x)\mathrm{d}x$

3. 设数列 $\{x_n\}$ 收敛，则（　　）.

    A. 当 $\lim\limits_{n\to\infty}\sin x_n = 0$ 时，$\lim\limits_{n\to\infty} x_n = 0$

    B. 当 $\lim\limits_{n\to\infty}(x_n + \sqrt{|x_n|}) = 0$ 时，$\lim\limits_{n\to\infty} x_n = 0$

    C. 当 $\lim\limits_{n\to\infty}(x_n + x_n^2) = 0$ 时，$\lim\limits_{n\to\infty} x_n = 0$

    D. 当 $\lim\limits_{n\to\infty}(x_n + \sin x_n) = 0$ 时，$\lim\limits_{n\to\infty} x_n = 0$

4. 微分方程 $y'' - 4y' + 8y = \mathrm{e}^{2x}(1 + \cos 2x)$ 的特解可设为 $y^* = $（　　）.

    A. $a\mathrm{e}^{2x} + \mathrm{e}^{2x}(b\cos 2x + c\sin 2x)$ B. $ax\mathrm{e}^{2x} + \mathrm{e}^{2x}(b\cos 2x + c\sin 2x)$

    C. $a\mathrm{e}^{2x} + x\mathrm{e}^{2x}(b\cos 2x + c\sin 2x)$ D. $ax\mathrm{e}^{2x} + x\mathrm{e}^{2x}(b\cos 2x + c\sin 2x)$

5. 设 $f(x,y)$ 具有一阶偏导数，且对任意的 (x,y) 都有 $\dfrac{\partial f(x,y)}{\partial x} > 0$，$\dfrac{\partial f(x,y)}{\partial y} < 0$，则

（　　）.

    A. $f(0,0) > f(1,1)$ B. $f(0,0) < f(1,1)$

    C. $f(0,1) > f(1,0)$ D. $f(0,1) < f(1,0)$

6. 甲、乙两人赛跑，计时开始时，甲在乙前方 10（单位：m）处，图中实线表示甲的速度曲线 $v = v_1(t)$（单位：m/s），虚线表示乙的速度曲线 $v = v_2(t)$，三块阴影部分面积的数值依次为 10, 20, 3，计时开始后乙追上甲的时刻为 t_0（单位：s），则（　　）.

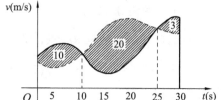

    A. $t_0 = 10$ B. $10 < t_0 < 15$

    C. $t_0 = 15$ D. $t_0 > 25$

7. 设 A 为三阶矩阵，$\textbf{\textit{P}}=(\boldsymbol{\alpha}_1,\boldsymbol{\alpha}_2,\boldsymbol{\alpha}_3)$ 为可逆矩阵，使得 $\textbf{\textit{P}}^{-1}A\textbf{\textit{P}}=\begin{pmatrix}0&0&0\\0&1&0\\0&0&2\end{pmatrix}$，则

$A(\boldsymbol{\alpha}_1+\boldsymbol{\alpha}_2+\boldsymbol{\alpha}_3)=(\qquad)$.

  A. $\boldsymbol{\alpha}_1+\boldsymbol{\alpha}_2$ B. $\boldsymbol{\alpha}_2+2\boldsymbol{\alpha}_3$ C. $\boldsymbol{\alpha}_2+\boldsymbol{\alpha}_3$ D. $\boldsymbol{\alpha}_1+2\boldsymbol{\alpha}_3$

8. 设矩阵 $A=\begin{pmatrix}2&0&0\\0&2&1\\0&0&1\end{pmatrix}$，$B=\begin{pmatrix}2&1&0\\0&2&0\\0&0&1\end{pmatrix}$，$C=\begin{pmatrix}1&0&0\\0&2&0\\0&0&2\end{pmatrix}$，则（ ）.

  A. A 与 C 相似，B 与 C 相似   B. A 与 C 相似，B 与 C 不相似

  C. A 与 C 不相似，B 与 C 相似   D. A 与 C 不相似，B 与 C 不相似

二、填空题（每小题 4 分，共 24 分）

1. 曲线 $y=x\left(1+\arcsin\dfrac{2}{x}\right)$ 的斜渐近线方程为 _____.

2. 设函数 $y=y(x)$ 由方程 $\begin{cases}x=t+\mathrm{e}^t\\y=\sin t\end{cases}$ 确定，则 $\dfrac{\mathrm{d}^2 y}{\mathrm{d}x^2}\Big|_{x=0}=$ _____.

3. $\displaystyle\int_0^{+\infty}\dfrac{\ln(1+x)}{(1+x)^2}\mathrm{d}x=$ _____.

4. 设函数 $f(x,y)$ 具有一阶连续的偏导数，且 $\mathrm{d}f(x,y)=y\mathrm{e}^y\mathrm{d}x+x(1+y)\mathrm{e}^y\mathrm{d}y$，$f(0,0)=0$，则 $f(x,y)=$ _____.

5. $\displaystyle\int_0^1\mathrm{d}y\int_y^1\dfrac{\tan x}{x}\mathrm{d}x=$ _____.

6. 设矩阵 $A=\begin{pmatrix}4&1&-2\\1&2&a\\3&1&-1\end{pmatrix}$ 的一个特征向量为 $\begin{pmatrix}1\\1\\2\end{pmatrix}$，则 $a=$ _____.

三、解答题（共 94 分）

1.（本题满分 10 分）

求 $\displaystyle\lim_{x\to 0^+}\dfrac{\int_0^x\sqrt{x-t}\,\mathrm{e}^t\mathrm{d}t}{\sqrt{x^3}}$.

2.（本题满分 10 分）

设函数 $f(u,v)$ 具有二阶连续的偏导数，$y=f(\mathrm{e}^x,\cos x)$，且 $\dfrac{\mathrm{d}y}{\mathrm{d}x}\Big|_{x=0}$，$\dfrac{\mathrm{d}^2 y}{\mathrm{d}x^2}\Big|_{x=0}$.

3.（本题满分 10 分）

求 $\displaystyle\lim_{n\to\infty}\sum_{k=1}^{n}\dfrac{k}{n^2}\ln\left(1+\dfrac{k}{n}\right)$.

4.（本题满分 10 分）

已知函数 $y = y(x)$ 由方程 $x^3 + y^3 - 3x + 3y - 2 = 0$ 确定，求 $y(x)$ 的极值.

5.（本题满分 10 分）

设函数 $f(x)$ 在 $[0,1]$ 上具有二阶导数，且 $f(1) > 0$，$\lim\limits_{x \to 0^+} \dfrac{f(x)}{x} < 0$，证明：

（1）方程 $f(x) = 0$ 在 $(0,1)$ 内至少有一个实根；

（2）方程 $f(x)f''(x) + [f'(x)]^2 = 0$ 在 $(0,1)$ 内至少有两个不同的实根.

6.（本题满分 11 分）

已知平面区域 $D = \{(x,y) \big| x^2 + y^2 \leqslant 2y\}$，计算二重积分 $\iint\limits_{D}(x+1)^2 \mathrm{d}x\mathrm{d}y$.

7.（本题满分 11 分）

设 $y(x)$ 是区间 $\left(0, \dfrac{3}{2}\right)$ 内的可导函数，且 $y(1) = 0$. 点 P 是曲线 $L: y = y(x)$ 上的任意一点，L 在点 P 处的切线与 y 轴相交于点 $(0, Y_P)$，法线与 x 轴相交于点 $(X_P, 0)$，若 $X_P = Y_P$，求 L 上的点的坐标 (x, y) 满足的方程.

8.（本题满分 11 分）

设矩阵 $A = (\boldsymbol{\alpha}_1, \boldsymbol{\alpha}_2, \boldsymbol{\alpha}_3)$ 有三个不同的特征值，$\boldsymbol{\alpha}_3 = \boldsymbol{\alpha}_1 + 2\boldsymbol{\alpha}_2$.

（1）证明：$r(\boldsymbol{A}) = 2$；

（2）若 $\boldsymbol{\beta} = \boldsymbol{\alpha}_1 + \boldsymbol{\alpha}_2 + \boldsymbol{\alpha}_3$，求方程组 $\boldsymbol{A}x = \boldsymbol{\beta}$ 的解.

9.（本题满分 11 分）

设二次型 $f = 2x_1^2 - x_2^2 + ax_3^2 + 2x_1x_2 - 8x_1x_3 + 2x_2x_3$ 在正交变换 $\boldsymbol{x} = \boldsymbol{Q}\boldsymbol{y}$ 下的标准型为 $\lambda_1 y_1^2 + \lambda_2 y_2^2$，求 a 的值及一个正交矩阵 $\boldsymbol{Q}$.

数学二试题（二）

一、选择题（每小题 4 分，共 32 分）

1. 若 $\lim\limits_{x \to 0}(e^x + ax^2 + bx)^{\frac{1}{x^3}} = 1$，则 （   ）.

    A. $a = \dfrac{1}{2}$，$b = -1$ B. $a = -\dfrac{1}{2}$，$b = -1$

    C. $a = \dfrac{1}{2}$，$b = 1$ D. $a = -\dfrac{1}{2}$，$b = 1$

2. 下列函数不可导的是 （   ）.

    A. $f(x) = |x|\sin|x|$ B. $f(x) = |x|\sin\sqrt{|x|}$

    C. $f(x) = \cos|x|$ D. $f(x) = \cos\sqrt{|x|}$

3. 设函数 $f(x)=\begin{cases}-1, & x<0 \\ 1, & x\geqslant 0\end{cases}$, $g(x)=\begin{cases}2-ax, & x\leqslant -1 \\ x, & -1\leqslant x<0 \\ x-b, & x\geqslant 0\end{cases}$，若 $f(x)+g(x)$ 在 **R** 上连续，则（　　　　）.

　　A. $a=3, b=1$ 　　　　　　　　　　　　B. $a=3, b=2$

　　C. $a=-3, b=1$ 　　　　　　　　　　　D. $a=-3, b=2$

4. 设函数 $f(x)$ 在 $[0,1]$ 上二阶可导，且 $\int_0^1 f(x)\mathrm{d}x=0$，则（　　　　）.

　　A. 当 $f'(x)<0$ 时 $f\left(\dfrac{1}{2}\right)<0$ 　　　　　B. 当 $f''(x)<0$ 时 $f\left(\dfrac{1}{2}\right)<0$

　　C. 当 $f'(x)>0$ 时 $f\left(\dfrac{1}{2}\right)<0$ 　　　　　D. 当 $f''(x)>0$ 时 $f\left(\dfrac{1}{2}\right)<0$

5. 设 $M=\int_{-\frac{\pi}{2}}^{\frac{\pi}{2}}\dfrac{(1+x)^2}{1+x^2}\mathrm{d}x,\ N=\int_{-\frac{\pi}{2}}^{\frac{\pi}{2}}\dfrac{1+x}{e^x}\mathrm{d}x,\ K=\int_{-\frac{\pi}{2}}^{\frac{\pi}{2}}(1+\sqrt{\cos x})\mathrm{d}x$，则（　　　　）.

　　A. $M>N>K$ 　　　B. $M>K>N$ 　　　C. $K>M>N$ 　　　D. $N>M>K$

6. $\int_{-1}^0\mathrm{d}x\int_{-x}^{2-x^2}(1-xy)\mathrm{d}y+\int_0^1\mathrm{d}x\int_x^{2-x^2}(1-xy)\mathrm{d}y=$（　　　　）.

　　A. $\dfrac{5}{3}$ 　　　　　B. $\dfrac{5}{6}$ 　　　　　C. $\dfrac{7}{3}$ 　　　　　D. $\dfrac{7}{6}$

7. 下列矩阵中与 $\begin{pmatrix}1 & 1 & 0 \\ 0 & 1 & 1 \\ 0 & 0 & 1\end{pmatrix}$ 相似的是（　　　　）.

　　A. $\begin{pmatrix}1 & 1 & -1 \\ 0 & 1 & 1 \\ 0 & 0 & 1\end{pmatrix}$ 　　　B. $\begin{pmatrix}1 & 0 & -1 \\ 0 & 1 & 1 \\ 0 & 0 & 1\end{pmatrix}$ 　　　C. $\begin{pmatrix}1 & 1 & -1 \\ 0 & 1 & 0 \\ 0 & 0 & 1\end{pmatrix}$ 　　　D. $\begin{pmatrix}1 & 0 & -1 \\ 0 & 1 & 0 \\ 0 & 0 & 1\end{pmatrix}$

8. 设 A,B 为 n 阶矩阵，记 $r(X)$ 为矩阵 X 的秩，(X,Y) 表示分块矩阵，则（　　　　）.

　　A. $r(A\ AB)=r(A)$ 　　　　　　　　B. $r(A\ BA)=r(A)$

　　C. $r(A\ B)=\max\{r(A),r(B)\}$ 　　　　D. $r(AB)=r(A^{\mathrm{T}}B^{\mathrm{T}})$

二、填空题（每小题 4 分，共 24 分）

1. $\lim\limits_{x\to+\infty}x^2[\arctan(x+1)-\arctan x]=$ _____.

2. 曲线 $y=x^2+2\ln x$ 在其拐点处的切线方程为 _____.

3. $\int_5^{+\infty}\dfrac{1}{x^2-4x+3}\mathrm{d}x=$ _____.

4. 曲线 $\begin{cases}x=\cos^3 t \\ y=\sin^3 t\end{cases}$ 在 $t=\dfrac{\pi}{4}$ 对应点处的曲率为 _____.

5. 设函数 $z = z(x, y)$ 由方程 $\ln z + e^{z-1} = xy$ 确定，则 $\left.\dfrac{\partial z}{\partial x}\right|_{\left(2, \frac{1}{2}\right)} = $ _____.

6. 设 A 为三阶矩阵，$\alpha_1, \alpha_2, \alpha_3$ 为线性无关的向量组，若 $A\alpha_1 = 2\alpha_1 + \alpha_2 + \alpha_3$，$A\alpha_2 = \alpha_2 + 2\alpha_3, A\alpha_3 = -\alpha_2 + \alpha_3$，则 A 的实特征值为 _____.

三、解答题（共 94 分）

1.（本题满分 10 分）

求不定积分 $\int e^{2x} \arctan \sqrt{e^x - 1}\, dx$.

2.（本题满分 10 分）

已知连续函数 $f(x)$ 满足 $\int_0^x f(t)dt + \int_0^x tf(x-t)dt = ax^2$.

（1）求 $f(x)$；

（2）若 $f(x)$ 在区间 $[0,1]$ 上的平均值为 1，求 a 的值.

3.（本题满分 10 分）

设平面区域 D 由曲线 $\begin{cases} x = t - \sin t \\ y = 1 - \cos t \end{cases}$ $(0 \leqslant t \leqslant 2\pi)$ 与 x 轴围成，计算二重积分

$$\iint\limits_D (x + 2y)dxdy.$$

4.（本题满分 10 分）

已知常数 $k \geqslant \ln 2 - 1$，证明 $(x-1)(x - \ln^2 x + 2k\ln x - 1) \geqslant 0$.

5.（本题满分 10 分）

将长为 2 米的铁丝分成 3 段，依次围成圆、正方形与正三角形，试问三个图形的面积之和是否存在最小值？

6.（本题满分 11 分）

已知曲线 $L: y = \dfrac{4}{9}x^2$ $(x \geqslant 0)$，点 $O(0,0), A(0,1)$，设 P 是曲线 L 上的动点，S 是直线 OA 与直线 AP 及曲线 L 所围图形的面积，若 P 运动到点 $(3,4)$ 时沿 x 轴正向的速度为 4，求此时 S 关于时间 t 的变化率.

7.（本题满分 11 分）

设数列 $\{x_n\}$ 满足 $x_1 > 0, x_n e^{x_{n+1}} = e^{x_n} - 1$ $(n = 1,2,\cdots)$，证明数列 $\{x_n\}$ 收敛，并求 $\lim\limits_{n \to \infty} x_n$.

8.（本题满分 11 分）

设二次型 $f(x_1, x_2, x_3) = (x_1 - x_2 + x_3)^2 + (x_2 + x_3)^2 + (x_1 + ax_3)^2$，其中 a 为参数.

（1）求 $f(x_1,x_2,x_3)=0$ 的解；

（2）求 $f(x_1,x_2,x_3)=0$ 的规范型.

9.（本题满分 11 分）

已知 a 为常数，且矩阵 $A=\begin{pmatrix}1&2&a\\1&3&0\\2&7&-a\end{pmatrix}$ 可经初等列变换化为矩阵 $B=\begin{pmatrix}1&a&2\\0&1&1\\-1&1&1\end{pmatrix}$，

（1）求 a 的值；

（2）求满足 $AP=B$ 的可逆矩阵 P.

数学二试题（三）

一、选择题（每小题 4 分，共 32 分）

1. 当 $x\to0$ 时，若 $x-\tan x$ 与 x^k 是同阶无穷小，则 $k=$（　　）.

A. 1　　　B. 2　　　C. 3　　　D. 4

2. 曲线 $y=x\sin x+2\cos x\left(-\dfrac{\pi}{2}<x<2\pi\right)$ 的拐点是（　　）.

A. $(0,2)$　　B. $(\pi,-2)$　　C. $\left(\dfrac{\pi}{2},\dfrac{\pi}{2}\right)$　　D. $\left(\dfrac{3\pi}{2},-\dfrac{3\pi}{2}\right)$

3. 下列反常积分发散的是（　　）.

A. $\int_0^{+\infty}xe^{-x}dx$　　B. $\int_0^{+\infty}xe^{-x^2}dx$　　C. $\int_0^{+\infty}\dfrac{\arctan x}{1+x^2}dx$　　D. $\int_0^{+\infty}\dfrac{x}{1+x^2}dx$

4. 已知微分方程 $y''+ay'+by=ce^x$ 的通解为 $y=(C_1+C_2x)e^{-x}+e^x$，则 a,b,c 依次为（　　）.

A. 1,0,1　　B. 1,0,2　　C. 2,1,3　　D. 2,1,4

5. 已知平面区域 $D=\left\{(x,y)\big|\,|x|+|y|\le\dfrac{\pi}{2}\right\}$，记

$I_1=\iint_D\sqrt{x^2+y^2}dxdy$，$I_2=\iint_D\sin\sqrt{x^2+y^2}dxdy$，$I_3=\iint_D(1-\cos\sqrt{x^2+y^2})dxdy$，

则（　　）.

A. $I_3<I_2<I_1$　　B. $I_2<I_1<I_3$　　C. $I_1<I_2<I_3$　　D. $I_2<I_3<I_1$

6. 设函数 $f(x),g(x)$ 的二阶导函数在 $x=a$ 处连续，则 $\lim\limits_{x\to a}\dfrac{f(x)-g(x)}{(x-a)^2}=0$ 是两条曲线 $y=f(x),y=g(x)$ 在 $x=a$ 对应的点处相切及曲率相等的（　　）.

A. 充分不必要条件　　　　　　　　B. 充分必要条件

C. 必要不充分条件　　　　　　　　D. 既不充分又不必要条件

7. 设 A 是四阶矩阵，A^* 为 A 的伴随矩阵，若线性方程组 $Ax=0$ 的基础解系中只有两个向量，则 $r(A^*)=$（　　　）.

A. 0　　　　　　B. 1　　　　　　C. 2　　　　　　D. 3

8. 设 A 是三阶实对称矩阵，E 是三阶单位矩阵，若 $A^2+A=2E$，且 $|A|=4$，则二次型 $x^{\mathrm{T}}Ax$ 的规范形为（　　　）.

A. $y_1^2+y_2^2+y_3^2$　　　　　　　　B. $y_1^2+y_2^2-y_3^2$

C. $y_1^2-y_2^2-y_3^2$　　　　　　　　D. $-y_1^2-y_2^2-y_3^2$

二、填空题（每小题 4 分，共 24 分）

1. $\lim\limits_{x\to 0}(x+2^x)^{\frac{2}{x}}=$ _____.

2. 曲线 $\begin{cases}x=t-\sin t\\y=1-\cos t\end{cases}$ 在 $t=\dfrac{3\pi}{2}$ 对应点处的切线在 y 轴上的截距为 _____.

3. 设函数 $f(u)$ 可导，$z=yf\left(\dfrac{y^2}{x}\right)$，则 $2x\dfrac{\partial z}{\partial x}+y\dfrac{\partial z}{\partial y}=$ _____.

4. 曲线 $y=\ln\cos x\left(0\leqslant x\leqslant\dfrac{\pi}{6}\right)$ 的弧长为 _____.

5. 已知函数 $f(x)=x\int_1^x\dfrac{\sin t^2}{t}\mathrm{d}t$，则 $\int_0^1 f(x)\mathrm{d}x=$ _____.

6. 已知矩阵 $A=\begin{pmatrix}1&-1&0&0\\-2&1&-1&1\\3&-2&2&-1\\0&0&3&4\end{pmatrix}$，$A_{ij}$ 表示 $|A|$ 中 (i,j) 元的代数余子式，则

$A_{11}-A_{12}=$ _____.

三、解答题（共 94 分）

1.（本题满分 10 分）

已知函数 $f(x)=\begin{cases}x^{2x},&x>0\\xe^x+1,&x\leqslant 0\end{cases}$，求 $f'(x)$，并求 $f(x)$ 的极值.

2.（本题满分 10 分）

求不定积分 $\int\dfrac{3x+6}{(x-1)^2(x^2+x+1)}\mathrm{d}x$.

3.（本题满分 10 分）

设函数 $y(x)$ 是微分方程 $y' - xy = \dfrac{1}{2\sqrt{x}}\mathrm{e}^{\frac{x^2}{2}}$ 满足条件 $y(1) = \sqrt{\mathrm{e}}$ 的特解.

（1）求 $y(x)$.

（2）设平面区域 $D = \{(x,y) | 1 \leqslant x \leqslant 2, 0 \leqslant y \leqslant y(x)\}$，求 D 绕 x 轴旋转所得旋转体的体积.

4.（本题满分 10 分）

已知平面区域 $D = \{(x,y) \mid |x| \leqslant y, (x^2 + y^2)^3 \leqslant y^4\}$，计算二重积分 $\displaystyle\iint\limits_{D} \dfrac{x+y}{\sqrt{x^2+y^2}}\mathrm{d}x\mathrm{d}y$.

5.（本题满分 10 分）

设 n 是正整数，记 S_n 为曲线 $y = \mathrm{e}^{-x}\sin x\,(0 \leqslant x \leqslant n\pi)$ 与 x 轴所围图形的面积，求 S_n，并求 $\displaystyle\lim_{n\to\infty} S_n$.

6.（本题满分 11 分）

已知函数 $u(x,y)$ 满足 $2\dfrac{\partial^2 u}{\partial x^2} - 2\dfrac{\partial^2 u}{\partial y^2} + 3\dfrac{\partial u}{\partial x} + 3\dfrac{\partial u}{\partial y} = 0$，求 a,b 的值使得在变换 $u(x,y) = v(x,y)\mathrm{e}^{ax+by}$ 之下，上述等式可化为函数 $v(x,y)$ 的不含一阶偏导数的等式.

7.（本题满分 11 分）

已知函数 $f(x)$ 在 $[0,1]$ 上具有二阶导数，且 $f(0) = 0, f(1) = 1, \displaystyle\int_0^1 f(x)\mathrm{d}x < 0$，证明：

（1）存在 $\xi \in (0,1)$，使得 $f'(\xi) = 0$；

（2）存在 $\eta \in (0,1)$，使得 $f''(\eta) < -2$.

8.（本题满分 11 分）

已知向量组

（Ⅰ）：$\boldsymbol{\alpha}_1 = \begin{pmatrix} 1 \\ 1 \\ 4 \end{pmatrix}, \boldsymbol{\alpha}_2 = \begin{pmatrix} 1 \\ 0 \\ 4 \end{pmatrix}, \boldsymbol{\alpha}_3 = \begin{pmatrix} 1 \\ 2 \\ a^2+3 \end{pmatrix}$，（Ⅱ）：$\boldsymbol{\beta}_1 = \begin{pmatrix} 1 \\ 1 \\ a+3 \end{pmatrix}, \boldsymbol{\beta}_2 = \begin{pmatrix} 0 \\ 2 \\ 1-a \end{pmatrix}, \boldsymbol{\beta}_3 = \begin{pmatrix} 1 \\ 3 \\ a^2+3 \end{pmatrix}$.

若向量组（Ⅰ）与向量组（Ⅱ）等价，求 a 的值，并将 $\boldsymbol{\beta}_3$ 用 $\boldsymbol{\alpha}_1, \boldsymbol{\alpha}_2, \boldsymbol{\alpha}_3$ 线性表示.

9.（本题满分 11 分）

已知矩阵 $A = \begin{pmatrix} -2 & -2 & 1 \\ 2 & x & -2 \\ 0 & 0 & -2 \end{pmatrix}$ 与 $B = \begin{pmatrix} 2 & 1 & 0 \\ 0 & -1 & 0 \\ 0 & 0 & y \end{pmatrix}$ 相似.

（1）求 x,y 的值；

（2）求可逆矩阵 P，使得 $P^{-1}AP = B$.

数学二试题（四）

一、选择题（每小题 4 分，共 32 分）

1. 当 $x \to 0^+$ 时，下列无穷小量中阶数最高的是（   ）.

    A. $\int_0^x (e^{t^2} - 1)\mathrm{d}t$ B. $\int_0^x \ln(1 + \sqrt{1 + t^3})\mathrm{d}t$

    C. $\int_0^{\sin x} \sin t^2 \mathrm{d}t$ D. $\int_0^{1 - \cos x} \sqrt{\sin t^2}\mathrm{d}t$

2. $f(x) = \dfrac{e^{\frac{1}{x-1}} \ln|1 + x|}{(e^x - 1)(x - 2)}$ 的第二类间断点的个数为（   ）.

    A. 1   B. 2   C. 3   D. 4

3. $\int_0^1 \dfrac{\arcsin \sqrt{x}}{\sqrt{x(1 - x)}}\mathrm{d}x = $（   ）.

    A. $\dfrac{\pi^2}{4}$ B. $\dfrac{\pi^2}{8}$ C. $\dfrac{\pi}{4}$ D. $\dfrac{\pi}{8}$

4. 设 $f(x) = x^2 \ln(1 - x)$，当 $n \geqslant 3$ 时，$f^{(n)}(0) = $（   ）.

    A. $-\dfrac{n!}{n - 2}$ B. $\dfrac{n!}{n - 2}$ C. $-\dfrac{(n - 2)!}{n}$ D. $\dfrac{(n - 2)!}{n}$

5. 关于函数 $f(x, y) = \begin{cases} xy, & xy \neq 0 \\ x, & y = 0 \\ y, & x = 0 \end{cases}$，给出如下结论：

    ① $\left.\dfrac{\partial f}{\partial x}\right|_{(0,0)} = 1$；   ② $\left.\dfrac{\partial^2 f}{\partial x \partial y}\right|_{(0,0)} = 1$；

    ③ $\lim\limits_{(x,y) \to (0,0)} f(x, y) = 0$；   ④ $\lim\limits_{y \to 0} \lim\limits_{x \to 0} f(x, y) = 0$.

其中正确的个数是（   ）.

    A. 4   B. 3   C. 2   D. 1

6. 设 $f(x)$ 在 $[-2, 2]$ 上可导，且 $f'(x) > f(x) > 0$，则（   ）.

    A. $\dfrac{f(-2)}{f(-1)} > 1$ B. $\dfrac{f(0)}{f(-1)} > e$ C. $\dfrac{f(1)}{f(-1)} < e^2$ D. $\dfrac{f(2)}{f(-1)} < e^2$

7. 设四阶矩阵 $A = (a_{ij})_{4 \times 4}$ 不可逆，$A_{12} \neq 0$，$\alpha_1, \alpha_2, \alpha_3, \alpha_4$ 为矩阵 A 的列向量组，则 $Ax = \mathbf{0}$ 的通解为（   ）.

    A. $x = k_1\alpha_1 + k_2\alpha_2 + k_3\alpha_3$ B. $x = k_1\alpha_1 + k_2\alpha_2 + k_3\alpha_4$

    C. $x = k_1\alpha_1 + k_2\alpha_3 + k_3\alpha_4$ D. $x = k_1\alpha_2 + k_2\alpha_3 + k_3\alpha_4$

8. 设 A 为三阶矩阵，α_1, α_2 为 A 的属于特征值 1 的特征向量，α_3 为 A 的属

于特征值 -1 的特征向量，则使得 $P^{-1}AP = \begin{pmatrix} 1 & 0 & 0 \\ 0 & -1 & 0 \\ 0 & 0 & 1 \end{pmatrix}$ 的可逆矩阵 P 为（　　）.

A. $(\alpha_1+\alpha_3, \alpha_2, -\alpha_3)$ 　　　　B. $(\alpha_1+\alpha_2, \alpha_2, -\alpha_3)$

C. $(\alpha_1+\alpha_3, -\alpha_3, \alpha_2)$ 　　　　D. $(\alpha_1+\alpha_2, -\alpha_3, \alpha_2)$

二、填空题（每小题 4 分，共 24 分）

1. 设 $\begin{cases} x=\sqrt{t^2+1} \\ y=\ln(t+\sqrt{t^2+1}) \end{cases}$，则 $\left.\dfrac{\mathrm{d}^2y}{\mathrm{d}x^2}\right|_{t=1}=$ _____.

2. $\int_0^1 \mathrm{d}y \int_{\sqrt{y}}^1 \sqrt{x^3+1}\mathrm{d}x =$ _____.

3. 设 $z=\arctan[xy+\sin(x+y)]$，则 $\mathrm{d}z\big|_{(0,\pi)}=$ _____.

4. 斜边长为 $2a$ 的等腰三角形平板铅直地沉入水中，且斜边与水面相齐，设重力加速度为 g，水密度为 ρ，则该平板一侧所受到的水的压力 _____.

5. 设函数 $y(x)$ 满足 $y''+2y'+y=0$，且 $y(0)=0, y'(0)=1$，则 $\int_0^{+\infty} y(x)\mathrm{d}x=$ _____.

6. 行列式 $\begin{vmatrix} a & 0 & -1 & 1 \\ 0 & a & 1 & -1 \\ -1 & 1 & a & 0 \\ 1 & -1 & 0 & a \end{vmatrix}=$ _____.

三、解答题（共 94 分）

1.（本题满分 10 分）

求曲线 $y=\dfrac{x^{1+x}}{(1+x)^x}$ $(x>0)$ 的斜渐近线方程.

2.（本题满分 10 分）

已知函数 $f(x)$ 连续，且 $\lim\limits_{x\to 0}\dfrac{f(x)}{x}=1, g(x)=\int_0^1 f(xt)\mathrm{d}t$，求 $g'(x)$，并证明 $g'(x)$ 在 $x=0$ 处连续.

3.（本题满分 10 分）

求函数 $f(x,y)=x^3+8y^3-xy$ 的极值.

4.（本题满分 10 分）

已知 $2f(x)+x^2 f\left(\dfrac{1}{x}\right)=\dfrac{x^2+2x}{\sqrt{1+x^2}}$，求 $f(x)$，并求直线 $y=\dfrac{1}{2}, y=\dfrac{\sqrt{3}}{2}$ 与曲线 $y=f(x)$ 所围成的图形绕 x 轴旋转一周而成的旋转体的体积.

5.（本题满分 10 分）

平面区域 D 由直线 $x=1, x=2, y=x$ 与 x 轴围成，计算 $\iint\limits_{D} \dfrac{\sqrt{x^2+y^2}}{x}\mathrm{d}x\mathrm{d}y$.

6.（本题满分 11 分）

设 $f(x)=\int_{1}^{x} \mathrm{e}^{t^2}\mathrm{d}t$ ，证明：

（1）存在 $\xi\in(1,2)$ ，使得 $f(\xi)=(2-\xi)\mathrm{e}^{\xi^2}$ ；

（2）存在 $\eta\in(1,2)$ ，使得 $f(2)=\eta\mathrm{e}^{\eta^2}\ln 2$.

7.（本题满分 11 分）

设函数 $f(x)$ 可导，且 $f'(x)>0\,(x\geqslant 0)$ ，曲线 $y=f(x)$ 的图像经过原点 O ，曲线上任意一点 M 的切线与 x 轴交于 T ，MP 与 x 轴垂直，曲线 $y=f(x), MP, x$ 轴所围成的面积与 $\triangle MTP$ 的面积比为 $3:2$ ，求曲线方程.

8.（本题满分 11 分）

设二次型 $f(x_1,x_2,x_3)=x_1^2+x_2^2+x_3^2+2ax_1x_2+2ax_1x_3+2ax_2x_3$ 经过可逆线性变换 $\begin{pmatrix} x_1 \\ x_2 \\ x_3 \end{pmatrix}=\boldsymbol{P}\begin{pmatrix} y_1 \\ y_2 \\ y_3 \end{pmatrix}$ 得 $g(y_1,y_2,y_3)=y_1^2+y_2^2+4y_3^2+2y_1y_2$.

（1）求 a 的值；

（2）求可逆矩阵 $\boldsymbol{P}$.

9.（本题满分 11 分）

设 A 为二阶矩阵，$\boldsymbol{P}=(\boldsymbol{\alpha}, A\boldsymbol{\alpha})$ ，其中 $\boldsymbol{\alpha}$ 是非零向量且不是 A 的特征向量.

（1）证明 $\boldsymbol{P}$ 为可逆矩阵；

（2）若 $A^2\boldsymbol{\alpha}+A\boldsymbol{\alpha}-6\boldsymbol{\alpha}=\boldsymbol{0}$ ，求 $\boldsymbol{P}^{-1}A\boldsymbol{P}$ ，并判断 A 是否相似于对角矩阵.

数学二试题（五）

一、选择题（每小题 5 分，共 50 分）

1. 当 $x\to 0$ 时，$\int_{0}^{x^2}(\mathrm{e}^{t^3}-1)\mathrm{d}t$ 是 x^7 的（　　　）.

    A. 低阶无穷小   B. 等价无穷小

    C. 高阶无穷小   D. 同阶非等价无穷小

2. 函数 $f(x)=\begin{cases} \dfrac{\mathrm{e}^x-1}{x}, & x\neq 0 \\ 1, & x=0 \end{cases}$ 在 $x=0$ 处（　　　）.

    A. 连续且取极大值   B. 连续且取极小值

C. 可导且导数等于 0　　　　　　　　　　D. 可导且导数不为 0

3. 有一圆柱体的底面半径与高随时间变化的速率分别为 $2\,\text{cm/s}, -3\,\text{cm/s}$，当底面半径为 $10\,\text{cm}$，高为 $5\,\text{cm}$ 时，圆柱体的体积和表面积随时间变化的速率分别为（　　　）.

A. $125\pi\,\text{cm}^3/\text{s}, 40\pi\,\text{cm}^2/\text{s}$　　　　　　B. $125\pi\,\text{cm}^3/\text{s}, -40\pi\,\text{cm}^2/\text{s}$

C. $-100\pi\,\text{cm}^3/\text{s}, 40\pi\,\text{cm}^2/\text{s}$　　　　　D. $-100\pi\,\text{cm}^3/\text{s}, -40\pi\,\text{cm}^2/\text{s}$

4. 设函数 $f(x)=ax-b\ln x\,(a>0)$ 有两个零点，则 $\dfrac{b}{a}$ 的取值范围是（　　　）.

A. $(\mathrm{e}, +\infty)$　　　　B. $(0, \mathrm{e})$　　　　C. $\left(0, \dfrac{1}{\mathrm{e}}\right)$　　　　D. $\left(\dfrac{1}{\mathrm{e}}, +\infty\right)$

5. 函数 $y=\sec x$ 在 $x=0$ 处的 2 次泰勒多项式为 $1+ax+bx^2$，则（　　　）.

A. $a=1,\ b=-\dfrac{1}{2}$　　　　　　B. $a=1,\ b=\dfrac{1}{2}$

C. $a=0,\ b=-\dfrac{1}{2}$　　　　　　D. $a=0,\ b=\dfrac{1}{2}$

6. 设 $f(x,y)$ 可微，且 $f(x+1,\mathrm{e}^x)=x(x+1)^2$，$f(x,x^2)=2x^2\ln x$，则 $\mathrm{d}f(1,1)=$（　　　）.

A. $\mathrm{d}x+\mathrm{d}y$　　　B. $\mathrm{d}x-\mathrm{d}y$　　　C. $\mathrm{d}y$　　　D. $-\mathrm{d}y$

7. 设 $f(x)$ 在区间 $[0,1]$ 上连续，则 $\displaystyle\int_0^1 f(x)\mathrm{d}x=$（　　　）.

A. $\displaystyle\lim_{n\to\infty}\sum_{k=1}^{n}f\left(\dfrac{2k-1}{2n}\right)\dfrac{1}{2n}$　　　　　　B. $\displaystyle\lim_{n\to\infty}\sum_{k=1}^{n}f\left(\dfrac{2k-1}{2n}\right)\dfrac{1}{n}$

C. $\displaystyle\lim_{n\to\infty}\sum_{k=1}^{2n}f\left(\dfrac{k-1}{2n}\right)\dfrac{1}{n}$　　　　　　D. $\displaystyle\lim_{n\to\infty}\sum_{k=1}^{2n}f\left(\dfrac{k}{2n}\right)\dfrac{2}{n}$

8. 二次型 $f(x_1,x_2,x_3)=(x_1+x_2)^2+(x_2+x_3)^2-(x_3-x_1)^2$ 的正惯性指数与负惯性指数依次为（　　　）.

A. 2,0　　　　　B. 1,1　　　　　C. 2,1　　　　　D. 1,2

9. 设三阶矩阵 $A=(\boldsymbol{\alpha}_1,\boldsymbol{\alpha}_2,\boldsymbol{\alpha}_3)$，$B=(\boldsymbol{\beta}_1,\boldsymbol{\beta}_2,\boldsymbol{\beta}_3)$，若向量组 $\boldsymbol{\alpha}_1,\boldsymbol{\alpha}_2,\boldsymbol{\alpha}_3$ 可由向量组 $\boldsymbol{\beta}_1,\boldsymbol{\beta}_2,\boldsymbol{\beta}_3$ 线性表示，则（　　　）.

A. $\boldsymbol{A}x=\boldsymbol{0}$ 的解均为 $\boldsymbol{B}x=\boldsymbol{0}$ 的解　　　B. $\boldsymbol{A}^{\mathrm{T}}x=\boldsymbol{0}$ 的解均为 $\boldsymbol{B}^{\mathrm{T}}x=\boldsymbol{0}$ 的解

C. $\boldsymbol{B}x=\boldsymbol{0}$ 的解均为 $\boldsymbol{A}x=\boldsymbol{0}$ 的解　　　D. $\boldsymbol{B}^{\mathrm{T}}x=\boldsymbol{0}$ 的解均为 $\boldsymbol{A}^{\mathrm{T}}x=\boldsymbol{0}$ 的解

10. 已知矩阵 $A=\begin{pmatrix} 1 & 0 & -1 \\ 2 & -1 & 1 \\ -1 & 2 & -5 \end{pmatrix}$，若下三角可逆矩阵 P 和上三角可逆矩阵 Q，使 PAQ 为对角矩阵，则 P,Q 可分别取为（　　　）.

A. $\begin{pmatrix} 1 & 0 & 0 \\ 0 & 1 & 0 \\ 0 & 0 & 1 \end{pmatrix}, \begin{pmatrix} 1 & 0 & 1 \\ 0 & 1 & 3 \\ 0 & 0 & 1 \end{pmatrix}$ 　　B. $\begin{pmatrix} 1 & 0 & 0 \\ 2 & -1 & 0 \\ -3 & 2 & 1 \end{pmatrix}, \begin{pmatrix} 1 & 0 & 0 \\ 0 & 1 & 0 \\ 0 & 0 & 1 \end{pmatrix}$

C. $\begin{pmatrix} 1 & 0 & 0 \\ 2 & -1 & 0 \\ -3 & 2 & 1 \end{pmatrix}, \begin{pmatrix} 1 & 0 & 1 \\ 0 & 1 & 3 \\ 0 & 0 & 1 \end{pmatrix}$ 　　D. $\begin{pmatrix} 1 & 0 & 0 \\ 0 & 1 & 0 \\ 1 & 3 & 1 \end{pmatrix}, \begin{pmatrix} 1 & 2 & -3 \\ 1 & -1 & 2 \\ 0 & 0 & 1 \end{pmatrix}$

二、填空题（每小题 5 分，共 30 分）

1. 设 $\int_{-\infty}^{+\infty} |x| 3^{-x^2} \mathrm{d}x = $ ＿＿＿＿＿＿＿＿.

2. 设函数 $y = y(x)$ 由参数方程 $\begin{cases} x = 2\mathrm{e}^t + t + 1 \\ y = 4(t-1)\mathrm{e}^t + t^2 \end{cases}$ 确定，则 $\dfrac{\mathrm{d}^2 y}{\mathrm{d}x^2} = $ ＿＿＿＿＿＿＿＿.

3. 设函数 $z = z(x,y)$ 由方程 $(x+1)z + y\ln z - \arctan(2xy) = 1$ 确定，则 $\dfrac{\partial z}{\partial x}\Big|_{(0,2)} = $ ＿＿＿.

4. 已知 $f(t) = \int_1^{t^2} \mathrm{d}x \int_{\sqrt{x}}^{t} \sin\dfrac{x}{y}\mathrm{d}y$，则 $f'\left(\dfrac{\pi}{2}\right) = $ ＿＿＿＿＿＿＿＿.

5. 微分方程 $y''' - y = 0$ 的通解为 $y = $ ＿＿＿＿＿＿＿＿.

6. 多项式 $f(x) = \begin{vmatrix} x & x & 1 & 2x \\ 1 & x & 2 & -1 \\ 2 & 1 & x & 1 \\ 2 & -1 & 1 & x \end{vmatrix}$ 中 x^3 项的系数为 ＿＿＿＿＿＿＿＿.

三、解答题（共 70 分）

1.（本题满分 11 分）

求极限 $\displaystyle\lim_{x\to 0}\left(\dfrac{1 + \int_0^x \mathrm{e}^{t^2}\mathrm{d}t}{\mathrm{e}^x - 1} - \dfrac{1}{\sin x}\right)$.

2.（本题满分 12 分）

已知 $f(x) = \dfrac{x|x|}{1+x}$，求曲线 $y = f(x)$ 的凹凸区间及渐近线.

3.（本题满分 12 分）

设 $f(x)$ 满足 $\displaystyle\int \dfrac{f(x)}{\sqrt{x}}\mathrm{d}x = \dfrac{1}{6}x^2 - x + C$，$L$ 为曲线 $y = f(x)$ $(4 \leqslant x \leqslant 9)$，$L$ 的弧长为 s，L 绕 x 轴旋转一周所形成的曲面的面积为 A，求 s 和 A 的值.

4.（本题满分 11 分）

函数 $y = y(x)$ $(x > 0)$ 满足 $xy' - 6y = 6$，且 $y(\sqrt{3}) = 10$，（1）求 $y(x)$；（2）P 为曲线 $y = y(x)$ 上一点，曲线 $y = y(x)$ 在点 P 的法线在 y 轴上的截距为 I_y，为使得 I_y 最小，求点 P 的坐标.

5.（本题满分 12 分）

曲线 $(x^2+y^2)^2=x^2-y^2\ (x\geqslant 0,y\geqslant 0)$ 与 x 轴围成的平面区域为 D，计算二重积分 $\iint\limits_{D}xy\mathrm{d}x\mathrm{d}y$．

6.（本题满分 12 分）

设矩阵 $A=\begin{pmatrix} 2 & 1 & 0 \\ 1 & 2 & 0 \\ 1 & a & b \end{pmatrix}$ 仅有两个不同的特征值，若 A 相似于对角矩阵，求 a,b

的值，并求 P 使得 $P^{-1}AP$ 为对角矩阵．

附录 C 全国大学生数学竞赛试题

数学竞赛试题（一）

一、试解下列各题（本题满分 24 分，共 4 小题，每小题 6 分）

1. 求 $\lim\limits_{n\to\infty}(1+\sin\pi\sqrt{1+n^2})^n$.

2. 证明广义积分 $\int_0^{+\infty}\dfrac{\sin x}{x}\mathrm{d}x$ 不是绝对收敛.

3. 设 $y=y(x)$ 由方程 $x^3+3x^2y-2y^3=2$ 确定，求函数 $y(x)$ 的极值.

4. 过曲线 $y=\sqrt[3]{x}$ $(x>0)$ 上一点 A 作切线，使该切线与曲线及 x 轴所围成的平面图形的面积为 $\dfrac{3}{4}$，求点 A 的坐标.

二、（本题满分 12 分）

求 $I=\int_{-\pi}^{\pi}\dfrac{x\sin x\arctan \mathrm{e}^x}{1+\cos^2 x}\mathrm{d}x$.

三、（本题满分 12 分）

设 $f(x)$ 在 $x=0$ 处存在二阶导数 $f''(0)$，且 $\lim\limits_{x\to 0}\dfrac{f(x)}{x}=0$，证明：级数 $\sum\limits_{n=1}^{\infty}\left|f\left(\dfrac{1}{n}\right)\right|$ 收敛.

四、（本题满分 10 分）

设 $|f(x)|\leqslant\pi$，$f'(x)\geqslant m>0$ $(a\leqslant x\leqslant b)$，证明：$\left|\int_a^b\sin f(x)\mathrm{d}x\right|\leqslant\dfrac{2}{m}$.

五、（本题满分 14 分）

设 Σ 是一个光滑封闭曲面，方向朝外，给定第二型曲面积分 $I=\iint\limits_{\Sigma}(x^3-x)\mathrm{d}y\mathrm{d}z+(2y^3-y)\mathrm{d}z\mathrm{d}x+(3z^3-z)\mathrm{d}x\mathrm{d}y$，试确定曲面 Σ，使积分 I 的值最小，并求最小值.

六、（本题满分 14 分）

设 $I_a = \int_C \dfrac{y\mathrm{d}x - x\mathrm{d}y}{(x^2+y^2)^a}$，其中曲线 C 为 xOy 平面上的椭圆 $x^2+xy+y^2=r^2$，取正向，求 $\lim\limits_{r\to +\infty} I_a(r)$.

七、（本题满分 14 分）

判断级数 $\sum\limits_{n=1}^{\infty} \dfrac{1+\frac{1}{2}+\cdots+\frac{1}{n}}{(n+1)(n+2)}$ 的敛散性，若收敛，求其和.

数学竞赛试题（二）

一、填空题（本题满分 30 分，共 5 小题，每小题 6 分）

1. 已知 $y_1 = \mathrm{e}^x$ 和 $y_2 = x\mathrm{e}^x$ 是齐次二阶常系数线性微分方程的解，则方程为 _____.

2. 设有曲面 $S: z = x^2 + 2y^2$ 和平面 $L: 2x+2y+z=0$，则与 L 平行的 S 的切平面方程是 _____.

3. 设函数 $y=y(x)$ 由方程 $x = \int_1^{y-x} \sin^2\left(\dfrac{\pi t}{4}\right)\mathrm{d}t$ 所确定，则 $\left.\dfrac{\mathrm{d}y}{\mathrm{d}x}\right|_{x=0} =$ _____.

4. 设 $x_n = \sum\limits_{k=1}^{n} \dfrac{k}{(k+1)!}$，则 $\lim\limits_{n\to\infty} x_n =$ _____.

5. 已知 $\lim\limits_{x\to 0}\left[1 + x + \dfrac{f(x)}{x}\right]^{\frac{1}{x}} = \mathrm{e}^3$，则 $\lim\limits_{x\to 0}\dfrac{f(x)}{x^2} =$ _____.

二、（本题满分 12 分）

设 n 为正整数，计算 $I = \int_{\mathrm{e}^{-2n}}^{1}\left|\dfrac{\mathrm{d}}{\mathrm{d}x}\cos\left(\ln\dfrac{1}{x}\right)\right|\mathrm{d}x$.

三、（本题满分 14 分）

设函数 $f(x)$ 在 $[0,1]$ 上有二阶导数，且有正常数 A,B 使得 $|f(x)| \leqslant A$，$|f''(x)| \leqslant B$，证明：对任意 $x \in [0,1]$，有 $|f'(x)| \leqslant 2A + \dfrac{B}{2}$.

四、（本题满分 14 分）

1. 设一球缺高为 h，所在球的半径为 R，证明该球缺的体积为 $\dfrac{\pi}{3}(3R-h)h^2$，球冠的面积为 $2\pi Rh$.

2. 设球体 $(x-1)^2+(y-1)^2+(z-1)^2 \leqslant 12$ 被平面 $P:x+y+z=6$ 所截的小球缺为 Ω ，记球缺上的球冠为 Σ ，方向指向球外，求第二型曲面积分 $I=\iint\limits_{\Sigma}x\mathrm{d}y\mathrm{d}z+y\mathrm{d}z\mathrm{d}x+z\mathrm{d}x\mathrm{d}y$.

五、（本题满分 15 分）

设 $f(x)$ 在 $[a,b]$ 上非负连续，严格单增，且存在 $x_n \in [a,b]$ ，使得 $[f(x_n)]^n=\dfrac{1}{b-a}\displaystyle\int_a^b[f(x)]^n\mathrm{d}x$ ，求 $\lim\limits_{n\to\infty}x_n$.

六、（本题满分 15 分）

设 $A_n=\dfrac{n}{n^2+1}+\dfrac{n}{n^2+2^2}+\cdots+\dfrac{n}{n^2+n^2}$ ，求 $\lim\limits_{n\to\infty}n\left(\dfrac{\pi}{4}-A_n\right)$.

数学竞赛试题（三）

一、填空题（本题满分 30 分，共 5 小题，每小题 6 分）

1. 极限 $\lim\limits_{n\to\infty}n\left(\dfrac{\sin\frac{\pi}{n}}{n^2+1}+\dfrac{\sin\frac{2\pi}{n}}{n^2+2}+\cdots+\dfrac{\sin\pi}{n^2+n}\right)=$ _____.

2. 设函数 $z=z(x,y)$ 由方程 $F\left(x+\dfrac{z}{y},y+\dfrac{z}{x}\right)=0$ 所确定，其中 $F(u,v)$ 具有连续偏导数，且 $xF_u'+yF_v'\neq0$ ，则 $x\dfrac{\partial z}{\partial x}+y\dfrac{\partial z}{\partial y}=$ _____.

3. 曲面 $z=x^2+y^2+1$ 在点 $(1,-1,3)$ 处的切平面与曲面 $z=x^2+y^2$ 所围区域的体积为 _____.

4. 函数 $f(x)=\begin{cases}3, & x\in[-5,0)\\0, & x\in[0,5]\end{cases}$ 在 $[-5,5]$ 上的傅立叶级数在点 $x=0$ 处收敛的值为 _____.

5. 设区间 $(0,+\infty)$ 上的函数 $u(x)$ 定义为 $u(x)=\displaystyle\int_0^{+\infty}\mathrm{e}^{-xt^2}\mathrm{d}t$ ，则 $u(x)$ 的初等函数表达式为 _____.

二、（本题满分 12 分）

设 M 是以三个正半轴为母线的半圆锥面，求其方程.

三、（本题满分 12 分）

设函数 $f(x)$ 在 (a,b) 内二次可导，且存在常数 α,β ，使得对于 $\forall x\in(a,b)$ ，$f'(x)=\alpha f(x)+\beta f''(x)$ ，则 $f(x)$ 在 (a,b) 内无穷次可导.

四、（本题满分 14 分）

求幂级数 $\sum_{n=0}^{\infty} \frac{n^3+2}{(n+1)!}(x-1)^n$ 的收敛域及和函数.

五、（本题满分 16 分）

设函数 $f(x)$ 在 $[0,1]$ 上连续，且 $\int_0^1 f(x)\mathrm{d}x = 0$，$\int_0^1 xf(x)\mathrm{d}x = 1$，试证：

1. $\exists x_0 \in [0,1]$ 使 $|f(x_0)| > 4$；
2. $\exists x_1 \in [0,1]$ 使 $|f(x_1)| = 4$.

六、（本题满分 16 分）

设 $f(x,y)$ 在 $x^2+y^2 \leqslant 1$ 上有连续的二阶偏导数，$f_{xx}^2 + 2f_{xy}^2 + f_{yy}^2 \leqslant M$，若 $f(0,0) = 0$，$f_x(0,0) = f_y(0,0) = 0$，证明：$\left| \iint\limits_{x^2+y^2 \leqslant 1} f(x,y)\mathrm{d}x\mathrm{d}y \right| \leqslant \frac{\pi\sqrt{M}}{4}$.

数学竞赛试题（四）

一、填空题（本题满分 30 分，共 5 小题，每小题 6 分）

1. 若 $f(x)$ 在点 $x=a$ 处可导，且 $f(a) \neq 0$，则 $\lim\limits_{n \to \infty} \left(\dfrac{f\left(a+\dfrac{1}{n}\right)}{f(a)} \right)^n =$ _____.

2. 若 $f(1) = 0$，$f'(1)$ 存在，则极限 $\lim\limits_{x \to 0} \dfrac{f(\sin^2 x + \cos x)\tan 3x}{(e^{x^2}-1)\sin x} =$ _____.

3. 设 $f(x)$ 有连续导数，且 $f(1) = 2$，记 $z = f(e^x y)$，若 $\dfrac{\partial z}{\partial x} = z$，则 $f(x)$ 在 $x > 0$ 的表达式为 _____.

4. 设 $f(x) = e^x \sin 2x$，则 $f^{(4)}(0) =$ _____.

5. 曲面 $z = \dfrac{x^2}{2} + y^2$ 平行于平面 $2x+2y-z=0$ 的切平面方程为 _____.

二、（本题满分 14 分）

设函数 $f(x)$ 在 $[0,1]$ 上可导，且当 $x \in (0,1)$ 时，$0 < f'(x) < 1$，试证当 $a \in (0,1)$，有 $\left(\int_0^a f(x)\mathrm{d}x \right)^2 > \int_0^a f^3(x)\mathrm{d}x$.

三、（本题满分 14 分）

某物体所在的空间区域为 Ω：$x^2+y^2+2z^2 \leqslant x+y+2z$，密度函数为 $\mu(x,y,z) = x^2+y^2+z^2$，求质量 $M = \iiint\limits_{\Omega} x^2+y^2+z^2 \mathrm{d}x\mathrm{d}y\mathrm{d}z$.

四、（本题满分 14 分）

设函数 $f(x)$ 在 $[0,1]$ 上具有连续导数，$f(0)=0$，$f(1)=1$，证明：

$$\lim_{n\to\infty} n\left[\int_0^1 f(x)\mathrm{d}x - \frac{1}{n}\sum_{k=1}^n f\left(\frac{k}{n}\right)\right].$$

五、（本题满分 14 分）

设函数 $f(x)$ 在区间 $[0,1]$ 上连续，且 $I=\int_0^1 f(x)\mathrm{d}x\neq 0$，证明：在 $(0,1)$ 内存在不同的两点 x_1,x_2，使得 $\dfrac{1}{f(x_1)}+\dfrac{1}{f(x_2)}=\dfrac{2}{I}$．

六、（本题满分 14 分）

设 $f(x)$ 在 $(-\infty,+\infty)$ 内可导，且 $f(x)=f(x+2)=f(x+\sqrt{3})$，用 Fourler 级数理论证明 $f(x)$ 为常数．

数学竞赛试题（五）

一、填空题（本题满分 42 分，共 6 小题，每小题 7 分）

1. 已知可导函数满足 $f(x)\cos x+2\int_0^x f(t)\sin t\,\mathrm{d}t=x+1$，则 $f(x)=$ _____．

2. 极限 $\lim\limits_{n\to\infty}\sin^2(\pi\sqrt{n^2+n})=$ _____．

3. 设 $w=f(x,y)$ 具有二阶连续偏导数，且 $u=x-cy$，$v=x+cy$，其中 c 为非零常数，则 $w_{xx}-\dfrac{1}{c^2}w_{yy}=$ _____．

4. 设 $f(x)$ 具有二阶连续导数，且 $f(0)=f'(0)=0$，$f''(0)=6$，则 $\lim\limits_{x\to 0}\dfrac{f(\sin^2 x)}{x^4}=$ _____．

5. 不定积分 $I=\int\dfrac{\mathrm{e}^{-\sin x}\sin 2x}{(1-\sin x)^2}\mathrm{d}x=$ _____．

6. 记曲面 $z^2=x^2+y^2$ 和 $z=\sqrt{4-x^2-y^2}$ 围成的空间区域为 V，则三重积分 $\iiint\limits_V z\mathrm{d}x\mathrm{d}y\mathrm{d}z=$ _____．

二、（本题满分 14 分）

设二元函数 $f(x,y)$ 在平面上具有连续的二阶偏导数，对任何角度 α，定义一元函数 $g_\alpha(t)=f(t\cos\alpha,t\sin\alpha)$，若对任何 α 都有 $\dfrac{\mathrm{d}g_\alpha(0)}{\mathrm{d}t}=0$，且 $\dfrac{\mathrm{d}^2 g_\alpha(0)}{\mathrm{d}t^2}>0$，证明：$f(0,0)$ 是 $f(x,y)$ 的极小值．

三、（本题满分 14 分）

设曲线 Γ 为曲线 $x^2 + y^2 + z^2 = 1$，$x + z = 1$，$x \geqslant 0$，$y \geqslant 0, z \geqslant 0$ 上从点 $A(1,0,0)$ 到点 $B(0,0,1)$ 的一段，求曲线积分 $\int_{\Gamma} y\mathrm{d}x + z\mathrm{d}y + x\mathrm{d}z$．

四、（本题满分 15 分）

设函数 $f(x) > 0$，且在实轴上连续，若对任意实数 t，有 $\int_{-\infty}^{+\infty} \mathrm{e}^{-|t-x|} f(x)\mathrm{d}t \leqslant 1$，证明：$\forall a, b\ (a < b)$，有 $\int_a^b f(x)\mathrm{d}x \leqslant \dfrac{b-a+2}{2}$．

五、（本题满分 15 分）

设 $\{a_n\}$ 为一个数列，p 为正整数，若 $\lim\limits_{n \to \infty}(a_{n+p} - a_n) = \lambda$，证明：$\lim\limits_{n \to \infty}\dfrac{a_n}{n} = \dfrac{\lambda}{p}$．

附录 D 基础知识

一、三角公式

1. 平方关系

（1）$\sin^2\alpha + \cos^2\alpha = 1$；（2）$1 + \tan^2\alpha = \sec^2\alpha$；（3）$1 + \cot^2\alpha = \csc^2\alpha$.

2. 倍角公式

（1）$\sin 2\alpha = 2\sin\alpha\cos\alpha$；

（2）$\cos 2\alpha = \cos^2\alpha - \sin^2\alpha = 2\cos^2\alpha - 1 = 1 - 2\sin^2\alpha$；

（3）$\tan 2\alpha = \dfrac{2\tan\alpha}{1 - \tan^2\alpha}$.

3. 两角和与差公式

（1）$\sin(\alpha \pm \beta) = \sin\alpha\cos\beta \pm \cos\alpha\sin\beta$；

（2）$\cos(\alpha \pm \beta) = \cos\alpha\cos\beta \mp \sin\alpha\sin\beta$；

（3）$\tan(\alpha \pm \beta) = \dfrac{\tan\alpha \pm \tan\beta}{1 \mp \tan\alpha\tan\beta}$.

4. 万能公式

（1）$\sin\alpha = \dfrac{2\tan\dfrac{\alpha}{2}}{1 + \tan^2\dfrac{\alpha}{2}}$；（2）$\cos\alpha = \dfrac{1 - \tan^2\dfrac{\alpha}{2}}{1 + \tan^2\dfrac{\alpha}{2}}$；（3）$\tan\alpha = \dfrac{2\tan\dfrac{\alpha}{2}}{1 - \tan^2\dfrac{\alpha}{2}}$.

5. 积化和差公式

（1）$\sin\alpha\cos\beta = \dfrac{1}{2}[\sin(\alpha+\beta) + \sin(\alpha-\beta)]$；

（2）$\cos\alpha\sin\beta = \dfrac{1}{2}[\sin(\alpha+\beta) - \sin(\alpha-\beta)]$；

（3）$\cos\alpha\cos\beta = \dfrac{1}{2}[\cos(\alpha+\beta) + \cos(\alpha-\beta)]$；

（4）$\sin\alpha\sin\beta = -\dfrac{1}{2}[\cos(\alpha+\beta) - \cos(\alpha-\beta)]$.

6. 和差化积公式

（1）$\sin\alpha + \sin\beta = 2\sin\dfrac{\alpha+\beta}{2}\cos\dfrac{\alpha-\beta}{2}$ ；

（2）$\sin\alpha - \sin\beta = 2\cos\dfrac{\alpha+\beta}{2}\sin\dfrac{\alpha-\beta}{2}$ ；

（3）$\cos\alpha + \cos\beta = 2\cos\dfrac{\alpha+\beta}{2}\cos\dfrac{\alpha-\beta}{2}$ ；

（4）$\cos\alpha - \cos\beta = -2\sin\dfrac{\alpha+\beta}{2}\sin\dfrac{\alpha-\beta}{2}$.

二、代数公式

1. 对数公式

（1）$\log_a a = 1,\ \log_a 1 = 0$ ；　　　　（2）$\log_a(xy) = \log_a x + \log_a y$ ；

（3）$\log_a x^y = y\log_a x$ ；　　　　　　（4）$\log_a \dfrac{x}{y} = \log_a x - \log_a y$ ；

（5）$\log_x y = \dfrac{\log_a y}{\log_a x}$ ；　　　　　（6）$x^y = a^{y\log_a x}$.

2. 方幂公式

（1）$a^m a^n = a^{m+n}$ ；（2）$\dfrac{a^m}{a^n} = a^{m-n}$ ；（3）$(a^m)^n = a^{mn}$ ；（4）$(ab)^m = a^m b^m$ ；

（5）$\left(\dfrac{a}{b}\right)^m = \dfrac{a^m}{b^m}$ ；（6）$(a+b)^n = C_n^0 a^n + C_n^1 a^{n-1} b + \cdots + C_n^{n-1} ab^{n-1} + C_n^n b^n$.

3. 求和公式

（1）等差数列 n 项和：$S_n = a_1 + a_2 + \cdots + a_n = \dfrac{n(a_1 + a_n)}{2} = na_1 + \dfrac{n(n-1)}{2}d$ ；

（2）等比数列 n 项和：$S_n = a_1 + a_1 q + \cdots + a_1 q^{n-1} = \dfrac{a_1(1-q^n)}{1-q}$ $(q \neq 1)$ ；

（3）$1 + 2 + 3 + \cdots + n = \dfrac{n(n+1)}{2}$.

参考答案与提示

第1章

1.1

一、1. $[1,+\infty)$.　2. -3.　3. $\dfrac{1}{8}\left(x+\dfrac{3}{x}\right)$.　4. 有界.　5. π.

二、1. $\dfrac{\sqrt{2}}{2}$，$-\dfrac{2}{3}$.　2. $\dfrac{x}{1+3x}$.　3. $[0,1)$.　4. 奇函数.　5. $y=\ln(x+\sqrt{x^2+1})$.

三、提示：1. 对数性质.　2. 奇函数定义.　3. 无界定义，取 $x_0=\dfrac{1}{1+M}$.

1.2

一、1. 1.　2. $\dfrac{1}{2}$.　3. $\dfrac{27}{32}$.　4. $\dfrac{3}{4}$.

二、1. $\dfrac{1}{6}$.　2. -1.　3. $\dfrac{1}{2}$.　4. $\dfrac{1}{2}$.　5. $-\dfrac{3}{2}$.　6. $\dfrac{1}{4}$.　7. $\dfrac{1}{1-a}$.

　8. $a=2,b=-1$.　9. $a=1,b=-2$.　10. $\dfrac{\sqrt{2}}{2}$.　11. 1.

三、提示：1. 极限定义.　2. 极限定义.　3. 左、右极限不相等.

1.3

一、1. 3.　2. $-\dfrac{\pi}{2}$.　3. 2.　4. e^{-3}.

二、1. 1.　2. $\dfrac{1}{2}$.　3. 5.　4. $-\pi$.　5. $-\dfrac{1}{3}$.　6. $\dfrac{\sin x}{x}$.　7. 2.

　8. e^9.　9. $\ln 2$.　10. e^{-6}.　11. 1.

三、提示：1. 存在准则 I.　2. 存在准则 II.　3. 极限定义.

1.4

一、1. 0.　2. 0.　3. 1.　4. $\dfrac{1}{2}$.

二、1. 1.　2. $\dfrac{1}{4}$.　3. （1）$\dfrac{1}{2}$；（2）3.　4. $\dfrac{15}{4}$.　5. $a=1,b=3$.

三、提示：1. 等价无穷小定义.　2. 无穷大与无穷小的关系.

- 342 -

1.5

一、1. 0.　2. $(1, 2) \cup (2, +\infty)$.　3. $\dfrac{1}{2}$.　4. $x = 1$.

二、1. $\dfrac{3}{4}$.　2. e^2.　3. 0.　4. $\sqrt{ab}$.

5. $a = 0, b = 1$.　6. $\dfrac{1}{2}$.　7. 在 $(-\infty, +\infty)$ 内连续.

8. $x = 0$ 为跳跃间断点；$x = 1$ 为无穷间断点；$x = 2$ 为可去间断点.

9. 在 $(-\infty, +\infty)$ 内连续.　10. $x = \pm 1$ 为跳跃间断点.

三、提示：1. 零点定理，辅助函数 $f(x) = \ln x - \dfrac{2}{x}$.

2. 零点定理，辅助函数 $F(x) = f(x) - x$.

3. 零点定理，辅助函数 $F(x) = f(x) - f(1 + x)$.

4. 极限性质与有界定理.

第 2 章

2.1

一、1. 6.　2. $3x + 2y - 12 = 0$.　3. $(1 - x)e^{-x}$.　4. $-\dfrac{2}{x(1 + \ln x)^2}$.　5. $-2xf'(1 - x^2)$.

二、1. $x\cos x, \dfrac{\pi}{6}$.　2. $-\dfrac{1}{1 + x^2}$.　3. $\dfrac{1}{\sqrt{x^2 + 4}}$.　4. $-\dfrac{1}{x^2}\sin\dfrac{2}{x}e^{\sin^2\frac{1}{x}}$.　5. 连续、可导.

6. e^{-1}.　7. $y - 7 = -3(x - 1)$ 或 $y + 7 = -3(x + 1)$.　8. $a = 1, b = 0$.

9. $f'(x) = \begin{cases} \dfrac{2 - x^2}{(2 + x^2)^2}, & x < 0 \\ 0, & x > 0 \end{cases}$　10. $100!$.　11. $f^2(x)f'(x)e^{f(x)}[3 + f(x)]$.

三、提示：1. 导数定义.　2. 导数的几何意义.　3. 导数定义.

2.2

一、1. $-\csc^2 x$.　2. 0.　3. $(-3)^n e^{-3x}$.　4. $(-1)^n n!$.

二、1. $\dfrac{1}{\sqrt{4 - x^2}}$.　2. $-4e^x \sin x$.　3. $2e^3$.　4. $\dfrac{5}{32}$.

5. $(-1)^{n-1}(n-1)! \left[\dfrac{1}{(x+2)^n} + \dfrac{1}{(x+3)^n} \right]$.

6. $-x^2 \sin x + 100x\cos x + 2450\sin x$.　7. $\dfrac{(-1)^{n-1} n!}{n - 2}$.

三、提示：导数商的运算及复合函数求导.

2.3

一、1. $-\dfrac{3x^2+y}{x+3y^2}$.　2. e.　3. $x^x(1+\ln x)$.　4. $1+\sqrt{2}$.

二、1. $\dfrac{3x^2-ye^{xy}}{xe^{xy}+2y}$.　2. $\dfrac{x+y}{x-y}$.　3. $\dfrac{2}{2-\cos y}$; $-\dfrac{4\sin y}{(2-\cos y)^3}$.　4. 1.

　5. 切线方程：$x+ey-e=0$，法线方程：$ex-y+1=0$.

　6. $\left(\dfrac{x}{1+x}\right)^x\left[\ln\left(\dfrac{x}{1+x}\right)+\dfrac{1}{1+x}\right]$.　7. $\dfrac{(x-1)^3\sqrt{x+1}}{e^x(x+2)^2}\left(\dfrac{3}{x-1}+\dfrac{1}{2(x+1)}-1-\dfrac{2}{x+2}\right)$.

　8. $\dfrac{1}{2}+2e$.　9. $3(1+t^2)$, $\dfrac{6t(1+t^2)}{2+t^2}$.　10. $\dfrac{y(2-y)}{x(y\ln x-1)}$.　11. $\dfrac{f''-(1-f')^2}{x^2(1-f')^3}$.

　12. e^{-2}.　13. $\dfrac{f''}{(1-f')^3}$.　14. $2x+y-1=0$.

2.4

一、1. 0.12.　2. $x\cos x\,dx$.　3. $\dfrac{1-\ln x}{x^2}\,dx$.　4. $\dfrac{1}{2}$.

二、1. $\dfrac{1}{x^2}\sin\dfrac{2}{x}\,dx$.　2. $\dfrac{e^x}{\sqrt{1+e^{2x}}}\,dx$.　3. $\dfrac{2x}{1+x^4}\,dx$.　4. $-\pi dx$.　5. $(\ln 2-1)dx$.

　6. $-\dfrac{4y+2x}{e^y+4x}\,dx$.　7. $\dfrac{1}{x(1+\ln y)}\,dx$.　8. $f(x)f'(x)e^{f(x)}[2+f(x)]dx$.　9. 2.0017

三、提示：1. 近似计算公式.　2. 可微与可导的关系.

第 3 章

3.1

一、1. $\sqrt{3}$.　2. $\dfrac{1-\ln 2}{\ln 2}$.　3. 3.　4. $x+\dfrac{1}{3}x^3+o(x^3)$.

二、1. $-\dfrac{1}{12}$.　2. $\dfrac{3}{2}$.

三、提示：1. 罗尔定理，辅助函数 $F(x)=x^3f(x)$.

　2. 罗尔定理，辅助函数 $F(x)=e^{-x}f(x)$.

　3. 零点定理与利用罗尔定理或单调性，辅助函数 $f(x)=x^5+x+1$.

　4. 罗尔定理.

　5. 罗尔定理，辅助函数 $F(x)=e^{2024x}f(x)$.

　6. 拉格朗日中值定理，辅助函数 $F(x)=xf(x)$.

　7. 拉格朗日中值定理，辅助函数 $f(x)=\arctan x$.

　8. 拉格朗日中值定理的推论，辅助函数 $f(x)=\arctan x-\dfrac{1}{2}\arccos\dfrac{2x}{1+x^2}$.

9. 柯西中值定理，辅助函数 $f(x)=\dfrac{e^x}{x}$，$g(x)=\dfrac{1}{x}$.

10. 柯西中值定理与拉格朗日中值定理.

11. 介值定理与罗尔定理.

12. （1）零点定理，辅助函数 $F(x)=f(x)+x-1$；（2）拉格朗日中值定理.

3.2

一、1. $\dfrac{1}{6}$.   2. 1.   3. 1.   4. 0.   5. e^2.

二、1. $\dfrac{1}{3}$. 2. $\dfrac{1}{2}$. 3. $\dfrac{1}{\sqrt{b}}$. 4. $\dfrac{4}{\pi}$. 5. $\dfrac{1}{2}$. 6. $\dfrac{1}{3}$.

7. $-\dfrac{1}{2}$. 8. $a=b=1$ 9. $4e^2$ 10. 1. 11. $e^{\frac{2}{\pi}}$. 12. e^{-1}.

13. $a=b=-1$. 14. $6^{\frac{1}{3}}$. 15. $\dfrac{1}{12}$. 16. $n=2$, $a=7$.

三、提示：洛必达法则与导数定义.

3.3

一、1. $\left(\dfrac{3}{4},1\right)$. 2. 2. 3. 2. 4. $\sqrt{3}+\dfrac{\pi}{6}$.

二、1. 在 $(0,e^{-\frac{1}{2}})$ 上单调减少，在 $(e^{-\frac{1}{2}}, +\infty)$ 上单调增加.

2. 单增区间：$(-\infty,-1),(1,+\infty)$，单减区间：$(-1,1)$.

3. 极大值 $f\left(\dfrac{1}{3}\right)=\dfrac{1}{3}\sqrt[3]{4}$，极小值 $f(1)=0$.

4. 最大值 $M=16$，最小值 $m=0$.

5. 单调增区间为 $(-\infty,-1]$、$[3,+\infty)$，单调减区间为 $[-1,3]$；极大值点为 $x=-1$，极小值点为 $x=3$.

6. $a=2$, $b=\dfrac{1}{2}$；极大值 $f(1)=-\dfrac{5}{2}$，极小值 $f(2)=2\ln2-4$.

7. 极大值 $f\left(\dfrac{1}{2}\right)=\dfrac{1}{2}e^{-1}$.

8. $h=\dfrac{4}{3}R$, $V=\dfrac{32}{81}\pi R^3$.

9. 极小值 $f(1)=-2$.

10. 当 $a=\dfrac{1}{e}$ 时有一个实根，当 $0<a<\dfrac{1}{e}$ 时有两个实根，当 $a>\dfrac{1}{e}$ 时没有实根.

三、提示：1. 单调性，辅助函数 $f(x)=e^x-ex$.

2. 单调性，辅助函数 $f(x)=\arctan x+\dfrac{1}{x}-\dfrac{\pi}{2}$.

3. 单调性与极值，辅助函数 $f(x) = x\ln\dfrac{1+x}{1-x} + \cos x \geqslant 1 + \dfrac{x^2}{2}$.

4. 单调性判别法与拉格朗日中值定理.

3.4

一、1. $(-\infty, 1)$.   2. $(-\infty, -1)$.   3. 2 .   4. $(2, 2e^{-2})$.

二、1. 曲线在 $(-\infty, -1)$、$(2, +\infty)$ 上为凹弧，在 $(-1, 2)$ 上为凸弧.

2. $(1, 0)$.   3. 凹区间为 $\left(0, \dfrac{1}{2}\right)$ ，凸区间为 $\left(\dfrac{1}{2}, +\infty\right)$ ；拐点 $\left(\dfrac{1}{2}, \dfrac{1}{2}\ln 2\right)$.

4. $a = -6$, $b = 9$, $c = 2$.

三、提示：凸弧判别法与定义，辅助函数 $f(t) = \ln t$.

3.5

一、1. $y = \dfrac{1}{4}$.   2. $x = -1$.   3. $\dfrac{\sqrt{2}}{4}$.   4. $\dfrac{3\sqrt{3}}{2}$.

二、1. $y = x + \dfrac{1}{e}$.   2. 略.   3. $\dfrac{4\sqrt{5}}{25}$.   4. $(1, -1)$ ，最大曲率 $K = 2$.

5. $K = \dfrac{1}{3\sqrt{2}}$ ，$\rho = 3\sqrt{2}$.

第 4 章

4.1

一、1. $2x\cos|x|$.   2. 2 .   3. $1 - \dfrac{\pi}{4}$.   4. $(1, 0)$.

二、1. $2\displaystyle\int_0^x f(t)\mathrm{d}t + 2xf(x)$.   2. 3 .   3. $\dfrac{1}{3}$.   4. $-\dfrac{1}{6}$.   5. $F(x) = \begin{cases} \dfrac{x^2}{2}, & x < 1 \\ \dfrac{x^3}{3} + \dfrac{1}{6}, & x \geqslant 1 \end{cases}$.

6. $2\ln 2$.   7. $4(\sqrt{2} - 1)$.   8. $\dfrac{65}{4}$.   9. $\pi - \dfrac{4}{3}$.   10. $\dfrac{17}{6}$.

11. $3 - \sin 1 - \sin 3$.   12. $f(0) = 0$.   13. $\dfrac{4}{3}$.   14. $\dfrac{1}{2} + \ln 2$.

三、提示：1. 积分中值定理与罗尔定理，辅助函数 $F(x) = xf(x)$.

2. 罗尔定理证，辅助函数 $F(x) = x^2 f(x) - 2\displaystyle\int_0^x tf(t)\mathrm{d}t - f(1)x$.

3. 零点定理与利用单调性或罗尔定理，辅助函数 $F(x) = 2x - \displaystyle\int_0^x f(t)\mathrm{d}t - 1$.

4.2

一、1. $\dfrac{2}{7}x^{\frac{7}{2}} + C$.   2. $-\cot x - x + C$.

3. $e^x - \ln|x| + C$. 　　　　4. $\sin x - \cos x + C$.

二、1. $\dfrac{1}{3}x^3 - \dfrac{3}{2}x^2 + 3x - \ln|x| + C$.　　2. $-\dfrac{3}{x} - \arctan x + C$.

3. $\dfrac{1}{2}(x - \sin x) + C$.　　　　4. $3x - \dfrac{5}{\ln 3 - \ln 4}\left(\dfrac{3}{4}\right)^x + C$.

5. $y = \ln x + 2$.

4.3

一、1. $\dfrac{2}{3}\sqrt{3x+2} + C$.　　2. $\dfrac{1}{2}f(2x) + C$.　　3. $\ln|\ln x| + C$.

4. $-\sqrt{1-x^2} + C$.　　5. $\tan x + \dfrac{1}{3}\tan^3 x + C$

二、1. $x - \ln|1 + e^x| + C$.　　　　2. $2\sin x - \dfrac{2}{3}\sin^3 x + \dfrac{1}{5}\sin^5 x + C$.

3. $-\dfrac{1}{x} + \dfrac{1}{2}\ln\left|\dfrac{1+x}{1-x}\right| + C$.　　4. $\arcsin\dfrac{x}{3} + \sqrt{9-x^2} + C$.

5. $x - \dfrac{1}{\sqrt{2}}\arctan(\sqrt{2}\tan x) + C$.　　6. $\dfrac{\arcsin x}{2} - \dfrac{x\sqrt{1-x^2}}{2} + C$.

7. $-\dfrac{\sqrt{1+x^2}}{x} + C$.　　　　8. $\sqrt{x^2 - 4} - 2\arccos\dfrac{2}{x} + C$.

9. $\dfrac{3}{2}(1+x)^{\frac{2}{3}} - 3(1+x)^{\frac{1}{3}} + 3\ln\left|1 + \sqrt[3]{1+x}\right| + C$

10. $\ln\left|\dfrac{\sqrt{1-x} - \sqrt{1+x}}{\sqrt{1-x} + \sqrt{1+x}}\right| + 2\arctan\sqrt{\dfrac{1-x}{1+x}} + C$.

11. $\dfrac{1}{3}(1+x^2)^{\frac{3}{2}} - (1+x^2)^{\frac{1}{2}} + C$.　　12. $\ln\left|\dfrac{\sqrt{1+e^x} - 1}{\sqrt{1+e^x} + 1}\right| + C$.

13. $\arctan\dfrac{x}{\sqrt{1+x^2}} + C$.　　14. $\dfrac{1}{2}\left(\arcsin x + \ln\left|x + \sqrt{1-x^2}\right|\right) + C$.

15. $\dfrac{3}{8}x - \dfrac{1}{4}\sin 2x + \dfrac{1}{32}\sin 4x + C$.　　16. $\dfrac{x}{2} + \dfrac{1}{2}\ln|\sin x + \cos x| + C$.

17. $\ln|x| - \dfrac{1}{2}\ln\left|1 + \sqrt{1+x^4}\right| + C$.

4.4

一、1. $x\sin x + \cos x + C$.　　　　2. $xe^x - e^x + C$.

3. $x\log_2 x - \dfrac{1}{\ln 2}x + C$.　　4. $x\arctan x - \dfrac{1}{2}\ln|1+x^2| + C$.

二、1. $-\dfrac{1}{2}e^{-2x}\left(x^2 + x + \dfrac{1}{2}\right) + C$.　　2. $\dfrac{x^2}{4} - \dfrac{x}{4}\sin 2x - \dfrac{1}{8}\cos 2x + C$.

3. $-\dfrac{1}{x}(\ln^2 x + 2\ln x + 2) + C$.
4. $\dfrac{1+x^2}{2}\operatorname{arc\,cot} x + \dfrac{x}{2} + C$

5. $\dfrac{e^{2x}(2\sin 3x - 3\cos 3x)}{13} + C$.
6. $x(\arcsin x)^2 + 2\sqrt{1-x^2}\arcsin x - 2x + C$.

7. $f(x) = x\ln x - x + 1$.
8. $\cos x - \dfrac{2\sin x}{x} + C$.

9. $3e^{\sqrt[3]{x}}(x^{\frac{2}{3}} - 2x^{\frac{1}{3}} + 2) + C$.
10. $\dfrac{xe^x}{1+e^x} - \ln|1+e^x| + C$.

11. $-\cot x \ln\sin x - \cot x - x + C$.
12. $\dfrac{x}{2}[\cos(\ln x) + \sin(\ln x)] + C$.

13. $-\dfrac{\arctan x}{x} + \ln|x| - \dfrac{1}{2}\ln|1+x^2| - \dfrac{1}{2}(\arctan x)^2 + C$.

14. $e^x \ln x + C$.

15. $2\sqrt{x}(\ln x + \arcsin\sqrt{x}) - 4\sqrt{x} + 2\sqrt{1-x} + C$.

16. $\dfrac{1}{2}e^{2x}\arctan\sqrt{e^x-1} - \dfrac{1}{6}(e^x-1)^{\frac{3}{2}} - \dfrac{1}{2}\sqrt{e^x-1} + C$.

17. $\dfrac{-\csc x \cot x + \ln|\csc x - \cot x|}{2} + C$.

4.5

一、 1. $\dfrac{1}{4}\ln\left|\dfrac{x-3}{x+1}\right| + C$.
2. $\dfrac{1}{2}\arctan\dfrac{x+1}{2} + C$.

3. $2(\sqrt{x} - \ln|1+\sqrt{x}|) + C$.
4. $\tan x - \sec x + C$.

二、 1. $-\dfrac{1}{5}\ln|1+x^2| + \dfrac{1}{5}\arctan x + \dfrac{2}{5}\ln|x-2| + C$.

2. $\dfrac{1}{2}\ln|x+1| - \dfrac{1}{2(x+1)} - \dfrac{1}{4}\ln|1+x^2| + C$.

3. $\ln|x| - \dfrac{1}{9}\ln|1+x^9| + C$.

4. $-2\sqrt{1-x} + 3\sqrt[3]{1-x} - 6\sqrt[6]{1-x} + 6\ln|1+\sqrt[6]{1-x}| + C$.

5. $-\dfrac{3}{2}\sqrt[3]{\dfrac{x+1}{x-1}} + C$.
6. $\ln\left|1 + \tan\dfrac{x}{2}\right| + C$.

7. $\dfrac{1}{2\sqrt{3}}\arctan\dfrac{2\tan x}{\sqrt{3}} + C$.
8. $\dfrac{1}{2}x - \dfrac{1}{2}\ln|\sin x + \cos x| + C$.

9. $-2\ln|x-1| - \dfrac{3}{x-1} + \ln|x^2 + x + 1| + C$.

10. $\begin{cases} \dfrac{1}{2}x^2 + C, & 0 \leqslant x \leqslant 1 \\ \dfrac{1}{3}x^3 + \dfrac{1}{6} + C, & x > 1 \end{cases}$.
11. $\begin{cases} \dfrac{1}{2}x^2 - x + C, & x \leqslant 1 \\ x\ln x - x + \dfrac{1}{2} + C, & x > 1 \end{cases}$.

4.6

一、1. 0.　　2. $2(e-1)$.　　3. $\sin x^2$.　　4. $\dfrac{2}{3}$.

二、1. π.　　2. $\dfrac{3\sqrt{2}-2\sqrt{3}}{3}$.　　3. $\dfrac{\sqrt{3}-\sqrt{2}}{2}$.　　4. $2(1-\ln 2)$.　　5. $\dfrac{\pi}{2}$.

6. $10-2e^{-3}$.　　7. $\dfrac{\pi}{8}-\dfrac{1}{4}$.　　8. $1-\dfrac{\pi}{4}$.　　9. $xf(x^2)$.　　10. $\dfrac{1}{3}$.

11. $\dfrac{\pi\ln 2}{8}$.　　12. 0.　　13. $\dfrac{\pi-2}{8}$.　　14. $\dfrac{\pi}{4}$.　　15. $\ln 3$.

三、提示：1. 作变换 $t=\dfrac{1}{u}$.　　2.（1）作变换 $x=\dfrac{\pi}{2}-t$；（2）$\dfrac{\pi}{4}$.

4.7

一、1. 1.　　2. $\dfrac{1}{2}-\dfrac{1}{2}\ln 2$.　　3. 1.　　4. $\dfrac{\pi}{6}+1-\dfrac{\sqrt{3}}{2}$.

二、1. $e-2$.　　2. $\dfrac{\pi}{4}-\dfrac{\ln 2}{2}-\dfrac{\pi^2}{32}$.　　3. $\dfrac{2e^3+1}{9}$.　　4. $\dfrac{\pi}{4}-\dfrac{1}{2}$.　　5. $\dfrac{e^{-1}(\sin 1-\cos 1)+1}{2}$.

6. -2π.　　7. $\dfrac{1}{4}$.　　8. $\dfrac{4}{\pi}-1$.　　9. $\dfrac{1}{2}$.　　10. $2-\dfrac{4}{e}$.　　11. $\dfrac{\pi}{2}$.

12. $\dfrac{2}{3}$.　　13. $\dfrac{\pi}{4}$.　　14. $1+e^{-2}$.

4.8

一、1. $\dfrac{1}{4}$.　　2. $p>1$.　　3. $\dfrac{\pi}{2}$.　　4. $q\geqslant 1$.

二、1. $\dfrac{1}{4}$.　　2. $-\dfrac{1}{2}$.　　3. 2.　　4. $\dfrac{8}{3}$.　　5. $\dfrac{\pi}{4}+\dfrac{1}{2}\ln 2$.　　6. $\dfrac{2}{5}$.　　7. $\dfrac{\pi}{8}$.

8. $\dfrac{\pi}{6}$.　　9. 0或-1.　　10.（1）收敛，（2）发散.

第 5 章

5.1

一、1. $\dfrac{2}{3}$.　　2. $\dfrac{\pi}{5}$.　　3. $\dfrac{2}{3}(2\sqrt{2}-1)$.　　4. $\ln 2$.

二、1. $\dfrac{9}{2}$.　　2. $\dfrac{3}{16}(\pi+2)$.　　3. $V_x=\dfrac{8\pi}{3}$，$V_y=\dfrac{8\pi}{3}$.　　4. $4\sqrt{3}$.　　5. $\dfrac{1}{4}(3+2\ln 2)$.

6. 16.　　7. $S=\dfrac{2}{3}$，$V=\dfrac{\pi}{4}$.　　8. $S=\dfrac{1}{2}+\ln 2$，$V=\dfrac{5\pi}{6}$.　　9. $t=\dfrac{1}{2}$.

10.（1）$\dfrac{1}{2}e-1$，（2）$\dfrac{\pi}{6}e^2-\dfrac{\pi}{2}$.　　11. $\dfrac{10\pi}{3}$.

5.2

一、1. $\dfrac{\pi\rho g R^4}{4}$.　　2. $\dfrac{\rho g a h^2}{2}$.　　3. $\dfrac{16}{3}$.

二、1. $\dfrac{288}{5}k$.　　2. $\dfrac{51\pi\rho g}{4}$.　　3. $\dfrac{\rho g a h^2}{6}$.　　4. $\dfrac{2k\rho m}{R}\sin\dfrac{\varphi}{2}$.　　5. 1.

第 6 章

6.1

一、1. 2.　　2. 3

二、1. $y''-y'-2y=0$.　　2. $y=x^{-1}$ 或 $y=x^{-4}$.

三、提示：解的定义.

6.2

一、1. $y=\ln(\mathrm{e}^x+C)$.　　2. $y^2=2x^2(\ln x+C)$.　　3. $y=\mathrm{e}^x(x+C)$.　　4. y^{-2}.

二、1. $(x-4)y^4=Cx$.　　2. $y=\dfrac{1}{2}(\arctan x)^2$.　　3. 9.

4. $\sin\dfrac{y}{x}=Cx$.　　5. $y=x\mathrm{e}^{x+1}$.　　6. $y=C\cos x-2\cos^2 x$.

7. $x=Cy+\dfrac{y^3}{2}$.　　8. $-\dfrac{\mathrm{e}^x+\mathrm{e}^{-x}}{2}$.　　9. $y=\dfrac{1}{C\mathrm{e}^{-x}+1-x}$.

10. $y=\dfrac{2x}{1+x^2}$.　　11. $(x-y)^2=-2x+C$.

6.3

一、1. $y=-\sin x+C_1 x+C_2$.　　2. $y=\dfrac{1}{24}x^4+\dfrac{C_1}{2}x^2+C_2 x+C_3$.

3. $y=C_1\ln x+C_2$.　　4. $y^3=C_1 x+C_2$.

二、1. $y=x\arcsin x+\sqrt{1-x^2}+C_1 x+C_2$.　　2. $y=C_1\mathrm{e}^x-\dfrac{1}{2}x^2-x+C_2$.

3. $y=\arcsin(C_2\mathrm{e}^x)+C_1$.　　4. $y=\dfrac{1}{6}x^3+\dfrac{1}{2}x+1$.　　5. $y=\ln\sec x$.

6.4

一、1. $y=C_1\cos x+C_2\sin x$.　　2. $y=C_1\mathrm{e}^{2x}+C_2\mathrm{e}^{-\frac{1}{2}x}$.

3. $y=(C_1+C_2 x)\mathrm{e}^{-3x}$.　　4. $y^*=x^2(ax+b)\mathrm{e}^{-x}$.

二、1. 当 $k<0$ 时，通解为 $y=C_1\mathrm{e}^{-\sqrt{\frac{1}{k}}x}+C_2\mathrm{e}^{\sqrt{\frac{1}{k}}x}$；

当 $k>0$ 时，通解为 $y=C_1\cos\sqrt{\dfrac{1}{k}}x+C_2\sin\sqrt{\dfrac{1}{k}}x$.

2. $y=-\mathrm{e}^{x-1}+4\mathrm{e}^{\frac{x-1}{2}}$.　　3. $y''-2ay'+a^2 y=0,\ y=(C_1+C_2 x)\mathrm{e}^{ax}$.

4．$y^* = -\dfrac{1}{5}x^2 - \dfrac{7}{25}x + \dfrac{68}{125}$.　　5．$y^* = \dfrac{1}{8}e^x(\sin 2x - \cos 2x)$.

6．$y = (C_1 + C_2 x)e^x + \dfrac{1}{6}x^3 e^x$.　　7．$y = e^x(C_1 \cos 2x + C_2 \sin 2x) - \dfrac{1}{4}xe^x \cos 2x$.

8．$y = -\dfrac{1}{2} + \dfrac{1}{10}\cos 2x$.　　9．$y = C_1 \cos x + C_2 \sin x + \dfrac{1}{2}e^x + \dfrac{1}{2}x \sin x$.

10．$y = \dfrac{11}{16} + \dfrac{5}{16}e^{4x} - \dfrac{5}{4}x$.　　11．$\varphi(x) = \dfrac{1}{2}(\cos x + \sin x + e^x)$.

12．1.　　　　13．（1）提示：反常积分收敛的定义；（2）$\dfrac{3}{k}$.

14．$-(2x+1)e^{-x}$，$y = C_1 e^x + C_2(2x+1)$.

第 7 章

7.1

一、1．$(5,\ -8,\ 5)$.　　2．$\dfrac{1}{2}$.　　3．2.　　4．$\pm\left(-\dfrac{2}{3},\ -\dfrac{1}{3},\ \dfrac{2}{3}\right)$.

二、1．$(-4,\ 2,\ -4)$.　　2．（1）$(2,1,21)$；（2）$(2,1,21)$.　　3．$\sqrt{3}$，$\sqrt{11}$.

4．（1）$\boldsymbol{a}$ 与 $\boldsymbol{b}$ 的夹角为 $\dfrac{\pi}{2}$；（2）$\boldsymbol{a}$ 与 $\boldsymbol{b}$ 的夹角为钝角；（3）$\boldsymbol{a}$ 与 $\boldsymbol{b}$ 的夹角为 π.

5．$\left(0,\ \mp\dfrac{8}{5},\ \pm\dfrac{6}{5}\right)$.　　6．$(3,\ -4,\ 2)$.　　7．$\dfrac{\sqrt{19}}{2}$.　　8．$\dfrac{\pi}{3}$.　　9．$-\dfrac{6}{25}$.　　10．$\pm 27$.

三、提示：垂直的条件.

7.2

一、1．$(x-2)^2 + (y-3)^2 + (z-1)^2 = 9$.　　2．$\dfrac{x^2 + y^2}{a^2} - \dfrac{z^2}{c^2} = 1$.

3．$\begin{cases} x^2 + y^2 = 4 \\ z = 0 \end{cases}$.　　　　4．$\begin{cases} x^2 + 2y^2 - 2y = 8 \\ z = 0 \end{cases}$.

二、1．$x + y + z - 5 = 0$.

2．母线平行于 x 轴的柱面方程为 $3y^2 - z^2 = 16$，

　母线平行于 y 轴的柱面方程为 $3x^2 + 2z^2 = 16$.

3．xOy 平面上的椭圆 $\dfrac{x^2}{4} + \dfrac{y^2}{9} = 1$ 绕 x 轴旋转一周.

4．$\begin{cases} 2x^2 - 2x + y^2 = 3 \\ z = 0 \end{cases}$.　　5．$\begin{cases} x = 2\cos t \\ y = \sqrt{2}\sin t \\ z = -\sqrt{2}\sin t \end{cases}$.

7.3

一、1．1.　　2．-1.　　3．$\dfrac{\pi}{3}$.　　4．$x - y + 3z - 8 = 0$.

二、1．$5x - 3y - z - 8 = 0$.　　2．$x - 2y + 2z - 3 = 0$ 或 $x - 2y + 2z - 9 = 0$.

3. $5x+y-13=0$.　　　　　4. $10x+2y+11z-148=0$.

5. $z=8$.　　　　　　　　　6. $15x+10y-6z-60=0$.

7. $k=3$ 或 $k=-15$.　　　　8. $2x+2y-3z=0$.

7.4

一、1. $\dfrac{x-3}{-4}=\dfrac{y+2}{2}=\dfrac{z-1}{1}$.　　2. $(1,7,5)$.　　3. $\dfrac{x-4}{2}=\dfrac{y+1}{1}=\dfrac{z-2}{3}$.　　4. $\dfrac{\pi}{4}$.

二、1. $\dfrac{x+1}{7}=\dfrac{y-1}{1}=\dfrac{z-2}{-5}$.

2. 标准式方程 $\dfrac{x-2}{1}=\dfrac{y+1}{4}=\dfrac{z-3}{3}$，参数方程 $\begin{cases} x=2+t \\ y=-1+4t \\ z=3+3t \end{cases}$.

3. $\dfrac{x-5}{2}=\dfrac{y+7}{6}=\dfrac{z-0}{1}$.　　4. $\dfrac{\pi}{4}$.　　5. $2x-3y+3z+3=0$.

6. $2x+2y-z+6=0$ 或 $x-2y-2z+6=0$.　　7. $\dfrac{\sqrt{6}}{2}$.　　8. $\begin{cases} y-z-1=0 \\ x+y+z=0 \end{cases}$.

9. $\dfrac{x-2}{2}=\dfrac{y-1}{-1}=\dfrac{z-3}{4}$.　　10. $\dfrac{x-1}{9}=\dfrac{y-1}{2}=\dfrac{z-1}{-5}$.　　11. $\begin{cases} 2x+2y+z+14=0 \\ 2x+5y+4z+8=0 \end{cases}$.

12. $\begin{cases} x=2+2t \\ y=1+t \\ z=3+4t \end{cases}$.　　13. $\dfrac{\sqrt{29}}{3}$.　　14. $\dfrac{\sqrt{38}}{2}$.

第 8 章

8.1

一、1. a.　　2. 0.　　3. $-\dfrac{1}{\ln 2}$.　　4. $y^2=2x$.

二、1. $\dfrac{1}{4}$.　　2. 0.　　3. e^2.　　　4. 不存在. 令 $x=ky$.

三、提示：取 $y=x^2-x$ 及 $y=x$.

8.2

一、1. $2xye^{x^2y}$.　　2. 2.　　3. $\cos(xy)[y\mathrm{d}x+x\mathrm{d}y]$.　　4. $3x^2-3y^2$.

二、1. $\alpha=\dfrac{\pi}{4}$.　　2. $\dfrac{\partial z}{\partial x}=-2\sin(2x-y)$，$\dfrac{\partial z}{\partial y}=\sin(2x-y)$.

3. $\dfrac{\partial^2 z}{\partial x^2}=\dfrac{1}{x+y}+\dfrac{y}{(x+y)^2}$，$\dfrac{\partial^2 z}{\partial x\partial y}=\dfrac{y}{(x+y)^2}$，$\dfrac{\partial^2 z}{\partial x^2}=\dfrac{-x}{(x+y)^2}$.

4. $6x\cos y-e^x$.　　5. $\dfrac{1}{x^2+y^2}(-y\mathrm{d}x+x\mathrm{d}y)$.

6. $\left(a^{x+yz}\ln a-\dfrac{a}{x}\right)\mathrm{d}x+za^{x+yz}\ln a\mathrm{d}y+ya^{x+yz}\ln a\mathrm{d}z$.

7. $[yz + yf'(xy)]dx + [xz + xf'(xy) - zf'(yz)]dy + [xy - yf'(yz)]dz$.

8. $dx - dy$.　　9. 不可微.

三、提示：1. 先求两个偏导数，再代入左边表达式.

　　2. 先求三个二阶偏导数，再代入左边表达式.

8.3

一、1. $(\sin t + \cos t - 1)e^{-t}$.　2. $2x(1 + 2z\sin y)e^{x^2 + y^2 + z^2}$.　3. $\dfrac{e^x - y^2}{2xy - \cos y}$.　4. $\dfrac{z}{x + z}$.

二、1. $\dfrac{dz}{dx} = \dfrac{(1+x)e^x}{1 + (xe^x)^2}$, $\dfrac{dz}{dy} = \dfrac{1 + \ln y}{1 + (y\ln y)^2}$.

2. $\dfrac{\partial z}{\partial x} = \dfrac{2x\ln(4x - 3y)}{y^2} + \dfrac{4x^2}{(4x - 3y)y^2}$, $\dfrac{\partial z}{\partial y} = -\dfrac{2x^2\ln(4x - 3y)}{y^3} - \dfrac{3x^2}{(4x - 3y)y^2}$.

3. $(f' + 2f'_2 + yf'_3)dx + (f'_2 + xf'_3)dy$.

4. $\dfrac{1}{x - f'_2}[(yf'_1 - z)dx + (\cos y + xf'_1 + f'_2)dy]$.

5. $\dfrac{\partial z}{\partial x}\Big|_{\substack{x=0\\y=0}} = \dfrac{1}{5}$, $\dfrac{\partial z}{\partial y}\Big|_{\substack{x=0\\y=0}} = -\dfrac{1}{5}$.

6. $f'_x - \dfrac{y}{x}f'_y + \left[1 - \dfrac{e^x(x - z)}{\sin(x - z)}\right]f'_z$.

7. $\dfrac{\partial^2 z}{\partial y^2} = x^5 f''_{11} + 2x^3 f''_{12} + xf''_{22}$, $\dfrac{\partial^2 z}{\partial x \partial y} = 4x^3 f'_1 + 2xf'_2 + x^4 yf''_{11} - yf''_{22}$.

8. $\dfrac{(f + xf')F'_y - xf'F'_x}{F'_y + xf'F'_z}$.

9. $\dfrac{\partial u}{\partial x} = -\dfrac{xu + yv}{x^2 + y^2}$, $\dfrac{\partial v}{\partial x} = \dfrac{yu - xv}{x^2 + y^2}$; $\dfrac{\partial u}{\partial y} = \dfrac{xv - yu}{x^2 + y^2}$, $\dfrac{\partial v}{\partial y} = -\dfrac{xu + yv}{x^2 + y^2}$.

三、提示：1. 先求两个偏导数，再代入左边表达式.

　　2. 先求两个偏导数，再代入左边表达式.

第 9 章

9.1

一、1. $\dfrac{x - \dfrac{\sqrt{2}}{2}}{1} = \dfrac{y - 1}{0} = \dfrac{z + \dfrac{\sqrt{2}}{2}}{3}$.　　2. $2x - 4y - z + 3 = 0$.　　3. 1.　　4. $(1, 1)$.

二、1. 切线方程：$\dfrac{x - 1}{1} = \dfrac{y - 2}{4} = \dfrac{z - 1}{3}$ ，法平面方程：$x + 4y + 3z - 12 = 0$.

　　2. 切线方程：$\dfrac{x - 1}{1} = \dfrac{y - 1}{0} = \dfrac{z - \sqrt{2}}{-\dfrac{\sqrt{2}}{2}}$ ，法平面方程：$2x - \sqrt{2}z = 0$.

3. $(1, -1, 1)$ 或 $\left(\dfrac{1}{3}, -\dfrac{1}{9}, \dfrac{1}{27}\right)$.

4. 切平面方程：$x + 2y - 4 = 0$，法线方程：$\dfrac{x-2}{1} = \dfrac{y-1}{2} = \dfrac{z}{0}$.

5. 点的坐标：$(1, 2, 3)$，切平面方程：$2x + 2y - z - 3 = 0$.

6. $a = -5, b = -2$.   7. $\arccos\dfrac{3}{\sqrt{22}}$.   8. $\dfrac{1}{2}$.   9. $\dfrac{2}{3}\sqrt{6}$.   10. $(2, -4, 1)$

三、提示：由切平面方程得到三个截距，然后相加得得常数 a.

9.2

一、1. 8.   2. -3.   3. $\dfrac{1}{4}$.

二、1. 极小值 $f(1, 1) = 3$.

2. 极大值 $f(0, 0) = 0$，极小值 $f(2, 2) = -8$.

3. 极小值 $f(0, e^{-1}) = -e^{-1}$.

4. 极大值 $z(-9, -3) = -3$，极小值 $z(9, 3) = 3$.

5. 最大值 $f(2, 1) = 4$，最小值 $f(4, 2) = -64$.

6. $(2, 2\sqrt{2}, 2\sqrt{3})$，最短距离 $\sqrt{6}$.

7. 最大值为 $u(-2,-2,8) = 72$，最小值为 $u(1,1,2) = 6$.

8. 最大值 $f(0, 2) = 8$，最小值 $f(0, 0) = 0$.

第 10 章

10.1

一、1. $\dfrac{20}{3}$.   2. $\int_0^1 dx \int_{e^x}^e f(x, y)dy$.   3. $\dfrac{1}{6}$.   4. 5π.   5. $\dfrac{\pi}{4}$.

二、1. $4\ln 2 - \dfrac{3}{2}$.   2. $\dfrac{1}{3}$.   3. $\dfrac{1}{6} - \dfrac{1}{3e}$.   4. $\dfrac{1}{2}(1 - \cos 2)$.   5. $14a^4$.

6. $\dfrac{1}{6}$.   7. $\int_{\frac{1}{2}}^1 dx \int_{x^2}^x f(x, y)dy$.   8. π.   9. $\dfrac{1}{2}A^2$.   10. $\pi(1 - e^{-a^2})$.

11. $\dfrac{10\sqrt{2}}{9}$.   12. $\dfrac{41}{2}\pi$.   13. $\dfrac{\pi}{2}$.   14. $\dfrac{1}{2}$.   15. $\dfrac{16}{15}$.   16. $\dfrac{1}{3} - \dfrac{\pi}{16}$.

三、提示：交换积分次序.

10.2

一、1. $\dfrac{1}{6}$.   2. $\dfrac{16}{3}\pi$.   3. $\dfrac{4}{3}\pi$.   4. $\dfrac{4}{5}\pi$.

二、1. $\dfrac{1}{2}\ln 2 - \dfrac{5}{16}$.   2. $\dfrac{28}{45}$.   3. $\dfrac{4}{15}\pi abc^3$.   4. $\dfrac{\pi}{10}a^5$.   5. $\dfrac{3}{2}$.   6. $\dfrac{13}{4}\pi$.

7. $\dfrac{\pi}{4}$. 8. $\dfrac{64\pi}{15}$. 9. $\dfrac{\pi}{3}$. 10. $\dfrac{4}{3}\pi$. 11. $\dfrac{\pi}{20}$. 12. 6π. 13. $\dfrac{512}{3}\pi$.

三、提示：球面坐标、积分中值定理或罗必达法则与导数定义.

10.3

1. $\sqrt{2}\pi$. 2. $\dfrac{2}{3}\pi(2\sqrt{2}-1)$. 3. $\dfrac{32}{15}\pi$. 4. $\left(0,0,\dfrac{2}{3}\right)$. 5. $\left(\dfrac{8}{5},\dfrac{8}{5}\right)$. 6. $\dfrac{\pi}{10}h^5\rho$.

第 11 章

11.1

一、1. 1. 2. $\dfrac{\sqrt{3}}{2}(1-e^{-2})$. 3. $\dfrac{1}{2}$. 4. $\dfrac{1}{35}$. 5. $x^3e^y-y=c$.

二、1. 13. 2. $\dfrac{15}{2}$. 3. $2a^2$. 4. $2\pi a^2$. 5. 3. 6. 8. 7. $\dfrac{1}{\pi}$.

8. $\dfrac{4}{3}$. 9. $-\dfrac{87}{4}$. 10. $\dfrac{1}{2}$. 11. $\displaystyle\int_C\dfrac{P+2xQ}{\sqrt{1+4x^2}}\mathrm{d}s$.

12. $\displaystyle\int_\Gamma P\mathrm{d}x+Q\mathrm{d}y+R\mathrm{d}z=\int_\Gamma\dfrac{(1-z)P+(1-z)Q+2xR}{\sqrt{2}}\mathrm{d}s$.

13. $\left(\dfrac{6}{\pi},0\right)$. 14. $\dfrac{8\sqrt{13}}{3}\pi(12+36\pi^2)$.

11.2

一、1. 2π. 2. $-3ab\pi$. 3. $-\dfrac{\pi}{2}a^4$. 4. -2. 5. $x^3e^y-y=C$.

二、1. $\dfrac{\pi}{12}\ln 2$. 2. $-\dfrac{\pi}{2}$. 3. e^2+5. 4. $\dfrac{3\pi}{2}-\cos 2+1$. 5. -16.

6. $\dfrac{23}{15}$. 7. $\dfrac{\pi}{2}$. 8. $-\dfrac{79}{5}$. 9. $u(x,y)=y^2\sin x+x^2\cos y$.

10. $3x^2y^2+x^3+y^4=C$. 11. $\left(\dfrac{\pi}{2}+2\right)a^2b-\dfrac{\pi}{2}a^3$.

11.3

一、1. $\dfrac{3+\sqrt{3}}{2}$. 2. $\dfrac{81}{4}$. 3. $\dfrac{1}{6}$. 4. $\dfrac{1}{6}$.

二、1. $125\sqrt{2}\pi$. 2. $\dfrac{\sqrt{3}}{4}$. 3. $\dfrac{3}{2}\pi$. 4. $\dfrac{1}{4}$. 5. $\dfrac{8}{3}\pi a^4$.

6. $(a+b+c)abc$. 7. $\dfrac{1}{8}$. 8. $\displaystyle\iint_S\left(\dfrac{3}{5}P+\dfrac{2}{5}Q+\dfrac{2\sqrt{3}}{5}R\right)\mathrm{d}S$.

11.4

1. $-\dfrac{9}{2}\pi$. 2. $2\pi a^3$. 3. $-\dfrac{12}{5}\pi a^5$. 4. $2a^2$. 5. 9π. 6. 4π.

第 12 章

12.1

一、1. $p > 0$.　2. 发散.　3. 条件收敛.　4. 绝对收敛.　5. 50.

二、1. （1）$\dfrac{2}{3^{n-1}}$；（2）收敛，和 $S = 3$.　2. 发散.　3. 收敛，和 $S = \dfrac{1}{5}$.

4. 当 $a > 1$ 时收敛；当 $0 < a \leqslant 1$ 时发散.

5. 当 $0 < a < \mathrm{e}$ 时发散；当 $a > \mathrm{e}$ 时收敛.

6. 条件收敛.　7. 绝对收敛.　8. 收敛.　9. 收敛.

10. 收敛，且和 $S = 1$.　11. 发散.　12. 发散.　13. 发散.

14. 收敛.　15. 收敛.

三、提示：1. 比较审敛法.

2.（1）存在准则 Ⅱ；（2）比较审敛法.

12.2

一、1. 4.　2. $(-1, 1]$.　3. $\displaystyle\sum_{n=1}^{\infty} \dfrac{(-1)^{n-1} 2^{2n-1}}{(2n)!} x^{2n}$.　4. $\displaystyle\sum_{n=0}^{\infty} \dfrac{(-1)^n}{3^{n+1}} (x-1)^n$.

二、1. 在 $x = 0$ 时，$\displaystyle\sum_{n=1}^{\infty} \dfrac{2^n}{2n-1}$ 发散；在 $x = 1$ 时，$\displaystyle\sum_{n=1}^{\infty} \dfrac{1}{(2n-1)3^n}$ 收敛.

2. 收敛半径 $R = 2$；收敛域 $[-2, 2]$.

3. $\left[\dfrac{5}{3}, \dfrac{7}{3}\right)$.　4. $(-2, 2)$.　5. $\left[\dfrac{1}{2}, +\infty\right)$.

6. 和函数 $S(x) = -\ln(1-x)$. 和 $S = \ln\dfrac{3}{2}$.　7. 和函数 $S(x) = \dfrac{1}{(1-x)^2}$，和 $S = 4$.

8. 收敛域 $(-1, 1)$，和函数 $S(x) = \dfrac{1}{(1-x)^3}$.　9. $\dfrac{\pi}{2} + \displaystyle\sum_{n=0}^{\infty} \dfrac{(-1)^{n+1}}{2n+1} x^{2n+1}$，$x \in [-1, 1]$.

10. $\ln 3 + \displaystyle\sum_{n=0}^{\infty} \dfrac{(-1)^n}{(n+1)3^{n+1}} (x-2)^{n+1}$，$x \in (-1, 5]$.

11. $\displaystyle\sum_{n=0}^{\infty} \left(1 - \dfrac{1}{2^{n+1}}\right)(x-1)^n$，$x \in (0, 2)$.　12. π^2.

13. 收敛域 $(-1, 1)$，和函数 $S(x) = \begin{cases} \dfrac{1+x^2}{(1-x^2)^2} + \dfrac{1}{x}\ln\dfrac{1+x}{1-x}, & x \in (-1, 0) \bigcup (0, 1) \\ 3, & x = 0 \end{cases}$.

三、收敛半径 $R = 2$，提示：Abel 定理.

12.3

一、1. $\dfrac{\pi^2}{2}$.　2. $\dfrac{2}{3}\pi$.　3. $\dfrac{3}{2}$.　4. $-\dfrac{1}{4}$.

二、1. $2\sum_{n=1}^{\infty}\dfrac{(-1)^{n-1}}{\pi}\sin nx$.　　　　　2. $\dfrac{2}{\pi}-\dfrac{4}{\pi}\sum_{n=1}^{\infty}\dfrac{(-1)^n}{4n^2-1}\cos nx$.

3. $\dfrac{2}{\pi}\sum_{n=1}^{\infty}\left[\dfrac{1-(-1)^n}{n}+\dfrac{(-1)^n 4n}{4n^2-1}\right]\sin nx$.　　4. $\dfrac{\pi^2}{3}+4\sum_{n=1}^{\infty}\dfrac{(-1)^n}{n^2}\cos nx$,　　$-\dfrac{\pi^2}{12}$.

5. $\dfrac{5}{2}-\dfrac{4}{\pi^2}\sum_{n=0}^{\infty}\dfrac{1}{(2n+1)^2}\cos(2n+1)\pi x$,　　$\dfrac{\pi^2}{6}$.

附录 A

A.1

高等数学（A）Ⅰ期末考试试题（一）

一、1. $\dfrac{1}{2}$.　　2. $x+2y+3=0$.　　3. $\dfrac{\pi}{2}$.　　4. $\ln 2$.　　5. $\begin{cases} x^2+y^2=2 \\ z=0 \end{cases}$.

二、1. C.　　2. D.　　3. B.　　4. A.　　5. D.

三、1. $a=1, b=3$.　　2. $-\dfrac{1}{2}$.　　3. $-\pi\mathrm{d}x$.　　4. $-\dfrac{1}{x}+\dfrac{1}{2}(\ln|1+x|-\ln|1-x|)+C$.

5. $\sqrt{x^2-9}-3\arccos\dfrac{3}{x}+C$.　　6. $1-\dfrac{2}{\mathrm{e}}$.

四、1. （1）$2(\sqrt{2}-1)$ ；（2）π .

2. （1）$2x-z-5=0$ ；

（2）标准式方程：$\dfrac{x-2}{6}=\dfrac{y-1}{0}=\dfrac{z+1}{-3}$ ，参数方程：$\begin{cases} x=2+6t \\ y=1 \\ z=-1-3t \end{cases}$.

五、提示：单调性，辅助函数 $f(x)=\arctan x+\dfrac{1}{x}-\dfrac{\pi}{2}$.

高等数学（A）Ⅰ期末考试试题（二）

一、1. e .　2. $\dfrac{1-\ln x}{x^2}\mathrm{d}x$.　3. $\tan x+\dfrac{1}{3}\tan^3 x+C$.　4. 1.　5. $3x-2y+z-3=0$.

二、1. C.　　2. D.　　3. B.　　4. D.　　5. A.

三、1. $a=-1, b=-2$.　　2. $\mathrm{e}^{\frac{2}{\pi}}$.　　3. $-\dfrac{\sqrt{3}}{8}$.

4. $\dfrac{1}{2}\left(\arcsin x+\ln\left|x+\sqrt{1-x^2}\right|\right)+C$.　　5. $2\ln 2-1$.　　6. $\dfrac{1}{2}\ln 3$.

四、1. 凹区间 $[1,+\infty)$ ，凸区间 $(-\infty,1]$ ，拐点 $(1,\mathrm{e}^{-2})$.

2. （1）$\dfrac{x+2}{2}=\dfrac{y-3}{0}=\dfrac{z-0}{-2}$ ；（2）$\dfrac{\pi}{4}$.

五、提示：存在准则 Ⅱ，极限为 3.

高等数学（A）Ⅰ期末考试试题（三）

一、1. $\dfrac{3}{4}$.　2. $2x-y-e=0$.　3. $y=x-2$.　4. $-\dfrac{1}{x}-\arctan x+C$.　5. 4.

二、1. A.　2. D.　3. C.　4. D.　5. B.

三、1. $\dfrac{1}{2}$.　2. $-\dfrac{1}{6}$.　3. $\dfrac{f''}{(1-f')^3}$.　4. $-\dfrac{x}{1+e^x}+x-\ln(1+e^x)+C$.

5. 3π.　6. $y=\dfrac{\sin x+\pi}{x}$

四、1. $y=C_1e^{-x}+C_2e^{3x}-\dfrac{x}{16}(2x+1)e^{-x}$.　2. （1）$\dfrac{2}{3}$；（2）$\dfrac{\pi}{4}$.

五、提示：零点定理与罗尔定理，辅助函数 $F(x)=x^2f(x)$.

高等数学（A）Ⅰ期末考试试题（四）

一、1. $\dfrac{1}{2}$.　2. 9.　3. $\dfrac{\sqrt{2}}{4}$.　4. $\dfrac{\pi}{4}+\dfrac{1}{2}$.　5. $\dfrac{16}{3}$.

二、1. B.　2. A.　3. C.　4. D.　5. B.

三、1. $\dfrac{3}{4}$.　2. $\dfrac{1}{3}$.　3. $\dfrac{e^x}{\sqrt{1+e^{2x}}}dx$.　4. $\ln\left|\sqrt{1+e^x}-1\right|-\ln\left|\sqrt{1+e^x}+1\right|+C$.

5. $\dfrac{2\sqrt{2}-1}{9}$.　6. $x\arcsin x$.

四、1. （1）极大值 $f(e)=e^{-1}$；（2）$\left(e^{\frac{3}{2}},\dfrac{3}{2}e^{-\frac{3}{2}}\right)$.　2. $\dfrac{2}{3}$.

五、提示：零点定理与单调性或罗尔定理，辅助函数 $F(x)=2x-\displaystyle\int_0^x f(t)dt-1$.

高等数学（A）Ⅱ期末考试试题（一）

一、1. $\dfrac{1}{x}dx+\dfrac{1}{y}dy$.　2. $\displaystyle\int_0^1 dx\int_{x^3}^x f(x,y)dy$.　3. 4π.　4. 12π.　5. $\dfrac{1}{3}$.

二、1. B.　2. A.　3. C.　4. D.　5. C.

三、1. $-\dfrac{9}{5}$.　2. $\dfrac{1}{2}$.　3. $\dfrac{1}{24}$.　4. 收敛，和 $S=1$.

5. $\displaystyle\sum_{n=0}^{\infty}\dfrac{1}{2^{n+1}}(x-1)^n$，收敛域 $(-1,3)$.　6. $y=e^{-x}(x+2)$.

四、1. $y=C_1e^{-2x}+C_2e^{-4x}+\dfrac{1}{2}x-\dfrac{3}{4}$.　2. $\pi+4$.

五、提示：利用隐函数求导先求两个偏导数再代入.

高等数学（A）Ⅱ期末考试试题（二）

一、1. $e^2 dx + 2e^2 dy$.　2. 3.　3. 4π.　4. 发散.　5. $(C_1 + C_2 x)e^{-2x}$.

二、1. A.　2. C.　3. D.　4. B.　5. D.

三、1. 1.　2. $\dfrac{\pi}{3}$.　3. （1）收敛；（2）发散.

　　4. 收敛半径 $R = 3$，收敛域 $[-3, 3]$.　5. $-\dfrac{x}{\ln x + C}$.　6. $-x(x+3)e^x$

四、1. 极大值 $f(3, -2) = 26$.　2. $-\dfrac{2}{3}$.

五、提示：构造定向量 (c, a, b).

高等数学（A）Ⅱ期末考试试题（三）

一、1. $\dfrac{3}{4}$.　2. $\dfrac{32\pi}{3}$.　3. $\dfrac{\sqrt{2}}{2}$.　4. 8.　5. $C_1 + C_2 e^{4x}$.

二、1. C.　2. D.　3. B.　4. B.　5. A.

三、1. c.　2. 切平面方程 $3x + 2y - z = 0$，法线方程 $\dfrac{x-1}{3} = \dfrac{y+1}{2} = \dfrac{z-1}{-1}$.

　　3. $\dfrac{e-1}{2}$.　4. $\dfrac{4\pi}{21}$.　5. $\dfrac{1}{10}\cos x - \dfrac{1}{10}\sin x$.　6. $\dfrac{1}{\pi}$.

四、1. 和函数 $S(x) = -\ln(1-x)$，和 $S = \ln 3 - \ln 2$.　2. $\dfrac{e^x + e^{-x}}{2}$.

五、提示：根值判别法.

高等数学（A）Ⅱ期末考试试题（四）

一、1. 5.　2. 4.　3. $\pi(e-1)$.　4. $e + \sin 1$.　5. 发散.　6. 3.

二、1. 对称式方程为 $\dfrac{x-1}{14} = \dfrac{y-2}{-7} = \dfrac{z+3}{0}$，参数方程为 $\begin{cases} x = 1 + 14t \\ y = 2 - 7t \\ z = -3 \end{cases}$.

　　2. （1）-9；（2）$(-6, 6, -3)$；（3）-3.　3. $\dfrac{1}{2}dx - \dfrac{1}{2}dy$.

　　4. $\dfrac{\sqrt{2}}{2}$.　5. $\dfrac{1}{2}\ln 2 - \dfrac{5}{16}$.　6. $\dfrac{11\sqrt{2}}{6}$.　7. $\displaystyle\sum_{n=0}^{\infty} \dfrac{1}{3^{n+1}}(x-2)^n$，$(-1, 5)$.

三、1. 切平面方程为 $2x - y - 3z + 7 = 0$，法线方程为 $\dfrac{x-0}{3} = \dfrac{y-1}{-1} = \dfrac{z-2}{-3}$.

　　2. $\pi + \sin 1$.

A.2

高等数学（C）Ⅰ期末考试试题（一）

一、1. $\dfrac{1}{2}$.　2. $\dfrac{1}{4}$.　3. $x\cos x$.　4. $[-1, 1]$ 或 $(-1, 1)$.　5. $\dfrac{2}{3}$.

二、1. C.　　2. A.　　3. C.　　4. D.　　5. B.

三、1. $\dfrac{3}{2}$.　　2. $\dfrac{1}{3}$.　　3. $\dfrac{1}{\sqrt{x^2+2}}dx$.　　4. $\dfrac{\arcsin x}{2}-\dfrac{x\sqrt{1-x^2}}{2}+C$.

　　5. $x^2e^x-2xe^x+2e^x+C$.　　6. $\dfrac{\pi}{4}-\dfrac{1}{2}$.

四、1.（1）极小值 $f(e^{-\frac{1}{2}})=-\dfrac{1}{2}e^{-1}$；（2）$\left(e^{-\frac{3}{2}},\ -\dfrac{3}{2}e^{-3}\right)$.

　　2.（1）$\dfrac{3}{2}-\ln 2$；（2）$\dfrac{11\pi}{6}$.

五、提示：罗尔定理，辅助函数 $F(x)=xf(x)$.

高等数学（C）Ⅰ期末考试试题（二）

一、1. e^2.　　2. $3x-y-2=0$.　　3. $-\dfrac{\pi}{12}$.　　4. 1.　　5. 4.

二、1. D.　　2. A.　　3. C.　　4. A.　　5. B.

三、1. $\dfrac{1}{2}$.　　2. $\dfrac{4}{3}$.　　3. $\dfrac{1}{1+x^2}dx$.　　4. $-\dfrac{\sqrt{1+x^2}}{x}+C$.

　　5. $\dfrac{1}{4}x^2-\dfrac{1}{4}x\sin 2x-\dfrac{1}{8}\cos 2x+C$.　　6. $\dfrac{2e^3+1}{9}$.

四、1.（1）极大值 $f(0)=4$，极小值 $f(2)=0$；（2）$(1, 2)$.

　　2.（1）$e+e^{-1}-2$；（2）$\dfrac{e^2+e^{-2}-2}{2}$.

五、提示：零点定理，辅助函数 $F(x)=f(x)-f(1+x)$.

高等数学（C）Ⅱ期末考试试题（一）

一、1. $\dfrac{x-2}{1}=\dfrac{y-3}{-2}=\dfrac{z-1}{4}$.　　2. $f_1'-\dfrac{y}{x^2}f_2'$.　　3. $\int_0^1 dy\int_y^1 f(x,y)dx$.
　　4. 2.　　5. 3.

二、1. B.　　2. D.　　3. C.　　4. B.　　5. A.

三、1. $4x-y-3z-5=0$.　　2. 极小值 $f(-2,-1)=-1$.　　3. $\dfrac{1}{35}$.

　　4. 当 $a>e$ 时，级数 $\displaystyle\sum_{n=1}^{\infty}\dfrac{a^n n!}{n^n}$ 收敛；当 $0<a<e$ 时，级数 $\displaystyle\sum_{n=1}^{\infty}\dfrac{a^n n!}{n^n}$ 发散.

　　5. 收敛半径 $R=\dfrac{1}{2}$，收敛域 $\left[-\dfrac{1}{2},\dfrac{1}{2}\right)$.　　6. $y=x(\ln x+1)^2$.

四、1.（1）3；（2）$\{3,3,-3\}$；（3）$\dfrac{\pi}{3}$.　　2. $y=C_1e^{-x}+C_2e^{-2x}+x-2$.

五、提示：利用隐函数求导先求两个偏导数再代入.

高等数学（C）Ⅱ期末考试试题（二）

一、1. 4.   2. $y\mathrm{d}x + x\mathrm{d}y$.   3. $\dfrac{1}{10}$.   4. $\dfrac{2}{3^{n-1}}$.   5. $y = C_1\mathrm{e}^{2x} + C_2\mathrm{e}^{3x}$.

二、1. D.   2. B.   3. A.   4. D.   5. B.

三、1. $14x + 9y - z - 15 = 0$.   2. $[-4,4)$.   3.（1）发散；（2）收敛.

     4. $1 - \cos 1$.   5. 1   6. $y^* = -\dfrac{3}{4}x^2 - \dfrac{5}{4}x$

四、1. 极小值 $f(1,1) = 3$.   2. $y = 3x - \dfrac{1}{2}x^3$.

五、提示：利用隐函数求导先求两个偏导数再代入.

附录 B

B.1

数学一试题（一）

一、1. A.   2. C.   3. D.   4. C.   5. A.   6. B.   7. A.   8. B.

二、1. 0.   2. $\mathrm{e}^{-x}(C_1\cos\sqrt{2}x + C_2\sin\sqrt{2}x)$.   3. -1.

     4. $\dfrac{1}{(1+x)^2}$.   5. 2.   6. 2.

三、1. $f_1'(1,1)$；$f_1'(1,1) - f_2'(1,1) + f_{11}''(1,1)$.   2. $\dfrac{1}{4}$.

     3. 极小值为 $y(-1) = 0$；极大值为 $y(1) = 1$.

     4. 提示：（1）用零点定理；（2）罗尔定理.

     5.（1）$\begin{cases}(x-1)^2 + y^2 = 1 \\ z = 0\end{cases}$；（2）64.

     6.（1）提示：矩阵相似对角化；（2）$k\begin{pmatrix}1\\2\\-1\end{pmatrix} + \begin{pmatrix}1\\1\\1\end{pmatrix}$，其中 $k \in \mathbf{R}$.

     7.（1）$a = 2$；（2）$Q = \begin{pmatrix} \dfrac{1}{\sqrt{3}} & -\dfrac{1}{\sqrt{2}} & \dfrac{1}{\sqrt{6}} \\ -\dfrac{1}{\sqrt{3}} & 0 & \dfrac{2}{\sqrt{6}} \\ \dfrac{1}{\sqrt{3}} & \dfrac{1}{\sqrt{2}} & \dfrac{1}{\sqrt{6}} \end{pmatrix}$.

8.（1）$\dfrac{4}{9}$；（2）$f_z(z)=\begin{cases}z, & 0\leqslant z<1 \\ z-2, & 2\leqslant z<3 \\ 0, & \text{其他}\end{cases}$.

9.（1）$f_z(z)=\begin{cases}\dfrac{2}{\sqrt{2\pi}\sigma}\mathrm{e}^{\frac{z^2}{2\sigma^2}}, & z>0 \\ 0, & \text{其他}\end{cases}$；（2）$\hat{\sigma}=\dfrac{\sqrt{2\pi}\overline{Z}}{2}$；（3）$\hat{\sigma}=\sqrt{\dfrac{1}{n}\sum_{i=1}^{n}Z_i^2}$.

数学一试题（二）

一、1. D.　2. B.　3. B.　4. C.　5. A.　6. A.　7. A　8. D.

二、1. -2.　2. $2\ln 2-2$.　3. $(1,0,-1)$.　4. $-\dfrac{\pi}{3}$.　5. -1.　6. $\dfrac{1}{4}$.

三、1. $\dfrac{1}{2}\mathrm{e}^{2x}\arctan\sqrt{\mathrm{e}^x-1}-\dfrac{1}{6}(\mathrm{e}^x-1)^{\frac{3}{2}}-\dfrac{1}{2}\sqrt{\mathrm{e}^x-1}+C$.

2. 存在最小值，且最小值为 $\dfrac{1}{\pi+4+3\sqrt{3}}$.　　3. $\dfrac{14\pi}{45}$.

4.（1）$y=C\mathrm{e}^{-x}+(x-1)$；（2）提示：利用周期的定义及换元积分法.

5.（1）提示：存在准则Ⅱ；（2）0.

6.（1）当 $a\neq 2$ 时解为 $\begin{pmatrix}0\\0\\0\end{pmatrix}$，当 $a=2$ 时解为 $k\begin{pmatrix}-2\\-1\\1\end{pmatrix}$，$k\in\mathbf{R}$；

（2）当 $a\neq 2$ 时规范型为 $f=y_1^2+y_2^2+y_3^2$，当 $a=2$ 时规范型为 $f=y_1^2+y_2^2$.

7.（1）$a=2$；（2）$\begin{pmatrix}3-6k_1 & 4-6k_2 & 4-6k_3 \\ -1+2k_1 & -1+2k_2 & -1+2k_3 \\ k_1 & k_2 & k_3\end{pmatrix}$，其中 $k_2\neq k_3$.

8.（1）λ；（2）$P(z=k)=\begin{cases}\dfrac{\lambda^{|k|}}{2|k|!}\mathrm{e}^{-\lambda}, & k=\pm 1,\pm 2,\cdots \\ \mathrm{e}^{-\lambda}, & k=0\end{cases}$.　　9.（1）$|\overline{X}|$；（2）$\sigma,\dfrac{\sigma^2}{n}$.

数学一试题（三）

一、1. C.　2. B.　3. D.　4. D.　5. C.　6. A.　7. C.　8. A.

二、1. $\dfrac{y}{\cos x}+\dfrac{x}{\cos y}$.　2. $\sqrt{3\mathrm{e}^x-2}$.　3. $\cos\sqrt{x}$.

4. $\dfrac{32}{3}$.　5. $k\begin{pmatrix}1\\-2\\1\end{pmatrix}$（$k$ 为任意常数）.　6. $\dfrac{2}{3}$.

三、1．（1）$y=xe^{-\frac{x^2}{2}}$；（2）凹区间为 $(-\sqrt{3},0),(\sqrt{3},+\infty)$，凸区间为 $(-\infty,-\sqrt{3})$，$(0,\sqrt{3})$，拐点为 $(-\sqrt{3},-\sqrt{3}e^{-\frac{3}{2}}),(0,0),(\sqrt{3},\sqrt{3}e^{-\frac{3}{2}})$．

2．（1）$a=b=-1$；（2）$\dfrac{13\pi}{8}$．   3．$\dfrac{1}{2}+\dfrac{1}{e^{\pi}-1}$．

4．（1）提示：定积分的不等性质，定积分的换元积分法；（2）夹逼准则．

5．$\left(0,\dfrac{1}{4},\dfrac{1}{4}\right)$．

6．（1）$a=3,b=2,c=-2$；（2）提示：证明线性无关，$Q=\begin{pmatrix}1&1&0\\-\dfrac{1}{2}&0&1\\\dfrac{1}{2}&0&0\end{pmatrix}$．

7．（1）$x=3,y=-2$；（2）$P=\begin{pmatrix}-1&-1&-1\\2&1&2\\0&0&4\end{pmatrix}$．

8．（1）$f_Z(z)=\begin{cases}pe^z,&z<0\\(1-p)e^{-z},&z\geqslant0\end{cases}$；（2）$p=\dfrac{1}{2}$；（3）不相互独立．

9．（1）$\sqrt{\dfrac{2}{\pi}}$；（2）$\hat{\sigma}^2=\dfrac{1}{n}\sum\limits_{i=1}^{n}(X_i-\mu)^2$．

数学一试题（四）

一、1．D．   2．C．   3．A．   4．A．   5．B．   6．C．   7．D．   8．B．

二、1．-1．   2．$-\sqrt{2}$．   3．$n+am$．   4．4e．   5．$-4a^2+a^4$．   6．$\dfrac{2}{\pi}$．

三、1．极小值 $f\left(\dfrac{1}{6},\dfrac{1}{12}\right)=-\dfrac{1}{216}$．   2．$\pi$．

3．（1）提示：求收敛半径；（2）$S(x)=\dfrac{2}{\sqrt{1-x}}-2$．   4．0．

5．（1）拉格朗日中值定理；（2）拉格朗日中值定理．

6．（1）$a=4,\ b=1$；（2）$Q=\dfrac{1}{5}\begin{pmatrix}-4&3\\3&4\end{pmatrix}$．

7．（1）提示：反证法；（2）$\begin{pmatrix}0&6\\1&-1\end{pmatrix}$，可以相似对角矩阵．

8．（1）$F(x,y)=\begin{cases}\dfrac{1}{2}\phi(x)\phi(y)+\dfrac{1}{2}\phi(x),&x<y\\[2mm]\dfrac{1}{2}\phi(x)\phi(y)+\dfrac{1}{2}\phi(y),&x\geqslant y\end{cases}$；（2）提示：求 Y 的分布函数．

9. （1） $e^{\left(\frac{s}{\theta}\right)^m - \left(\frac{s+t}{\theta}\right)^m}$ ；（2） $\hat{\sigma}^2 = \sqrt[n]{\dfrac{1}{n}\sum_{i=1}^{n} T_i^m}$.

数学一试题（五）

一、1. D. 2. C. 3. A. 4. B. 5. B. 6. A. 7. C. 8. D. 9. C. 10. B.

二、1. $\dfrac{\pi}{4}$. 2. $\dfrac{2}{3}$. 3. x^2 . 4. 4π . 5. $\dfrac{3}{2}$. 6. $\dfrac{1}{5}$.

三、1. $\dfrac{1}{2}$. 2. $S(x) = \begin{cases} \dfrac{e^{-x}}{1-e^{-x}} + (1-x)\ln(1-x) + x, & x \in (0,1), \\ \dfrac{e}{e-1}, & x = 1. \end{cases}$ 3. 66 . 4. $8\pi, -\pi$.

5. （1） $P = \begin{pmatrix} \dfrac{1}{\sqrt{3}} & -\dfrac{1}{\sqrt{2}} & -\dfrac{1}{\sqrt{6}} \\ \dfrac{1}{\sqrt{3}} & \dfrac{1}{\sqrt{3}} & \dfrac{1}{\sqrt{6}} \\ -\dfrac{1}{\sqrt{3}} & 0 & \dfrac{2}{\sqrt{6}} \end{pmatrix}$ ；（2） $C = \begin{pmatrix} \dfrac{5}{3} & -1 & -1 \\ -1 & \dfrac{5}{3} & \dfrac{1}{3} \\ -1 & \dfrac{1}{3} & \dfrac{5}{3} \end{pmatrix}$.

6. （1） $f_X(x) = \begin{cases} 1, & 0 < x < 1 \\ 0, & 其他 \end{cases}$ ；（2） $f_Z(z) = \begin{cases} \dfrac{2}{(1+z)^2}, & z \geq 1 \\ 0, & 其他 \end{cases}$ ；（3） $\ln 2 - 1$.

B.2

数学二试题（一）

一、1. A. 2. B. 3. D. 4. C. 5. D. 6. C. 7. B. 8. B.

二、1. $y = x+2$. 2. $-\dfrac{1}{8}$. 3. 1 . 4. xye^y . 5. $-\ln\cos 1$. 6. -1 .

三、1. $\dfrac{2}{3}$. 2. $f_1'(1,1)$ ； $f_1'(1,1) - f_2'(1,1) + f_{11}''(1,1)$. 3. $\dfrac{1}{4}$.

4. 极小值为 $y(-1) = 0$ ；极大值为 $y(1) = 1$.

5. 提示：（1）零点定理；（2）罗尔定理.

6. $\dfrac{5\pi}{4}$. 7. $\dfrac{1}{2}\ln\left(1 + \dfrac{y^2}{x^2}\right) + \arctan\dfrac{y}{x} + \ln x = 0$.

8. （1）提示：矩阵相似对角化；（2） $k\begin{pmatrix} 1 \\ 2 \\ -1 \end{pmatrix} + \begin{pmatrix} 1 \\ 1 \\ 1 \end{pmatrix}$ ，其中 $k \in \mathbf{R}$.

9．（1）$a=2$；（2）$Q=\begin{pmatrix} \dfrac{1}{\sqrt{3}} & -\dfrac{1}{\sqrt{2}} & \dfrac{1}{\sqrt{6}} \\ -\dfrac{1}{\sqrt{3}} & 0 & \dfrac{2}{\sqrt{6}} \\ \dfrac{1}{\sqrt{3}} & \dfrac{1}{\sqrt{2}} & \dfrac{1}{\sqrt{6}} \end{pmatrix}$.

数学二试题（二）

一、1．B．　2．B．　3．D．　4．D．　5．C．　6．C．　7．A．　8．A．

二、1．1．　2．$y=4x-3$．　3．$\dfrac{1}{2}\ln 2$．　4．$\dfrac{2}{3}$．　5．$-\dfrac{1}{4}$．　6．$\dfrac{1}{4}$．

三、1．$\dfrac{1}{2}e^{2x}\arctan\sqrt{e^x-1}-\dfrac{1}{6}(e^x-1)^{\frac{3}{2}}-\dfrac{1}{2}\sqrt{e^x-1}+C$．

2．（1）$-2ae^{-x}+2a$；（2）$\dfrac{e}{2}$．　　3．$3\pi^2+5\pi$．

4．提示：函数的单调性．　5 存在最小值，且最小值为 $\dfrac{1}{\pi+4+3\sqrt{3}}$．

6．10．　7．（1）提示：存在准则 Ⅱ；（2）0．

8．（1）当 $a\neq 2$ 时解为 $\begin{pmatrix} 0 \\ 0 \\ 0 \end{pmatrix}$，当 $a=2$ 时解为 $k\begin{pmatrix} -2 \\ -1 \\ 1 \end{pmatrix}$，$k\in \mathbf{R}$；

（2）当 $a\neq 2$ 时规范型为 $f=y_1^2+y_2^2+y_3^2$，当 $a=2$ 时规范型为 $f=y_1^2+y_2^2$．

9．（1）$a=2$；（2）$\begin{pmatrix} 3-6k_1 & 4-6k_2 & 4-6k_3 \\ -1+2k_1 & -1+2k_2 & -1+2k_3 \\ k_1 & k_2 & k_3 \end{pmatrix}$，其中 $k_2\neq k_3$．

数学二试题（三）

一、1．C．　2．B．　3．D．　4．D．　5．A．　6．A．　7．A．　8．C

二、1．$4e^2$．　2．$\dfrac{3\pi}{2}+2$．　3．yf．　4．$\dfrac{1}{2}\ln 3$．　5．$\dfrac{\cos 1-1}{4}$．　6．-4．

三、1．$f(x)=\begin{cases} 2x^{2x}(\ln x+1), & x>0 \\ (x+1)e^x, & x<0 \end{cases}$，极大值：$f(0)=1$，极小值：$f(-1)=1-e^{-1}$，

$f(e^{-1})=e^{-2e^{-1}}$．

2．$-2\ln|x-1|-\dfrac{3}{x-1}+\ln|x^2+x+1|+C$．

3．（1）$y(x)=\sqrt{x}e^{\frac{x^2}{2}}$；（2）$V=\dfrac{\pi}{2}(e^4-e)$．　4．$\dfrac{43\sqrt{2}}{120}$．

5. $\dfrac{1}{2}\left[1+\dfrac{2\mathrm{e}^{-\pi}(1-\mathrm{e}^{-n\pi})}{1-\mathrm{e}^{-\pi}}-\mathrm{e}^{-n\pi}\right]$，$\dfrac{1}{2}+\dfrac{1}{\mathrm{e}^{\pi}-1}$.　6. $a=-\dfrac{3}{4}, b=\dfrac{3}{4}$.

7. （1）提示：拉格朗日中值定理与罗尔定理，辅助函数 $F(x)=\displaystyle\int_0^x f(t)\mathrm{d}t$；

（2）拉格朗日中值定理，辅助函数 $\varphi(x)=f(x)+x^2$.

8. $a=1$, $\boldsymbol{\beta}_3=(-2k+3)\boldsymbol{\alpha}_1+(k-2)\boldsymbol{\alpha}_2+k\boldsymbol{\alpha}_3$；　$a\neq\pm1$, $\boldsymbol{\beta}_3=\boldsymbol{\alpha}_1-\boldsymbol{\alpha}_2+\boldsymbol{\alpha}_3$.

9. （1）$x=3, y=-2$；（2）$\boldsymbol{P}=\begin{pmatrix}-1 & -1 & -1\\ 2 & 1 & 2\\ 0 & 0 & 4\end{pmatrix}$.

数学二试题（四）

一、1. D.　2. C.　3. A.　4. A.　5. B.　6. B.　7. C.　8. D.

二、1. $-\sqrt{2}$.　2. $\dfrac{2(2\sqrt{2}-1)}{9}$.　3. $(\pi-1)\mathrm{d}x-\mathrm{d}y$.　4. $\dfrac{1}{3}\rho g a^3$.　5. 1　6. $-4a^2+a^4$.

三、1. $y=\dfrac{x}{\mathrm{e}}+\dfrac{1}{2\mathrm{e}}$.

2. $g'(x)=\begin{cases}\dfrac{xf(x)-\displaystyle\int_0^x f(t)\mathrm{d}t}{x^2}, & x\neq0\\[2mm] \dfrac{1}{2}, & x=0\end{cases}$，提示：连续的定义.

3. 极小值 $f\left(\dfrac{1}{6},\dfrac{1}{12}\right)=-\dfrac{1}{216}$.　4. $\dfrac{\pi^2}{6}$.　5. $\dfrac{3}{4}[\sqrt{2}+\ln(1+\sqrt{2})]$.

6. 提示：（1）罗尔定理，辅助函数 $\varphi(x)=(x-2)f(x)$；

（2）对 $f(x)$, $g(x)=\ln x$ 使用柯西中值定理.

7. $y=Cx^3(C>0)$.　8. （1）$-\dfrac{1}{2}$；（2）$\begin{pmatrix}1 & 2 & \dfrac{2}{\sqrt{3}}\\[2mm] 0 & 1 & \dfrac{4}{\sqrt{3}}\\[2mm] 0 & 1 & 0\end{pmatrix}$.

9. （1）提示：反证法；（2）$\begin{pmatrix}0 & 6\\ 1 & -1\end{pmatrix}$，可以相似对角矩阵.

数学二试题（五）

一、1. C.　2. D.　3. C.　4. A.　5. D　6. C.　7. B.　8. B.　9. D.　10. C.

二、1. $\dfrac{1}{\ln 3}$.　2. $\dfrac{2}{3}$.　3. 1.　4. $\dfrac{\pi}{2}\cos\dfrac{2}{\pi}$.

5. $C_1 \mathrm{e}^x + \mathrm{e}^{\frac{x}{2}}\left(C_2 \cos \dfrac{\sqrt{3}}{2}x + C_3 \sin \dfrac{\sqrt{3}}{2}x\right)$. 其中 C_1, C_2, C_3 为任意常数. 6. -5.

三、1. $\dfrac{1}{2}$.

2. 凹区间为 $(-\infty, -1), (0, +\infty)$，凸区间为 $(-1, 0)$；垂直渐近线为 $x = -1$，斜渐近线为 $y = -x + 1$, $y = x - 1$.

3. $s = \dfrac{22}{3}, A = \dfrac{425\pi}{9}$.　　4. $y(x) = \dfrac{1}{3}x^6 + 1, \left(1, \dfrac{4}{3}\right)$.　　5. （1）$\dfrac{1}{48}$.

6. $b = 3, a = -1, \mathbf{P} = \begin{pmatrix} 1 & 0 & -1 \\ 1 & 0 & 1 \\ 0 & 1 & 1 \end{pmatrix}, \mathbf{P}^{-1}\mathbf{AP} = \begin{pmatrix} 3 & & \\ & 3 & \\ & & 1 \end{pmatrix}$,

或 $b = 1, a = 1, \mathbf{P} = \begin{pmatrix} -1 & 0 & 1 \\ 1 & 0 & 1 \\ 0 & 1 & 1 \end{pmatrix}, \mathbf{P}^{-1}\mathbf{AP} = \begin{pmatrix} 1 & & \\ & 1 & \\ & & 3 \end{pmatrix}$.

附录 C

数学竞赛试题（一）

一、1. $\mathrm{e}^{\frac{\pi}{4}}$. 2. 提示：比较判别法. 3. 极大值 $y(0) = -1$，极小值 $y(-2) = 1$.

4. $(1, 1)$.

二、$\dfrac{\pi^3}{8}$.

三、提示：导数定义、洛必达法则及比较判别法极限形式.

四、提示：换元积分法.

五、$\dfrac{4\sqrt{6}}{15}\pi$.

六、当 $a > 1$ 时为 0，当 $a < 1$ 时为 $-\infty$，当 $a = 1$ 时为 -2π.

七、收敛，和为 1.

数学竞赛试题（二）

一、1. $y'' - 2y' + y = 0$.　　2. $2x + 2y + z + \dfrac{3}{2} = 0$.　　3. 3.　　4. 1.　　5. 2.

二、$4n$.

三、提示：泰勒公式.

四、1. 提示：建立球缺对应的球面方程.　　2. $33\sqrt{3}\pi$.

五、b.

六、$\dfrac{1}{4}$.

数学竞赛试题（三）

一、1. $\dfrac{2}{\pi}$.　　2. $z-xy$.　　3. $\dfrac{\pi}{2}$.　　4. $\dfrac{3}{2}$.　　5. $\dfrac{1}{2}\sqrt{\dfrac{\pi}{x}}$.

二、$xy+yz+zx=0$.

三、提示：分 $\beta=0$ 与 $\beta\neq0$ 及 n 阶导数定义.

四、$(-\infty,+\infty)$，$S(x)=\begin{cases}(x^2-2x+2)\mathrm{e}^{x-1}+\dfrac{1}{x-1}(\mathrm{e}^{x-1}-1),\ x\neq1\\2,\qquad\qquad\qquad\qquad\qquad\qquad x=1\end{cases}$.

五、提示：1. 反证法；2. 介值定理.

六、提示：二元函数泰勒公式.

数学竞赛试题（四）

一、1. $\mathrm{e}^{\frac{f'(a)}{f(a)}}$.　　2. $\dfrac{3}{2}f'(1)$.　　3. $2x$.　　4. -24.　　5. $2x+2y-z=3$.

二、提示：函数的单调性.

三、$\dfrac{(3+2\sqrt{2})\pi}{6}$.

四、提示：定积分的定义与可加性及拉格朗日中值定理.

五、提示：介值定理及拉格朗日中值定理.

六、$f(x)=\dfrac{1}{2}\displaystyle\int_{-1}^{1}f(x)\mathrm{d}x$.

数学竞赛试题（五）

一、1. $\sin x+\cos x$.　　2. 1.　　3. $4f''_{12}$.　　4. 3.　　5. $\dfrac{2\mathrm{e}^{-\sin x}}{1-\sin x}+C$.　　6. 2π.

二、提示：二元函数取极值判别法.

三、$\dfrac{1}{2}-\dfrac{\pi}{2\sqrt{2}}$.

四、提示：交换积分次序.

五、提示：利用极限定义.